北京大學國際漢學家研修基地學術叢刊

《孝子傳》注解

日本幼學會　編

雋雪艷　譯

著作權合同登記號　圖字 01—2022—6531

圖書在版編目(CIP)數據

《孝子傳》注解/日本幼學會編；雋雪艷譯 . —北京：北京大學出版社，2022.10
ISBN 978-7-301-33552-9
（北京大學國際漢學家研修基地學術叢刊）

Ⅰ.①孝… Ⅱ.①日… ②雋… Ⅲ.①孝－傳統文化－中國－古代②《孝子傳》－注釋 Ⅳ.①B823.1

中國版本圖書館CIP數據核字（2022）第202281號

本書是汲古書院正式授權出版的中文版。
Copyright 孝子伝注解（日本東京，汲古書院，2003）
Translated from the original Japanese edition

書　　　名	《孝子傳》注解 《XIAOZI ZHUAN》ZHUJIE
著作責任者	日本幼學會 編　雋雪艷 譯
責任編輯	王　應　方哲君　李笑瑩
標準書號	ISBN 978-7-301-33552-9
出版發行	北京大學出版社
地　　　址	北京市海淀區成府路205號　100871
網　　　址	http://www.pup.cn　新浪微博：@北京大學出版社
電子信箱	dj@pup.cn
電　　　話	郵購部 010-62752015　發行部 010-62750672　編輯部 010-62756449
印　刷　者	北京中科印刷有限公司
經　銷　者	新華書店
	650毫米×980毫米　16開本　35印張　355千字 2022年10月第1版　2022年10月第1次印刷
定　　　價	120.00元

未經許可，不得以任何方式複製或抄襲本書之部分或全部內容。
版權所有，侵權必究
舉報電話：010-62752024　電子信箱：fd@pup.pku.edu.cn
圖書如有印裝質量問題，請與出版部聯繫，電話：010-62756370

北京大學國際漢學家研修基地學術叢刊
乙編　第七種

編委會

主任：袁行霈
委員（按漢語拼音音序排名）：
　　程蘇東　程郁綴　黨寶海　劉玉才
　　馬辛民　潘建國　榮新江　張　劍

本書編者　幼學會

成　　員　黑田彰　　佛教大學名譽教授
　　　　　後藤昭雄　大阪大學名譽教授
　　　　　東野治之　竹田科學振興財團杏雨書屋館長
　　　　　三木雅博　梅花女子大學教授
　　　　　山崎誠　　原國文學研究資料館教授

"北京大學國際漢學家研修基地學術叢刊"
總　序

袁行霈

　　夫往來交聘，諸國所以通有無；轉益多師，學者所以廣見聞。昔博望西使遂開絲路，羅什東來而興佛法。方今國學盛於內，漢學盛乎外，連枝之學，枝葉交錯，耆宿新秀，相得益彰，中華文明之恢弘氣象，由此可見一斑。

　　歲在丁醜(公元 2009 年)，北京大學始建國際漢學家研修基地。延四海之賓，訪八方之書，俾宏達之士，咸集大雅之堂，藉以會東西之優長，發學術之奧義。《詩》曰："嚶其鳴矣，求其友聲"，蓋基地之旨歸也。

　　基地初建，即創刊《國際漢學研究通訊》，承各方學者不棄，內容日豐。然亦有《通訊》未能悉載者，遂另行編輯"北京大學國際漢學家研修基地學術叢刊"。"叢刊"分甲乙兩編。甲編曰"研究編"，收錄漢學研究論著，發前人之所未發，堪稱一家之言者。乙編曰"資料編"，前賢未刊之稿，史志失載之冊，或其他珍貴資料，加以董理，以饗學人。

　　"叢刊"初創，體例未備。願諸君於指瑕之餘，惠賜佳構，非僅吾儕之願，亦學界之幸也！

目　次

凡例 ………………………………………… 1

略解題 ……………………………………… 7
注解 ………………………………………… 21
　序 ………………………………………… 23
　1　舜 …………………………………… 29
　2　董永 ………………………………… 43
　3　邢渠 ………………………………… 51
　4　韓伯瑜 ……………………………… 56
　5　郭巨 ………………………………… 60
　6　原谷 ………………………………… 65
　7　魏陽 ………………………………… 71
　8　三州義士 …………………………… 76
　9　丁蘭 ………………………………… 82
　10　朱明 ………………………………… 87
　11　蔡順 ………………………………… 90
　12　王巨尉 ……………………………… 97
　13　老萊之 ……………………………… 101
　14　宋勝之 ……………………………… 106
　15　陳寔 ………………………………… 108
　16　陽威 ………………………………… 111
　17　曹娥 ………………………………… 114

18	毛義	119
19	歐尚	123
20	仲由	125
21	劉敬宣	128
22	謝弘微	130
23	朱百年	132
24	高柴	136
25	張敷	138
26	孟仁	141
27	王祥	146
28	姜詩	150
29	叔先雄	155
30	顏烏	158
31	許孜	161
32	魯義士	164
33	閔子騫	169
34	蔣詡	176
35	伯奇	179
36	曾參	188
37	董黯	199
38	申生	208
39	申明	215
40	禽堅	221
41	李善	225
42	羊公	229
43	東歸節女	236

44　眉間尺 …………………………………… 241
　　45　慈烏 …………………………………… 254
陽明本《孝子傳》影印 ……………………………… 259
船橋本《孝子傳》影印 ……………………………… 323
圖像資料　孝子傳圖集成稿 ………………………… 385
　　圖像資料　孝子傳圖集成稿　圖版來源一覽 …… 464
解題　孝子傳圖與孝子傳——羊公贅語 …………… 473

後記 …………………………………………………… 525
索引 …………………………………………………… 529
譯者後記 ……………………………………………… 543

凡　例

<解題>

　　本書以一篇介紹書志學和一般事項的《略解題》爲開端,以關於孝子傳圖與孝子傳的《解題》結尾。

<注解　正文>

　　一、注解的底本使用陽明文庫藏本(陽明本)、京都大學附屬圖書館清家文庫藏舊船橋家本(船橋本)。

　　二、本書中各孝子傳分爲上下兩欄,上欄是依據底本過録的正文,下欄配以日文訓讀❶。

　　三、過録底本正文時原則上使用通行字體,適當加以斷句。並將重文符號"々"改爲本來的漢字。

　　四、在各孝子傳的開頭以孝子名作爲小標題,並按順序加上編號,如"1 舜"。

<校勘>

　　一、對底本原文進行修改時,在正文相應處標阿拉伯數字,並在【校勘】處説明改動情況。

---

❶　譯者注:日文訓讀可以看作是日本人用日語古典語法和詞彙對中國古文的翻譯。在翻譯本書時原作者提供了新撰寫的孝子傳現代日語譯文,譯者據此翻譯,並經原作者同意略去了原書的訓讀部分。

二、□記號表示底本該處没有文字。

<文獻資料>

一、與各孝子傳相關的文獻資料列在【文獻資料】標記之下。按照中國、朝鮮、日本的順序排列，各地資料大體上按時代先後列出，並標明卷數等。

二、關於敦煌資料的類書等，原則上使用王三慶《敦煌類書》（麗文文化事業股份有限公司，1993年）所用的書名。

三、關於《搜神記》，在使用二十卷本《搜神記》時只標明《搜神記》，在使用八卷本或敦煌本時則分別標明八卷本《搜神記》、敦煌本《搜神記》。

四、用《千字文》和《蒙求》注時，標注該句的序號。

五、二十四孝相關資料統稱爲"二十四孝系"，並在括弧内標明其在三個系統（詩選系[《全相二十四孝詩選》，據龍谷大學本。草子即御伽草子《二十四孝》]、《日記故事》系[依據萬曆三十九年(1611)版]、《孝行錄》系）内各自的編號。

六、關於《東大寺諷誦文稿》，標注原本的行數。

七、關於《注好選》《今昔物語集》《發心集》《十訓抄》等，在卷數之後再用阿拉伯數字標注該故事在書中的序號。

八、關於《三教指歸》覺明注，"上本"以下的卷數用數字"一"至"五"表示。

<圖像資料>

每個孝子若現存東漢或南北朝時期與之相關的孝子傳圖，則在【圖像資料】標題之後注明下面所列圖像資料的編號及資料名稱（另外還加上了陝西歷史博物館藏唐代三彩四孝塔式罐）。圖像中有榜題的,在資料名稱後面的括弧內標注榜題,并加雙引號。圖像的收藏人以及各個圖像資料的詳細情况,可參考黑田彰《孝子傳的研究》(思文閣出版,2001年)Ⅱ一、Ⅱ二。私人所藏的東晉征虜將軍毛寶火葬墓石函(内藤乾吉《東晉征虜將軍毛寶火葬墓石函》,《元興寺佛教民俗資料研究所年報 1975年》,1976年)因僞作之嫌較大,不予收録。

圖像編號與資料名稱具體如下:

1　東漢武氏祠畫像石
2　開封白沙鎮出土東漢畫像石
3　東漢樂浪彩篋
4　東漢孝堂山下小石室畫像石
5　波士頓美術館藏北魏石室
6　明尼阿波利斯藝術博物館藏北魏石棺
7　納爾遜-阿特金斯藝術博物館藏北魏石棺
8　盧芹齋(C. T. Loo)舊藏北魏石床
9　納爾遜-阿特金斯藝術博物館藏北齊石床
10　鄧州彩色畫像磚
11　上海博物館藏北魏石床
12　和林格爾東漢壁畫墓
13　四川樂山麻浩一號崖墓等
　　四川渠縣沈氏闕、渠縣蒲家灣無銘闕
14　泰安大汶口東漢畫像石墓
　　嘉祥南武山東漢畫像石墓
　　嘉祥宋山一號墓、二號墓
　　山東肥城東漢畫像石墓
15　浙江海寧長安鎮畫像石

16　安徽馬鞍山吴朱然墓出土伯瑜圖漆盤

17　北魏司馬金龍墓出土木板漆畫屏風

18　洛陽北魏石棺

19　寧夏固原北魏墓漆棺畫

20　東漢啓母闕

21　村上英二氏藏東漢孝子傳圖畫像鏡

22　洛陽北魏石棺床

23　和泉市久保惣紀念美術館藏北魏石床

陝西歷史博物館藏唐代三彩四孝塔氏罐

<注>

一、對正文加注時，注碼放在正文下面訓讀的相應部分❶，注釋內容見正文後面的【注】。

二、注文在引用其他文獻時若使用［］，則表示原文是小字標注。

<影印>

本書收録了陽明文庫藏本（陽明本）、京都大學附屬圖書館清家文庫藏舊船橋家本（船橋本）之影印。

<圖像資料　孝子傳圖集成稿>

一、作爲注解篇"圖像資料"的補充資料，本書在影印篇之後還附有《孝子傳圖集成稿》。

---

❶ 譯者注：如前注所述，中譯本已省略訓讀部分，因而正文的注釋編號位置由譯者移至孝子傳正文的相應位置。

二、《孝子傳圖集成稿》是從目前搜集到的孝子傳圖中選出的能夠進行圖版印刷的東漢、南北朝時期的主要圖像,並且,這些圖像是在注解篇"圖像資料"一項中所列舉的資料。

三、圖版按陽明本《孝子傳》、船橋本《孝子傳》(本書同時提及這兩個版本的《孝子傳》時,略稱爲"兩《孝子傳》")中的孝子人物分類,並按其順序排列。

四、在每個孝子的相關圖像之前,有對圖像資料的簡單說明。

五、各圖版之下標注了《凡例》中圖像資料部分的序號和資料名稱。

六、有些孝子傳没有相應的孝子傳圖傳世,在這種情況下,有時會列舉後世的二十四孝圖等資料(如"16 陽威")。

七、此部分末尾的"圖版來源一覽"注明了各圖版的出處。

略解題

第三四

漢代以後,孝子傳問世數量衆多,但後來都湮滅了,現在在中國本土唯有通過逸文才能略窺其貌。然而,在日本,却有兩部完整的《孝子傳》奇迹般地避免了散逸的命運,一直流傳至今。那就是陽明本《孝子傳》和船橋本《孝子傳》(以下統稱"兩《孝子傳》")。兩《孝子傳》迄今爲止還未曾公開刊行。只有船橋本曾作爲京都大學附屬圖書館開館六十周年紀念活動的一部分,在1959年附上吉川幸次郎、一海知義兩位先生的《〈孝子傳〉解説及釋文》而影印刊行。不過,由於刊行册數僅有200部,目前已很難得到。而在中日文學史上具有很高價值的陽明本《孝子傳》則從未公開刊行,非常令人遺憾。因而,爲廣泛介紹兩《孝子傳》,我們幼學會選取兩《孝子傳》爲研究對象,加以訓讀、校勘和注釋,並附上影印原本呈現給讀者。下面,作爲略解題,將以文獻學特徵爲中心,簡要介紹兩《孝子傳》的基本情况。

陽明本《孝子傳》,陽明文庫藏,外題有"孝子傳"(題箋剥落後以墨笔書寫。後補帙外題"孝子傳古抄本全",題箋墨書子持匡郭),内題有"孝子傳"(序題、目錄題、尾題皆同),中世寫本(書寫時期不明)上下二卷一册,薄茶單色原封皮(背面有文字。封裏、正文用紙相同),長24.7厘米,寬19.2厘米,共楮紙二十五葉,包背裝,雙黑魚尾,半葉十行。版心題"孝子序(目、上、下)",下魚尾下有葉碼"一"至"二十五"。序一葉,目錄一葉,正文二十三葉(上卷九葉,下卷十四葉),以墨(同一筆迹)、朱筆書寫。只用漢字,無訓讀符號、訓注等。封裏印有"陽明藏",序題下印有"英仲",皆是陽刻朱印。無跋尾等部分。

船橋本,京都大學附屬圖書館清家文庫藏(重要文化財,被稱爲"清家本"反映了現在的收藏情况),船橋家舊藏,外題有"孝子傳"(以墨書於無邊的藍染單色原題箋上),内題有"孝子傳"(序題、尾題皆相同），天正八年（1580）清原枝賢寫本，上下二卷一册，薄茶單色原封皮（題箋下以墨書"青松"。青松是枝賢之子國賢的自署名。襯頁和正文用紙相同），長 23.6 厘米，寬 20.3 厘米，綫裝鳥子紙二十八葉（前游紙一葉，序半葉，正文二十五葉半［上卷十一葉，下卷十四葉半］，底葉半葉［白底］，半葉八行。部分有裱裏修補），用相同筆迹或不同筆迹的墨、朱筆書。用字以漢字爲主，有訓讀符號、片假名訓注等。第二葉 a 面序題右印有"船橋藏書"（陽刻朱印），同右下印有"東"（陽刻黑印。清原宣賢之物，國賢襲用。關於"東"印，參考《圖書寮群刊書陵部藏書印譜　上》［明治書院，1996 年，62 頁］）。船橋本中第 28 葉 a 面有跋文：

右孝子傳上下，雖有魚魯焉馬之誤繁多，先令書寫畢。引勘本書，令改易之可者乎。此書每誦讀，涕泣如雨。嗚呼！夫孝者，仁之本哉！

天正第八秦正二十又五　孔徒從三位清原朝臣枝賢

清原枝賢（1520—1590），宣賢之孫，業賢（良雄）之子，國賢之父。此外，船橋本源於國賢之子秀賢。跋文左側有不同筆迹記錄識語如下：

此序雖拾四十五名，此本有卅九名，漏脱歟？以正本可補入焉。又或人云有孝子四十八名，世間流布二十四孝者，是半卷云云。

另外，第一葉游紙 b 面右端有與上述識語筆迹不同的批注：

孝子傳，前漢蕭廣濟所撰也。蕭之雉隨之故事載之。義見蒙求。此本無蕭之故事，漏脱歟？此序雖拾四十五名，此本所載四十三而已。

關於其中的"此本所載四十三而已"，以及識語中"此本有卅九名"以下拟稍加說明（上文中"孝子傳，前漢蕭廣濟所撰"，在文禄五年刊本《蒙求》新注36"蕭芝雉隨"的注中作"前漢蕭廣濟孝子傳,蕭之至孝……",批注所記"前漢"當然是錯誤的。所以,"蕭之雉隨之故事載之"應該是指《蒙求》36"蕭芝雉隨"注所引蕭廣濟《孝子傳》中記載的蕭芝故事)。首先,識語及批注提到的"此序,雖拾四十五名"指的是船橋本《孝子傳》序中的"今拾四十五名者"。如後文所云,船橋本(陽明本亦如此)儘管收錄了四十五人的傳記,却不知何故而云"此本有卅九名,漏脱歟"(識語),以及"此本所載四十三而已"(批注)。實際上,識語中的"卅九名"和批注中的"四十三"的計數,與船橋本正文開頭墨筆書寫文字旁邊的朱筆書寫的數字有密切的關係。原則上,船橋本(及陽明本)是通過另起行來表示每個故事的開始。船橋本墨筆書寫的數字在每個故事的開頭,用眉注標出,自舜的故事爲"一",至眉間尺的故事爲"卅九"。由於從第二個故事董永篇的末行,也就是第三個故事邢渠篇的前行一直到該行最下端都被寫滿了,因而,墨筆數字的書寫者忽略了該處爲董永故事的結尾,下一行爲邢渠故事的開頭。於是,朱筆數字書寫者在邢渠故事開頭添加了數字"三",又自墨筆的"三"開始,在其後每個故事所標數字的右側或下面都多加一個數字進行訂正。之後,朱筆書寫者對儘管故事間有换行,而墨筆的書寫者仍然忽略了的王祥故事標注"廿六",從其後的"二十五"姜詩故事開始對每個故事所標數字加上兩個數進行訂正。對於因爲行末僅有半字而改行導致墨筆者忽略的叔先雄故事,標注了"廿八",在其後的每個故事所標數字的左側或者下方加上三個數進行訂正。對於因前一行已經寫滿導致墨筆書寫者忽略的閔子騫故事,朱筆書寫者標注了"卅二",且自原來的"廿九"開始在每個故事所標數字的左側或者下方增加四個數進行訂正,一直到"四十三"眉間尺。然而朱筆的書寫者也有兩處疏忽。一處爲【22】(【】爲船橋本的條數)謝弘微。因爲

【21】劉敬宣的文章中途混入前條【21】仲由的末尾,【22】謝弘微就接在了【21】的後面,因而被漏掉了。還有一處是【44】慈烏。與上述情況相同,由於是接著【43】東歸節女寫下去的,也被漏掉了。綜上所述,墨筆的數字有六處遺漏(【3】邢渠,【22】謝弘微,【27】王祥,【29】叔先雄,【33】閔子騫,【44】慈烏),而朱筆也有兩處遺漏(【22】謝弘微,【44】慈烏)。也就是説,墨筆【3】以下的數字和朱筆【22】以下的數字都是錯誤的。鑒於序文所記"四十五名",識語根據墨筆最後的數字"卅九",指出"此本有卅九名,漏脱歟",對缺乏六人提出質疑。批注則根據訂正了墨筆錯誤的朱筆所書的最後數字"四十三"而指出"此本所載四十三而已",懷疑還缺了兩人。如是,識語和批注均與船橋本正文中的墨筆、朱筆數字有著緊密的關聯,都與其他的批注一樣,代表了枝賢書寫後本書被閱讀的痕迹。如"12王巨尉"的"後漢列傳廿九趙孝傳之内有之。小異","18毛義"的"後漢列傳廿九載之,但目録不載也"(皆用墨筆書寫於故事開頭的名字右側)等,"6原谷"的"元覺","18毛義"的"漢人"(皆爲眉注,朱筆所書)等。

　　陽明本《孝子傳》和船橋本《孝子傳》都没有標記作者的名字,可以視爲逸名《孝子傳》文本。兩《孝子傳》皆有序文,其題名分別爲"孝子傳一卷"(陽明本)、"孝子傳並序"(船橋本)。儘管序文中提到"分爲二卷"(陽明本)、"分以爲兩卷"(船橋本),但陽明本序題作"孝子傳一卷",難以理解(陽明本目録題"孝子傳目録上[下]",内題"孝子傳上[下]",尾題"孝子傳上[卷下]",船橋本内題"孝子傳上卷[下卷]",尾題"孝子傳終"。又,法金剛院藏《大小乘經律論疏記目録》卷下[牧田諦亮監修,落合俊典編《中國·日本經典章疏目録》,七寺古逸經典研究叢書6,大東出版社,1998年,平安前期寫本]576頁有"孝子傳一卷,廿九",《日本國見在書目録》中也記載了"孝子傳圖一卷")。兩《孝子傳》序言內容不同。陽明本在序言的後面有目錄(船橋本無目錄),"目錄上"從"帝舜"到"朱百年",末標有"以上廿三人","目錄下"從"高柴"到"眉間尺",末標有"以上廿一人"。乍一看好像收錄了四十四人,但是如果閱讀正文就會發現,下卷正文末尾的【44】眉間尺結束後換了行,又書寫了五行【45】慈烏一條的內容,"目錄下"遺漏了【45】慈烏(西野貞治氏提出,慈烏"因爲不是人類,所以在陽明本卷尾的目錄中被省略了"[見後文所引論文])。事實上,陽明本是收錄了四十五人的《孝子傳》版本,這與船橋本的序言中所言"今拾四十五名者"相一致。金澤文庫存有疑似《孝子傳》摘錄的散卷(納富常天《關於湛睿的唱導資料(二)》,《鶴見大學紀要》第四部人文・社會・自然科學編30,1993年翻印。由"5 郭巨""9 丁蘭""11 蔡順""28 姜詩""16 陽威""19 歐尚""23 朱百年""13 老萊之"八條組成,正文爲陽明本系)。另一方面,船橋本也如序言所說收錄了四十五人,内容、順序、分卷方式都與陽明本相一致(但是文字叙述等有所不同),末尾兩條的順序,陽明本是【44】眉間尺、【45】慈烏,船橋本則與之相反。以下參考陽明本的目錄,列出兩《孝子傳》所記載的人物名稱及故事順序。

序

　　1 舜　2 董永　3 刑渠　4 伯瑜　5 郭巨　6 原谷　7 魏陽　8 三州義士　9 丁蘭　10 朱明　11 蔡順　12 王巨尉　13 老萊之　14 宗勝之　15 陳寔　16 陽威　17 曹娥　18 毛義　19 歐尚　20 仲由　21 劉敬宣　22 謝弘微　23 朱百年(以上,上卷)　24 高柴　25 張敷　26 孟仁　27 王祥　28 姜詩　29 叔先雄　30 顏烏　31 許孜　32 魯義士　33 閔子騫　34 蔣詡　35 伯奇　36 曾參　37 董黯　38 申生　39 申明　40 禽堅　41 李善　42 羊公　43 東

歸節女　44 眉間尺（船 45）　45 慈烏（船 44）（以上，下卷）

西野貞治曾評價陽明本《孝子傳》和船橋本《孝子傳》："在中國本土早已散佚……爲《孝子傳》之亞流。"（《關於陽明本孝子傳的特徵及其與清家本的關係》，《人文研究》7—6，1956 年）關於這兩本非常相似的書籍的關係，西野貞治認爲，"原來屬於同一體系，陽明本保留有更古老的形態"，船橋本大概與陽明本"屬同一個體系，但後來經過了修改"。關於陽明本《孝子傳》的完成時間，他推測"完成於六朝末期"，即"大約成書於梁陳隋之間"，陽明本的"編者大概是村夫子教育水準的人物"，"該《孝子傳》在六朝末期繼承了北朝時期完成的《孝子傳》的形態"，同時"編者不僅僅將書籍上的記載以及民間的傳説忠實地記録組合，書中還可以看到編者爲引人入勝而充分發揮想象進行改編的痕迹"。例如，在兩《孝子傳》中，特別是陽明本"42 羊公"被改變的部分可以看到佛教福田思想的影響。關於船橋本《孝子傳》的完成及其修改時間的問題，西野貞治指出，作爲船橋本的特徵之一，俗語詞彙，例如"阿娘"一詞，"未見於中唐以前的抄本，但是，在敦煌出土的變文中比較常見，而且是最早的用例。八卷本《搜神記》卷四'太祖七兒'一條中的用例時代更晚"，以此爲證據，可以推測"修改的時間大概在中唐以後"。西野貞治還以"被認爲是十二世紀初期成書的《今昔物語集》曾使用了清家本（即船橋本）"爲依據推測，船橋本的成書時間大概在北宋末期。

船橋本確實是陽明本體系中的一個分支，兩書的密切關係非同一般。關於陽明本的成書時間，因爲其中收録了劉宋時期几人的孝子故事（21 劉敬宣，22 謝弘微，23 朱百年，25 張敷。26 孟仁、27 王祥、31 許孜是三國和晋朝的人物），因此，可以確定是在六朝宋以後被改編的（上述七人皆集中於下卷開頭的部分，或許是某一時期增補的），不過，改編的時間與各孝子故事的形成是不同的問題。例如，陽明本"42羊公"篇可見六朝佛教福田思想的影響一事就值得進一步考察，不如說陽明本的"42羊公"篇帶有漢代《孝子傳》的痕跡，關於這個問題見可以參見後文解題部分（但是，如西野氏所言，船橋本則是在濃厚的宗教色彩的影響下誕生的）。而且，西野氏所云船橋本中的"阿娘"這一用例在《隋書》卷四五《文四子傳》文四子勇的發言中出現過（東野治之《那須國造碑與律令制——關於與孝子故事的受容》［收池田溫編《日本律令制諸相》，東方書店，2002年］），因而，不能作爲判斷船橋本成書上限的指標，該書應在隋朝以後還被修改過，大約在唐朝初期完成（參考黑田彰《孝子傳的研究》Ⅰ四"船橋本孝子傳的成書——圍繞其修改時間"）。

西野氏還指出船橋本的若干特徵，如"修改的時候使用了很多佛教經典用語"，"奇數字句中插入助詞"，"明顯拉長偶數字句，而調整音調"，"按照預想的聽衆來修改"，考慮到了"用途"，"存在不少俗語詞彙"等。西野氏認爲，船橋本"比起陽明本留有更多的看起來屬於舊形態的地方"，"有些部分會讓人聯想到可能是基於與陽明本完全不同的更古老的版本"，"傳教僧人以陽明本的祖本《孝子傳》爲基礎，將其改編成更通俗易懂的讀物，以此當作向庶民階級布道的工具，這也許就是清家本（即船橋本）的前身"。西野氏對兩《孝子傳》在文學史上的定位所給予的評價我們應當贊同。兩《孝子傳》傳入日本的時間相當早。陽明本於天平五年（733）以前傳入，船橋本於文武四年（700）前後傳入（參考前面提到的黑田彰和東野治之的論文）。

陽明本《孝子傳》和船橋本《孝子傳》，是唯有日本存留下來的足本《孝子傳》，在文學史上具有不可估量的價值。例如，關於東漢武氏祠畫像石,武梁祠第二石的朱明圖(榜題"朱明""朱明弟""朱明妻","朱明兒"),西野貞治批駁了瞿中溶、沙畹、陳培壽、容庚等學者的研究,認爲"根據〈陽明本〉《孝子傳》(10朱明)……才有可能對畫題進行説明",在中國"朱明故事不知何時被訛傳並最終失傳,萬幸的是此《孝子傳》(10朱明)讓東漢的傳説得以明晰,武氏祠畫像未解决的畫題也得以判明"(參考上文所引西野氏論文)。如此看來,兩《孝子傳》的價值已經遠遠超過了文學史的範圍,可以説作爲世界文化財産也是值得重視的。東漢武氏祠畫像石中,例如武梁祠第一石至第三石的二、三層所描繪的二十幅孝子傳圖之中,與陽明本《孝子傳》相關的圖像有十七幅,占九成之多。其中如上述唯有陽明本才記載朱明圖故事文本的例子不啻一二。相似的例子還有以波士頓美術館藏北魏石室右石下所描繪的董黯(晏)圖(參考黑田彰《董黯贅語——孝子傳圖與孝子傳》[《日本文學》51-7],2002年)爲代表的六朝時期的孝子傳圖(參考圖版解説、解題)。值得再次强調的是,在如今中國已無足本《孝子傳》留傳的情況下,兩《孝子傳》對於解讀東漢、六朝時期的孝子傳圖是不可缺少的、具有重要價值的文獻。

在中國,由於《孝子傳》的原本已失傳,《孝子傳》的研究主要依據收集逸文及其輯本進行。其中代表性的成果有清朝茆泮林《古孝子傳》(《十種古逸書》所收。有劉向《孝子傳》以下十種《孝子傳》一百一十五條)、王仁俊《玉函山房輯佚書續編》(收録了劉向《孝子傳》以下五種《孝子傳》十七條)、陶方琦《蕭廣濟孝子傳輯本》(《漢孳室遺著》所收。二十九條)等,至今仍是《孝子傳》研究必讀的重要資料(關於古孝子傳逸文以及形成過程複雜的"敦煌本孝子傳"[《敦煌變文集》下集卷八所收],參見黑田彰《孝子傳的研究》Ⅰ-1"關於古孝子傳"和Ⅰ-3"關於敦煌本孝子傳")。包括這些資料在内的目前所知的古孝子傳逸文到底和兩《孝子傳》有怎樣的關係呢？通過簡單整理孝子姓名發現,兩《孝子傳》四十五條中有逸名《孝子傳》逸文二十三條(由茆泮林等輯佚的有十五條,之後發現的有八條。劉向《孝子傳》以後的有十二條),迄今爲止不曾爲世人所知的逸名《孝子傳》有二十二條(蕭廣濟《孝子傳》中記載的有二條)。也就是說兩《孝子傳》四十五條中,大約一半作爲逸名《孝子傳》尚未被世人所知,所餘一半再減去見於蕭廣濟《孝子傳》的兩條之後還有二十條,是全新的孝子傳資料。這也再一次充分地體現了兩《孝子傳》在文學史上的價值(二十二條這一數字暫且是根據孝子姓名計算的,如果根據故事內容來看的話,例如陽明本《孝子傳》"36 曾參"一篇是由八個故事組成的,這個數值會更大)。

　　兩《孝子傳》的編纂可能是存有一定的意圖的。例如兩《孝子傳》均以"舜的故事"作爲第一條,以五孝(天子,諸侯,卿大夫,士,庶民)爲組成要素,陶潛的《孝傳》第一條也是虞舜,這並不是一個偶然(後世的二十四孝系也是將大舜放在第一條)。又,陽明本第二條董永以後的孝行對象分別爲：

　　2 董永——父　　3 刑渠——父
　　4 伯瑜——母　　5 郭巨——母

並且這四條都附有贊。接下來的"6 原谷"以後的五條爲：

　　6 原谷——祖父　7 魏陽——父　　8 三州義士——義父
　　9 丁蘭——木母　10 朱明——弟

"2 董永"以後的四條與"6 原谷"以後的五條間有清晰的區別,可以想象這並非偶然(值得一提的是,《言泉集》作亡父帖、亡母帖、兄弟姐妹帖等,《普通唱導集》作孝父篇、孝母篇等,這與《孝子傳》〔主要是陽明本系〕有明顯區別。關於日本唱導資料和《孝子傳》的關係,可參考高橋伸幸《宗教與説話——關於安居院流表白》〔《説話·傳承學 92》,櫻楓社,1992 年])。在"6 原谷"以後的五條中,引人注意的有"7 魏陽""9 丁蘭"兩條體現復仇故事的主題,没有血緣關係的父子(8 三州義士)、以木爲母(9 丁蘭)等非同尋常的親屬設定,以及"10 朱明"體現的兄弟故事的主題。另外,第十九條以後的几條孝子故事中葬禮的對象各不相同:

  19 歐尚——父　　　　　20 仲由——姐
  21 劉敬宣——母　　　　22 謝弘微——兄

"24 高柴"和"25 張敷"兩條也分别爲思念亡父、思念亡母:

  24 高柴——亡父　　　　25 張敷——亡母

"26 孟仁"以後的四條表現了"至孝",有著爲了父母尋求某些東西的共同主題。

  26 孟仁——求笋　　　　27 王祥——求魚
  28 姜詩——求江水　　　29 叔先雄——求屍

第三十、三十一兩條是爲父母修築墳墓,共有"躬自負土"(陽明本)的主題。

  30 顔烏——負土　　　　31 許孜——負土

前文所述"21 劉敬宣""22 謝弘微"以後的六朝時期孝子,很可能是完善這些主題時補充進去的。"32 魯義士""33 閔子騫""34 蔣詡""35 伯奇"四條集中講述了後母的故事,應該是特意安排的,特別值得注意的是"33 閔子騫"以後的故事著重關注了虐待繼子的主題(虐待繼子的主題在"1 舜"的故事中已有顯著體現)。"42 羊公""43 東歸節女"分别與洛陽、長安相關這一點也值得關注。以上不過是列舉了我在通讀兩《孝子傳》時所注意到的幾個問題,而作爲全本流傳下來的兩《孝子傳》的編纂意圖還有待進一步研究。

在日本古代、中世文學史,尤其是説話文學史上,陽明本、船橋本《孝子傳》占有極其重要的地位。由《萬葉集》《日本靈異記》開始,到《注好選》《今昔物語集》,兩《孝子傳》被真正地吸收、消化,逐步形成了一個孝子説話史的流派並傳至後代。另一方面,孝子傳、二十四孝作爲幼學的內容,其影響範圍之深遠已經完全超越了文學的範疇,超越了體裁乃至類別。在文學方面,應以陽明本、船橋本的受容爲中心,對孝子説話史進行充實而精細的研究(例如,孝子傳、二十四孝對民間傳説故事也有深刻的影響等),而且,深入探討兩《孝子傳》與作爲其土壤的中國文化的關係,也是當下文學史研究的重要課題。

附記:名和修先生、木田章義先生爲我們閱讀陽明本、船橋本給予了很多的關照,陽明文庫、京都大學附屬圖書館給予了影印、翻刻許可,在此表示衷心的感謝!

注解

序

【陽明本】

孝子傳一卷[1]

蓋聞,天生萬物,人最爲尊[2]。立身之道[3],先知孝順深,識尊卑別。於父母,孝悌之揚名,後生可不修慕[4]。夫爲人子者,二親在堂[5],勤於供養。和顏悅色[6],不避艱辛[7]。孝心之至,通於神明[8]。是以孟仁泣竹而笋生[9],王祥扣冰而魚躍[10],郭巨埋兒而養親[11],三州義士而感天[12]。況於真親[13],可不供養乎?父母愛子,天性自然[14]。出入懷愁,憂心如割[15]。故《詩》云:"無父何怙?無母何恃[16]?""欲報之德,昊天罔極[17]。"父母之恩,非身可報[18]。如其孝養,豈得替乎?烏知返哺,雁識銜餐[19]。禽鳥尚爾[20],況於人哉!故蔣詡徒盧以顯名[21],子騫規言而布德[22],帝舜孝行以全身[23],丁蘭木母以感瑞[24]。此皆賢士聖□①之孝心,將來君子之所慕也。余不揆凡庸[25],今錄衆孝,分爲二卷。訓示後生,知於孝義。通人達士,幸不哂焉[26]!

【譯文】

聽說,上蒼創造了萬物,人是最尊貴的。立身之道,第一是知道侍奉父母遵從長上,要深刻理解尊卑之別。通過認真侍奉父母和長上而揚名是年輕人應該學習並身體力行的。爲人子者,雙親健在時要努力盡孝。要和顏悅色,不避艱辛。孝心到了極致,就能通神明。因而,孟仁執竹而泣能夠使竹笋生長出來,王祥叩冰而魚躍出。郭巨爲了奉母而欲埋掉兒子,三州義士因爲結義而感動上蒼。更何況真正的雙親,怎麼可以不供養呢?父母愛子女是天性,是自然的。平時懷著擔憂愁慮，內心如刀割一樣。因而，《詩經》說："沒有父親叫我依靠何人？沒有母親叫我仰仗何人？"我們想要報答的父母之恩如蒼穹般廣大無際，就是想報也是報不盡的。孝養是沒有任何事物可以替代的。烏鴉長大後爲了報恩知道返哺老烏鴉，雁也知道銜食喂母。禽鳥尚且如此，何況人類！因此，蔣詡因爲了服喪在墓旁建茅屋而知名，閔子騫因忠實地踐行父親的話而守住了德，舜帝因爲孝行而得以保全自身，丁蘭母親的木像因爲感應而顯迹。這些都表現了賢人聖□的孝心，是後來的君子需效仿的。本人愚鈍且沒有過人才能，在此記錄了許多孝行的事例，共分爲兩卷。以教育和啓示後人，並傳遞孝的意義。還請各位學識淵博之士不要哂笑此書！

【船橋本】

孝子傳並序

原夫[27]孝之至重者，則神明[28]應響[29]而感得也。信之至深者，則嘉聲無翼而輕飛也[30]。以是重華忍怨至孝，而遂膺堯讓得踐帝位也[31]；董②永賣身送終，而天女[32]踐忽贖奴役也[33]。加之奇類不可勝計。今拾四十五名者，編孝子碑銘也，號曰《孝子傳》。分以爲兩卷。慕也有志之士，披見無惓，永傳不朽[34]云爾[35]。

【譯文】

若孝行至重，就像聲音有回響一樣，能夠被神明感應。只要有至誠之心，其嘉名即使沒有翅膀，也會輕鬆飛翔，廣爲傳播。因此舜忍怨而至孝，最終獲得了堯的禪讓而登上了帝位；董永賣身爲父送終，於是天女馬上就踏機織絹爲他贖了身。不可思議的事情數不勝數。這裏選取了四十五人，編爲孝子之碑銘，取名《孝子傳》，共分兩卷。願各位有志之士閱而不倦，永傳不朽。

【校勘】

① 聖□,"賢士"的對語,應缺一字。
② 董,底本作"薰",據正文改。

【注】

1. 目錄及正文均分爲上、下卷,與此處不同。
2. 《孔子家語》卷四:"天生萬物,唯人爲貴。吾既得爲人,是一樂也。"又《孝經·聖治章》:"子曰,天地之性,人爲貴。"
3. 《孝經·開宗明義章》:"立身行道,揚名於後世,以顯父母,孝之終也。夫孝始於事親,中於事君,終於立身。"
4. 通過盡心侍奉父母和長上而傳播自己的名聲,這是年輕人應該學習並身體力行的。
5. 雙親健在。"二親"指父母。佛教文獻中常見用語。參考小島憲之《同類語非單一——圍繞"二親"》(《文學史研究》34,1993年)。在堂,指親人還活著。潘岳《閒居賦》(《文選》卷一六)有"太夫人在堂"。
6. 表情恬靜、愉悦。
7. 不畏艱難。
8. 《孝經·應感章》:"孝悌之至,通於神明。"
9. 參考下卷"26 孟仁"。《白氏六帖》:"孟宗泣而冬笋出。"以孝子的人名及故事爲關鍵字,組成對仗句的形式,這與《蒙求》的"郭巨將坑—董永自賣""丁蘭木母—伯瑜泣杖"等句子類似。這種形式在後文也能見到。
10. 參考下卷"27 王祥"。《白氏六帖》:"又(王祥)剖冰而雙鯉躍出。"
11. 參考上卷"5 郭巨"。
12. 參考上卷"8 三州義士"。
13. 指養父母、後母等人物。這裏使用真親一詞,是基於三州義士(三人相會,以年長者爲父)"遂爲父子。慈孝之志,倍於真親也"之語。

14.《孝經·聖治章》:"父子之道,天性也。"

15.《毛詩·小雅·節南山》有"憂心如惔,不敢戲談"之例。

16.《毛詩·小雅·蓼莪》(失去父母的年輕人感嘆因爲行役而沒有時間孝養父母的詩)第三章的一句。

17.《蓼莪》第四章的一句。意爲想要報答父母的恩德,好像天穹無窮無盡。比喻父母之恩大如天。

18. 即使想報答父母的恩情,也是報答不盡的。

19. 參考下卷"45 慈烏"。反哺指長大後爲報恩,口含食物嘴對嘴地給父母喂食。銜餐也是指口含食物嘴對嘴喂食。"45 慈烏"正文作"銜食"。

20. 直接使用"45 慈烏"的表達。

21. 參考下卷"34 蔣詡"。盧同廬。指爲了服喪,在墓旁臨時建茅屋居住。

22. 參考下卷"33 閔子騫"。規言指嚴格聽從父親的話。

23. 參考上卷"1 舜"。

24. 參考上卷"9 丁蘭"。

25. 編者自謙的話。"不揆凡庸"指思慮不深,才能一般。郭璞《爾雅序》:"璞不揆檮昧。"《諸經要集序》:"不揆庸識。"

26.《大慈恩寺三藏法師傳序》:"庶後之覽者,無或嗤焉。"《日本靈異記》上卷序:"後生賢者,幸勿嗤嗤焉。"

27. 置於文章開頭的發語詞。《文鏡秘府論》北卷:句始有"觀夫、惟夫、原夫、若夫……,右並發端置辭,泛敘事物"。

28. 若孝行至重,就像聲音有回響一樣,能夠被神明感應。"神明",出自注 8《孝經·應感章》。在兩《孝子傳》中,多次出現"神明之感""神明有感"。

29.《易·繫辭》上:"其受命也如嚮。"疏:"如嚮者,……如嚮之應聲也。"

30."嘉聲",即名聲。《管子》卷一〇《戒》:"管仲復於桓公曰:'無翼而飛者,聲也。"房玄齡注:"出言門庭,千里必應。故曰無翼而飛。"另外,唐高宗《大唐三藏聖教序記》也引用此句云:"名無翼而長飛。"

31. 參考上卷"1舜"。但是,船橋本未見關於接受堯讓位的記載(陽明本有此描寫)。

32. 指踏機織絹。

33. 參考上卷"2董永"。不過,"賣身""贖"均見於陽明本。

34. 《文選》卷一一《魯靈光殿賦》:"神之營之,瑞我漢室,永不朽兮。"

35. 多用於序文末尾。《孟子·公孫丑章句下》:"是何足與言仁義也云爾。"趙歧注:"云爾,絶語辭也。"《文選》卷二七《王明君辭序》末尾:"故敘之於紙云爾。"

【陽明本】

孝子傳目録上

帝舜　董①永　刑渠　伯瑜　郭巨　原谷　魏陽　三州義士　丁蘭　朱明　蔡順　王巨尉　老萊之　宗勝之　陳寔　陽威　曹娥　毛義　歐尚　仲由　劉敬宣②　謝弘　朱百年

以上廿三人

孝子傳目録下

高柴　張敷　孟仁　王祥　姜詩　孝女叔先③雄　顏烏　許牧　魯國義士　閔子騫　蔣詡　伯奇　曾參　董④黯　申生　申明　禽堅　李善　羊公　東歸節女　眉間尺

以上廿一人

【校勘】

① 董,底本作"薰",據船橋本正文改。

② 宣,底本作"寅",據船橋本正文改。
③ 先,底本作"光",據船橋本正文改。
④ 董,底本作"薰",據船橋本正文改。

1 舜

【陽明本】

帝舜重花[1]，至孝也。其父瞽瞍，頑愚不別聖賢[2]。用後婦之言，而欲殺舜[3]。便使上屋，於下燒之。乃飛下，供養如故[4]。又使治井没井，又欲殺舜。舜乃密知，便作傍穴。父畢以大石填之[5]。舜乃泣東家井出[6]。因投歷山[7]，以躬耕種穀。天下大旱，民無收者，唯舜種者大豐。其①父填井之後，兩目清盲[8]。至市就舜糴米[9]，舜乃以錢還置米中。如是非一。父疑是重花。借人看朽井，子無所見。後又糴米，對在舜前。論賈未畢，父曰："君是何人，而見給鄙[10]。將非[11]我子重花耶？"舜曰："是也。"即來父前，相抱號泣。舜以衣[12]拭父兩眼，即開明。所謂爲孝之至。堯聞之，妻以二女，授之天子[13]。故《孝經》曰[14]：事父母孝，天地明察，感動乾靈[15]也。

【譯文】

帝舜即重花，是至孝之人。他的父親瞽瞍，固執而且愚蠢，不會辨認聖人與賢者。他聽信後妻的話，想要殺舜。於是讓舜登上屋頂，他在下面放火。舜從屋頂飛躍而下，之後仍一如既往地侍奉父母。舜父又讓舜挖井，却從上面填土，再次計劃殺舜。舜事前有所察覺，馬上準備了旁邊的通道。父親就用大石塊把井口堵上了。舜哭著（通過旁邊的通道）從鄰居家的井中逃出。因爲這件事情，舜逃往了歷山，在山上自己耕地種植穀物。逢天下大旱，民無收穫，只有舜種的作物迎來了大豐收。舜父親填井後，（遭到報應）兩眼喪失了視力。他去市場從舜手裏買米，舜把米錢放在米中還給了他。這樣的事情發生了多次，父親懷疑可能是重花。讓人檢查了(被封的)井,没有找到舜。後來,再次買米時,父親面對着舜,在商量價錢的過程中,父親突然問道:"你是何人,爲什麼送給我們米,莫非是我的孩子重花?"舜説:"是的。"於是舜上前與父親相互擁抱痛哭。舜用衣服給父親擦拭雙眼,舜父眼前立刻變得明亮,恢復了視力。這就是世上所説的至孝。(當時的帝王)堯聽説了這件事,就讓兩個女兒下嫁(舜),并將天子之位傳給了舜。因而《孝經》有云:侍父母盡孝行,天地明察,就會感動天神。

【船橋本】

舜字重華,至孝也。其父瞽叟,愚頑不知凡聖。爰用後婦言,欲殺聖子。舜或上屋,叟②取橋[16],舜直而落如鳥飛。或使掘深井出。舜知其心,先掘傍穴,通之鄰家。父以大石填井。舜出傍穴,入游歷山。時父填石之後,兩目精盲也。舜自耕爲事。於時天下大旱。黎庶[17]飢饉,舜稼[18]獨茂。於是糴米之者如市[19]。舜後母[20]來買。然而不知舜。舜不取其直,每度返也。父奇而所引後婦,來至舜所問曰:"君降恩再三,未知有故舊[21]耶?"舜答云:"是子舜也。"時父伏地,流涕如雨,高聲悔叫,且奇且恥。爰舜以袖拭父涕,而兩目即開明也。舜起拜賀。父執子手,千哀千謝。孝養如故,終無變心。天下聞之,莫不嗟嘆[22]。聖德無匿,遂踐帝位也。

【譯文】

舜,字重華,至孝之人。他的父親瞽叟,愚蠢而且固執,連凡人和聖人也不能區別。於是信後妻之言,欲殺身爲聖人的兒子。一次,舜(爲了修理房子)上了屋頂,瞽叟拿走了梯子,但舜就像鳥兒飛翔那樣(毫髮無損地)直接落到了地面上。瞽叟又讓舜挖深井以便出(水)。舜知道瞽叟的真實想法,事先挖了旁邊的通道,可以通向鄰居家的井。父親用大石頭把井埋了,舜通過旁邊的通道逃了出去，去了歷山游歷。當時，父親用石頭把井堵上以後，就失去了兩眼的視力。舜在歷山親自耕耘。逢天下大旱，人們苦於饑荒，唯有舜取得了大豐收，就在那裏賣米，來的人絡繹不絕，像集市一樣熱鬧。舜的繼母也來買米。但是，(繼母)不知道是舜。舜不肯收錢，每次都把錢退給繼母。父親覺得不可思議，就牽著後妻的手，來到舜處問道："你給我們的恩惠不是一次兩次，我感到不可思議。難道是我們以前的朋友？"舜回答說："我是您的兒子舜。"聞此，父親匍伏在地，淚流如雨，高聲懺悔，既覺得不可思議，又感到羞愧。這時，舜用袖子給父親擦了眼淚，馬上父親的兩眼都恢復了視力。舜站起身向父親拜賀。舜父拉著兒子的手，无限悲傷，一次次地向他道歉。(舜)像以前一樣侍奉父母，終身沒有變心。世上的人聽聞此事，無不贊嘆。(舜)的聖人之德被廣爲流傳，最終舜登上了帝位。

【校勘】

① 其，底本蟲損，據《普通唱導集》訂正。
② 叟，底本作"聖"，據文義改。

文獻資料

《孟子·萬章上》、《史記·五帝本紀》、《列女傳》卷一《母儀傳》"有虞二妃"、《越絕書》卷三《越絕吳內傳》、《論衡》卷二《吉驗》、卷二六《知實》、《琴操》下《思親操》、曹植《靈芝篇》(《宋書》卷二二)，纂圖附音本《注千字文》第23、24句注，《鏡中釋靈實集》(聖武天皇《雜集》99)、陶潛《孝傳》、劉向《孝子傳》(《法苑珠林》卷四九等)、敦煌本孝子傳(P.2621、S.389等)。"敦煌本孝子傳"是一個臨時的題目，實際是收集了《敦煌變文集》甲卷S.5776、乙卷S.389、丙卷P.3536、丁卷P.3680等五種文書，以P.2621

爲原本編輯而成的,其中的 P.2621 和 S.5776,根據前者的尾題,近年開始將其二者稱作"事森"[王三慶《敦煌類書》,麗文文化事業股份有限公司,1993 年等]。參見黑田彰《孝子傳的研究》[佛教大學鷹陵文化叢書 5,思文閣出版,2000 年]Ⅰ—3),《舜子變》(S.4654、P.2721 等),《越絶書》(《文選·吳都賦》李善注所引,今本《越絶書》卷八《越絶外傳記地傳》有類似的記載),《論衡》卷三《偶會》、卷四《書虛》,皇甫謐《帝王世紀》(《太平御覽》卷八九〇),《拾遺記》卷一,陸龜蒙《象耕鳥耘辯》(《笠澤叢書》卷三),二十四孝系(象耕鳥耘説。《詩選》1[草子 1]、《日記故事》1、《孝行録》1。參考注 7)等。

《東大寺諷誦文稿》89 行,《日本感靈録》11,《三教指歸》成安注下(參考注 22)、覺明注五等,《注好選》上 46,《寶物集》卷六,《唐鏡》卷一,《五常内義抄》禮 19,《澄憲作文集》33,《言泉集·亡父帖》("史記第一云"),真如藏本《言泉集·亡父帖》("報恩傳云。"陽明本系),《普通唱導集》下末,《内外因緣集》,《金玉要集》卷一、卷二,《太平記》卷三二,《三國傳記》卷七·五,《壒囊鈔》卷四·四,《合璧集》上 54,《慈元抄》上,西教寺正教藏本《因緣抄》7,日光天海藏本《直談因緣集》卷二 25,謡曲《堯舜》,《堯舜繪卷》,東大本《孝行傳》卷一,《童子教諺解》末等,童話《繼子挖井》(《日本民間故事名彙》。參考注 5)。

研究本故事的文獻有青木正兒《論堯舜傳說的構成》(《青木正兒全集》第二卷,春秋社,1970 年。曾刊於《支那文學藝術考》[弘文堂,1942 年],最早發表於 1926 年),金岡照光《舜子至孝變文諸問題》(《大倉山學院紀要》2,1956 年),早川光三郎《與變文相關的日本所傳中國故事》(《東京支那學報》6,1960 年),西野貞治《關於陽明本孝子傳的特徵及其與清家本的關係》,德田進《舜的孝子故事的發展與擴大》(《高崎經濟大學論集》10—1、2、3 合併號,1967 年),金岡照光《敦煌本〈舜子變〉再論補正——附斯坦因 4654 本校勘譯注一》(《東洋大學文學部紀要》27,1969 年。後收録在《敦煌文獻與中國》[五曜書房,2000 年]第一部第二章),川口久雄《敦煌本舜子變文·董永變文與我國説話文學》(《東方學》40,1970年。後收錄在《敦煌與日本的説話》[《敦煌來風》2,明治書院,1999年]Ⅰ之二),增田欣《〈太平記〉的比較文學研究》(角川書店,1976年,初版於1961年)第一章第二節,金岡照光《孝行故事——〈舜子變〉與〈董永傳〉》(《講座敦煌9·敦煌的文學文獻》,大東出版社,1990年),高橋伸幸《宗教與説話——關於安居院流表白》(《説話·傳承學92》,櫻楓社,1992年),金文京《敦煌本〈舜子至孝變文〉與廣西壯族師公戲〈舜兒〉》(《慶應義塾大學言語文化研究所紀要》26,1994年),程毅中《〈舜子變〉與舜子故事的演化》(收柳存仁等《慶祝潘石禪先生九秩華誕敦煌學特刊》,文津出版社,1996年),細田季男《圍繞舜孝子説話——以本邦殘存兩種孝子傳爲中心》(《史科與研究》26,1997年),佐藤長《關於堯舜禹傳説的形成》(《中國古代史論考》[朋友書店,2000年]),黑田彰《孝子傳的研究》Ⅲ二"重華外傳——《注好選》與孝子傳",坪井直子《舜子變文與二十四孝——"二十四孝"的誕生》(《佛教大學大學院論集》29,2001年)等。此外,論及童話《繼子挖井》的還有澤田瑞穂《厄井之話》(《中國的傳承與説話》[研文選書38,研文出版,1988年]Ⅲ"口碑拾遺"),伊藤清司《繼子挖井》(《民間故事傳説的系譜——東亞比較説話學》[第一書房,1991年]Ⅲ章Ⅲ)。

(圖像資料)

1 東漢武氏祠畫像石("帝舜名重華,耕於歷山,外養三年。"參考注7。另外,左石室的第七石上有焚廩圖。14 嘉祥南武山東漢畫像石第二石三層,嘉祥宋山一號墓第四石中層、第八石二層也有相關圖像,參考注4)。

5 波士頓美術館藏北魏石室("舜從東家井中出去時")。

6 明尼阿波利斯藝術博物館藏北魏石棺("母欲殺舜舜即得活")。

7 納爾遜-阿特金斯藝術博物館藏北魏石棺("子舜")。

8 盧芹齋舊藏北魏石床("舜子入井時""舜子謝父母不在",參考注13)。

12 和林格爾東漢壁畫墓("舜")。

17 北魏司馬金龍墓出土木板漆畫屏風("虞帝舜""帝舜二妃娥皇女英""舜父瞽叟""與象敖填井""舜後母燒廩")。

19 寧夏固原北魏墓漆棺畫("舜後母將火燒屋欲殺舜時""使舜逃井灌德[得]金錢一枚錢賜□石田[填]時""舜德急從東家井里(裏)出去""舜父開萌(盲)去""舜後母負菩互易市上賣""舜來賣菩""應直米一斗倍德二十""舜母父欲德見舜""市上相見""舜父共舜語""父明即聞時")。

另外，二十四孝圖中的舜圖見於洛陽出土的北宋畫像石棺及之後的許多文物資料。

【注】

1. 船橋本作"重華"。《史記》有"虞舜者，名曰重華。重華父曰瞽叟"等記載。虞舜是王朝的名號(有虞氏)。關於瞽叟，《史記正義》："孔安國云：無目曰瞽。舜父有目不能分辨好惡，故時人謂之瞽。配字曰叟，叟無目之稱也。""叟"也寫作"瞍"。關於本故事的原型重華傳說的形成，青木正兒在《論堯舜傳說的構成》中寫道："舜的故事或許是來自齊或魯一帶某個地方的民間傳說，……舜的傳說一直都很活躍，其中也有很多民間傳說的色彩。前述《墨子》《孟子》中提到的舜出生於諸馮，耕於歷山，陶於河濱，漁於雷澤，嘗盡了辛酸，這些故事大概都直接來自民間傳說。另外，《孟子·萬章上》記載舜的父母愛舜弟象而虐待舜，甚至圖謀殺舜，讓舜修補倉房的屋頂並撤掉梯子，讓舜掘井而象却在上面用蓋子把井口蓋上，甚至《楚辭·天問》也咏嘆'舜服厥弟，終然爲害'，從這些記載中的確可以看到民間傳說的影子。《孟子》中舜故事的文風比其他部分更加古奧，甚至讓人懷疑或許是《舜典》的逸文。此故事前章中舜往於田、號泣於旻天等情節也是民間傳說，或許也曾見於《尚書》。舜最終被帝王所用，受到帝王厚遇，帝王將兩個女兒下嫁於舜等，更脫不了民間傳說的特點。但是，說他所侍奉的帝王是堯，這一點應該是《尚書》作者的創作。舜被帝王所用之前的故事可以看作是民間傳説,之後的事情就越來越可疑了。"

2.《尚書·堯典》稱"父頑,母嚚,象傲"(嚚是愚蠢的意思。象是堯的異母弟),後來就成了固定説法。船橋本中的"凡聖"指凡人和聖人,是佛教用語。關於船橋本中的該詞語,矢作武氏在《〈日本靈異記〉雜考——結合與中國故事的關係》(《宇治拾遺物語》[《説話文學的世界》第2集,笠間選書120,笠間書院,1979年]所收)和《〈日本靈異記〉與漢文學——以〈孝子傳〉爲中心·再考》(《記紀與漢文學》[和漢比較文學叢書10,汲古書院,1993年]所收)中就其與《日本靈異記》的關係有過討論(矢作武氏在《〈日本靈異記〉與陽明文庫本〈孝子傳〉——朱明·帝舜·三州義士》[《相模國文》14,1987年]一文中也談到了舜的故事)。

3. 後婦,指後妻。《越絶書·越絶吴内傳》記載:"言舜父瞽瞍,用其後妻,常欲殺舜。"大概與本條舜故事的來源相同。參考注13。

4. 焚廩故事。圖像資料1東漢武氏祠畫像石左石室第七石,14嘉祥南武山東漢畫像石第二石三層,嘉祥宋山一號墓第四石中層、第八石二層等都有相關圖像。《史記》記載:"瞽叟尚復欲殺之,使舜上塗廩,瞽叟從下縱火焚廩。舜乃以兩笠自扞而下去,得不死。""笠"在纂圖附音本《注千字文》中作"席"。船橋本中的"舜直"的意思很難懂。"供養",指提供食物贍養父母,雖在佛教中也用,但與爲佛祖或逝者上供的意思略有不同。關於重華逃於焚廩之災一段,船橋本叙述"落如鳥飛",圖像資料1東漢武氏祠畫像石左石室第七石以及14嘉祥宋山一號墓第八石第二層的圖像都在攀登梯子的重華上面畫有鳥,或者與《列女傳》中娥皇、女英的建言"鵲如汝裳衣,鳥工往"(見《楚辭補注》卷三所引《列女傳》,今本缺。亦見於梁武帝《通史》[《史記正義》所引]等。意思是在衣裳上繪制鳥鵲紋飾,就能像鳥一樣)有關。這是一种咒術,可能起源於民間傳説。可參考下見隆雄《劉向〈列女傳〉研究》(東海大學出版會,1989年)研究篇一之一注(5)、山崎純一《列女傳》上(新编漢文選,明治書院,1996年)第一章卷一之一校異4、中鉢雅量《中國的祭祀與文學》(東洋學叢書,創文社,1989年)Ⅰ部

第六章之四。

　　5. 填井故事。關於舜逃過被活埋在井裏，《楚辭補注》卷三所引等《列女傳》可見娥皇、女英二女建言："去汝裳衣，龍工往。"（意爲脫掉衣裳，像熟知地下水脈的龍一樣使用本領。今本缺。）另外，作爲舜爭取時間的手段，有說天上降下了銀錢（敦煌本孝子傳）、有說帝釋天降下銀錢五百文（《舜子變》。帝釋天變身黃龍救舜）、有說親友給了銀錢五百文（纂圖附音本《注千字文》）。雖然這些記載很早就受到了關注（增田欣《〈太平記〉的比較文學研究》第一章第二節），但是，圖像資料19寧夏固原北魏墓漆棺畫的榜題"德（得）金錢一枚"仍值得我們重視。其實，具備這樣題材的《孝子傳》也傳到了日本（《三教指歸》成安注所引。參考注22以及黑田彰《孝子傳的研究》Ⅲ二"重華外傳——《注好選》與孝子傳"）。今陽明本舜故事無此題材，但是，明顯屬於陽明本系的《普通唱導集》所云"夊（舜）已密知，帶銀錢五百文，作傍穴"，却包含了這一題材，反映出陽明本曾存有這一題材的可能性。另外，童話《繼子挖井》講道："被放到井裏的繼子按照鄰居老爺爺教的那樣，在從下面提上去的畚箕裏的土裏一次放一個錢，利用空閒橫向挖地道而逃。"（《日本民間故事名彙》完形民間故事《繼子的故事》）這是童話的形態之一，也是來源於此。那霸市流傳的童話從掩井、焚廩到父親的開眼，基本完整保留了本故事的形態（《日本民間故事通觀》26沖繩，71）。還有，帶有錢百文等主題的故事也有很多（岩手縣遠野市）。另外，舜吸盲父之眼（廣島縣深安郡）、逃跑的舜"開墾土地造田得到鳥的幫助，收穫了很多大米"（鹿兒島縣沖永良部島）等（《日本民間故事大成》5，本格民間故事4，220A），與《舜子變》一致之處多得令人吃驚。另外還需要注意兩《孝子傳》"26孟仁"故事續（《日本民間故事通觀》26沖繩，139類話1、4）以及插入"33閔子騫"故事（《城邊町的民間故事》上[《南島民間故事叢書》七，同朋社，1991年]，本格民間故事18《繼子泰信》）、刊載"35伯奇"故事（《南島民間故事叢書》七，19《繼子與蜻蛉》）等例子。

　　6. 船橋本有"先掘傍穴，通之隣家……舜出傍穴"之語。敦煌本《孝子傳》等文獻像陽明本一樣作"東家井出"的較多,圖像資料5波士頓美術館藏北魏石室的榜題作"舜從東家井中出去時"、19寧夏固原北魏墓漆棺畫的榜題作"舜德急從東家井里(裏)出去"(《舜子變》還記載,舜得到黃龍幫助,從"東家井"中逃出,又從東家的老太太那裏得到了去歷山的建議)。唐代封演《封氏聞見記》卷八"歷山"條:"齊州城東有孤石。平地聳出,俗謂之歷山,以北有泉號舜井。東隔小街,又有石井,汲之不絕,云是舜之東家之井。"并引魏炎詩云:"齊州城東舜子郡,邑人雖移井不改,時聞汹汹動綠波,猶謂重華井中在……西家今爲定戒寺,東家今爲練戒寺,一邊井中投一瓶,兩井相搖聲泙濞……炎雖文士,其意如是。則誠以爲舜之所居也。"(齊州,今山東濟南歷城。)

7. 歷山是傳說中舜曾經耕作過的山,但各地多處有歷山,具體是哪裏已不知。或許是山東歷城的歷山。此故事早期見於《墨子》卷二《尚賢》、《韓非子》卷一五《難一》等,《越絕書·越絕吳內傳》:"舜去耕歷山,三年大熟,身自外養,父母皆飢。"(參考注13)圖像資料1東漢武氏祠畫像石的榜題"帝舜名重華,耕於歷山,外養三年"也是基於此傳說。在二十四孝系舜故事中,關於舜在歷山耕作時的奇迹,被描述爲"有象爲之耕,鳥爲之耘"(《全相二十四孝詩選》)等,這種主題化的現象值得注意。《舜子變》亦云:"天知至孝,自有群猪與觜耕地開墾,百鳥銜子拋田,天雨澆溉。"(民間故事《繼子挖井》也有同樣的叙述。參考注5。)在早期文獻中,《越絕書》(《文選·吳都賦》李善注)作"舜葬蒼梧,象爲之耕"(晋左思《吳都賦》云"象耕鳥耘,此之自與"),《論衡·偶會》作"傳曰,舜葬蒼梧,象爲之耕",《書虛》作"傳書曰,舜葬於蒼梧,象爲耕",皇甫謐《帝王世紀》作"舜葬蒼梧,下有群象,常爲之耕"(《拾遺記》還收錄了憑霄雀"在木則爲禽,行地則爲獸,變化無常"之語以及冀州西部"孝養之國"的鳥獸故事),大概是原本描述舜下葬時出現的奇迹被訛傳爲《尚書·大禹謨》中的"帝初於歷山,往於田,日號泣於旻天於父母,負罪引慝。祇載見瞽叟,夔夔齋慄,瞽亦允若"(但是,被認爲是僞古文)以及《孟子·萬章上》中的"舜往於田……號泣於旻天於父母……我竭力耕田,共爲子職而已矣"。(《琴操・思親操》被認爲是此時的作品,其云:"舜耕歷山,思慕父母。見鳩與母俱飛鳴相哺食,益以感思,乃作歌。")《越絶書》被認爲是子貢、袁康所作,其中《越絶吳内傳》云"母常殺舜,舜去耕歷山,三年大熟,身自外養,父母皆飢"等情節,並流傳於民間。事實上,唐代即存在這種傳説,這一點可以通過陸龜蒙《象耕鳥耘辯》所載"世謂舜之在下也,田於歷山,象爲之耕,鳥爲之耘"等予以確認,二十四孝系應該是取材於此。另外,《東大寺諷誦文稿》中有"重華擔盲父,而耕歷山,而(作)養盲父"等奇怪的句子,可能起緣於對前出《尚書・大禹謨》以及《孟子・盡心上》的"瞽瞍殺人……舜……竊負而逃"等叙述的誤解。

8. 清盲、精盲(船橋本),自古以來都被理解爲明盲之意。關於對欲殺舜的報應,《三教指歸》成安注所引《孝子傳》等記有"其父兩目即盲,母便耳聾,弟遂口惡"。

9. 糴,是買米的意思,糶(賣米之義)的反義詞。

10. 鄙,謙辭,用於自稱。

11. "將非"與"將不""將無"一樣,都是六朝時期特有的表達方式,多用於避免完全肯定,是或許的意思。

12. 有的文獻記載爲舜用舌頭舔其父之目而使其痊癒(劉向《孝子傳》、敦煌本孝子傳、《舜子變》)。

13. 後面提到的《越絶書・越絶吳内傳》云:"堯聞其賢,遂以天下傳之。"船橋本只是在故事結尾寫了一句"遂踐帝位也"。《史記》云"堯乃以二女妻舜",指的是堯將娥皇、女英二女嫁給了舜(《列女傳》)。《尚書・堯典》云"釐降二女於嬀汭,嬪於虞",《楚辭・天問》云"舜閔在家,父何以鱞?堯不姚告,二女何親?……舜服厥弟,終然爲害。何肆犬豕,而厥身不危敗?"。與《孝子傳》中舜最後娶了堯的二女並繼承了帝位所不同的是,《尚書》《孟子》《史記》《列女傳》等早期文獻講的是堯先將二女嫁給舜,對舜進行考察,在故事情節上,《孝子傳》與之前文獻的順序是相反的。關於這個問題,西野貞治在《關於陽明本孝子傳的特徵及其與清家本的關係》中指出:"此《孝子傳》中可見與其它各書差異明顯的記載,這對研究俗文化的興盛具有重要的意義。首先,關於儒家理想化人物舜的傳說……與《尚書》《孟子》《史記》等正統典籍中的記載形成了鮮明的對比。若考察可以相互比較的相似點,我們可以看到,在《史記·五帝本紀》中,先是舜的德行被認可而娶了堯的兩個女兒,並接受堯的考驗在歷山種田,後在經歷了焚廩、掩井之厄以後接受了帝位的禪讓,而《孟子·萬章上》除了欠缺在歷山種田外與《史記》相同。也就是説,除了接受堯的禪讓外,其餘全部與《孝子傳》的順序相反,這一點值得注意。順序與《孝子傳》基本一致的文本有《論衡·吉驗篇》,但是,其中看不到陽明本《孝子傳》中關於舜在歷山獲得豐收、瞽叟因自己的惡性而失明以及因爲舜的孝心而盲眼重開等内容。然而,敦煌出土的《舜子至孝變文》對上述内容的描寫則全部與此《孝子傳》相符,並且叙述得更爲詳細……關於此《孝子傳》與變文之間酷似的部分,並不是没有更早期的文本。比如,不論是漢志還是隋唐志都没有著錄、有六朝假託之嫌的劉向《孝子傳》(《法苑珠林》卷四九)中也有……的故事。在這個故事中,把父瞽叟缺乏道德附會於其名字,把舜的高德從其名重華附會於重瞳子。關於開眼……六朝故事中也可見類似現象,由此可以推定其成立的過程。此外,變文中舜遇到掩井之厄時從東家的井中逃脱的部分亦見於此《孝子傳》,或許這部分是北朝時期產生的民間傳説。波士頓美術館的北魏石室左外側壁面的下段,有以'舜從東家井中出去時'爲題的畫像(《瓜茄》鶯字第一,第 290 頁,插圖十二)。該圖有兩面。其圖左半面的左端有房子,其右樹下的井邊站著一對男女,男的手中拿著石頭,這大概是描繪舜的父母,樹下的少年應該是舜弟象。畫像右半面的右端有房子,大概是東面鄰居家,坐在其中的應該是變文中提到的東家老母,其左面正在從房子前面的井中出來的年青人應該是舜。從東家井中逃脱的故事流傳於舜的家鄉,這一點可以從唐朝封演的記錄中看到(《封氏聞見記》卷八)……但是,《孟子》和《史記》中的不同之處,正是洪邁也曾指出的孟子所發無稽之言的地方(《容齋三筆》卷五《舜事瞽叟》),是極不自然的敘述,有對內容進行加工的痕迹。基於此判斷,此《孝子傳》關於舜的記載,對《孟子》和《史記》的記載進行了加工,如在《論衡》的記載中所見,加入了劉向《孝子傳》的情節,甚至是參考了民間傳説中舜從東家井中逃脱的情節,因此可以認爲《舜子至孝變文》是此《孝子傳》進一步發展的産物。"

西野貞治氏提到的《論衡·吉驗》篇中相關記載爲"舜未逢堯,鯀在側陋。瞽瞍與象,謀欲殺之:使之完廩,火燔其下;令之浚井,土掩其上。舜得下廩,不被火焚;穿井旁出,不觸土害。堯聞徵用……卒受帝命,踐天子祚"。此外,《越絶書·越絶吴内傳》對舜的孝行有非常值得關注的評論:"舜有不孝之行。舜親父假母,母常殺舜。舜去耕歷山,三年大熟,身自外養,父母皆饑。舜父頑,母嚚,兄狂,弟敖,舜求爲變心易志。舜爲瞽瞍子也,瞽瞍欲殺舜,未嘗可得。呼而使之,未嘗不在側。此舜有不孝之行。舜用其仇而王天下者,言舜父瞽瞍,用其後妻,常欲殺舜。舜不爲失孝行,天下稱之。堯聞其賢,遂以天下傳之。此爲王天下。仇者,舜後母也。"(此評論與圖像資料8盧芹齋舊藏北魏石床榜題"舜子謝父母不在"有密切關係。)很明顯,《越絶書》認爲是在焚廩、掩井、舜耕於歷山之後才发生堯之二女下嫁、讓位等事情,這一點與兩《孝子傳》是一致的。并且,《越絶書》中的"言舜父瞽瞍,用其後妻,常欲殺舜",文辭酷似陽明本(參考注3)。此外,舜去歷山耕作,獲得大豐收("三年大熟"),結果"父母皆饑",這些都是之後瞽叟、後母等因舜的豐收而獲救的前提。由此我們可以認爲,陽明本的舜故事在東漢以前就已經形成了。因此,本故事不應該像西野貞治氏所説的"如在《論衡》的記載中所見,加入了劉向《孝子傳》的情節,進而……參照當時的民間傳説而構成",與之相反,應是劉向《孝子傳》、《論衡》、《越絶書》等文獻取自於陽明本《孝子傳》的文本系統。因而,圍繞堯將二女嫁給舜的時間,《孟子》《史記》與兩《孝子傳》之間存在相互不同的説法,極有可能兩者均能追溯到漢代以前。另外,金文京《敦煌本〈舜子至孝變文〉與廣西壯族師公戲〈舜兒〉)向我們傳達了一個驚人的資訊,即作爲儺劇(宗教色彩濃厚的假面舞蹈、假面劇)的一種,現在依然流傳著的廣西壯族自治區的師公戲《舜兒》與《舜子變》(即《孝子傳》)具有相同的內容。這與日本童話《繼子挖井》中可見與《孝子傳》相似情節,是同樣的現象(參考注5),均值得關注。

14.《古文孝經‧應感章》:"事父孝……事母孝……天地明察,神明彰矣。"《普通唱導集》沒有引用《孝經》,只引用了《史記》:"史記弟(第)一云,虞舜名重花。舜父瞽瞍頑,母嚚,弟象敖。皆欲殺舜。舜順適不失子道。兄弟孝道。欲殺不可得。即求常在測(側)。"

15. 乾靈,天神之意。

16. 橋,即梯子。《孟子》作"損階"等。

17. 黎庶,指人民。

18. 稼,結果實。

19. 熱鬧的意思。

20. 後母,即父親的後妻,繼母。

21. 故舊,指很久的朋友。

22.《越絕書‧越絕吳內傳》:"天下稱之,堯聞其賢,遂以天下傳之。""莫不嗟嘆"意爲"沒有不感嘆的人"。下面附上《三教指歸》成安注(寬治二年[1088]序)所引《孝子傳》(覺明注也有引用)。該文本內容很豐富,與兩《孝子傳》有很大不同,已無法通過校勘展示其內容。而且,該文本與西野氏所說的"與陽明本《孝子傳》幾乎完全相同的句子頻出,讓人不得不相信是把此《孝子傳》(即陽明本)放在手頭而寫成的"(見前出論文)《舜子變》及《注好選》都有更密切的關係,值得關注。

《孝子傳》云,虞舜字重花。父名鼓叟。叟更娶後妻生象。象敖。舜有孝行。後母疾之,語叟曰:"與我殺舜。"叟用後妻之言,遣舜登倉。舜知其心,手持兩笠而登。叟等從下放火燒倉,舜開笠飛下。又使舜濤井。舜帶銀錢五百文,入井中穿泥,取錢上之。父母共拾之。舜於井底鑿匿孔,遂通東家井。便仰告父母云："井底錢已盡。願得出。"爰父下土填井,以一磐石覆之,驅牛踐平之。舜從東井出。父坐填井,以兩眼失明。亦母頑愚,弟復失音。如此經十餘年,家彌貧窮無極。後母負薪,〔詣〕市易米,值舜糶米於市。舜見之,便以米與之,以錢納母佮米中而去。叟怪之曰:"非我子舜乎?"妻曰:"百大(丈歟)井底,大石覆至,以土填之,豈有活乎?"叟曰:"卿將我至市中。"妻牽叟手詣市,見糶米年少。叟曰:"君是何賢人,數見饒益。"舜曰:"翁年老故,以相饒耳。"父識其聲曰:"此正似吾子重花聲。"舜曰:"是也。"即前攬父頭,失聲悲號,以手拭父眼,兩眼即開。母亦聰耳,弟復能言。市人見之,莫不悲嘆也。(據大谷大學本,並參考了天理本、尊經閣本)

2 董永

【陽明本】

楚人董①永至孝也¹。少失母,獨與父居²。貧窮困苦,傭賃³供養其父。常以鹿車載父⁴,自隨著陰涼樹下⁵。一鋤一回,顧望父顏色。供養蒸蒸⁶,夙夜不懈⁷。父後壽終,無錢不葬送。乃詣主人,自賣②為奴,取錢十千⁸。葬送禮已畢。還賣主家,道逢一女人③,求為永妻。永問之曰:"何所能為?"女答曰:"吾一日能織絹十匹⁹。"於是,共到賣主家。十日便得織絹百匹,用之自贖。贖畢,共辭主人去。女出門語永曰:"吾是天神之女¹⁰,感子至孝,助還賣身¹¹。不得久為君妻也。"便隱不見。故《孝經》曰:"孝悌之志,通於神明¹²。"此之謂也。贊曰¹³:董永至孝,賣身葬父。事畢無錢,天神妻女。織絹還賣¹⁴,不得久處。至孝通靈,信哉斯語也。

【譯文】

楚人董永非常孝順。幼時失去母親,只和父親一起生活。生活貧窮困苦,靠替人做工賺錢來供養父親。董永常常用鹿車載著父親,自己跟隨車行,然後把車停在蔭涼的樹下。他耕地時每鋤一下地就轉一次頭,遠遠地觀察父親的臉色。供養用心,夙夜不懈。後來父親壽終,董永沒有錢安葬其父,於是去拜見主人,請求賣身為奴,因此得到了十千錢。送葬的禮儀完成後,在回主人家的路上遇到一個女子。女子求董永娶其為妻。董永問她:"你會做什麼呢?"女子回答說:"我一天能織絹十匹。"於是,他們一起來到主人家,用了十天的時間織絹百匹,並以此贖了身。贖身以後,他們一起向主人辭別。出門後女子對董永說:"我是天神之女,被你的至孝所感動,因此來助你贖身,但是不能夠長久地做你的妻子。"然後便隱去不見了。《孝經》所云"孝悌之志,通於神明",說的就是這樣的事。

贊曰:董永至孝。賣身葬父。事畢無錢。天神妻女。織絹還賣。不得久處。至孝通靈,信哉斯語也。

【船橋本】

董永,楚人也。性至孝也。少而母沒,與父居也。貧窮困苦,僕賃養父。爰永常鹿車載父,著樹木陰涼之下。一鋤一顧,見父顏色,數進餚饌[15],少選[16]不緩。時父老命終,無物葬斂[17]。永詣富公家[18],頓首云:"父沒無物葬送,我爲君作奴婢,得直欲已禮。"富公嘆,與錢十千枚④。永獲之齊事。爾乃[19]永行主人家,路逢一女,語永云:"吾爲君作婦。"永云:"吾是奴也,何有然也?"女云:"吾亦知之,而慕然耳。"永諾。共詣主人家。主人問云:"汝所爲何也?"女答云:"吾踏機,日織十匹之絹。"主人云:"若填百匹,免汝奴役。"一旬之內,織填百匹。主人如言,良放免之。於時夫婦出門,婦語夫云:"吾是天神女也。感汝至孝,來而助救奴役。天地區異,神人不同,豈久⑤爲汝婦?"語已不見也。

【譯文】

董永是楚人,非常孝順。很小的時候母親就去世了,與父親生活在一起。生活貧窮困苦,靠出賣勞力賺錢供養父親。董永常常用鹿車載著父親,將車停放在樹下蔭涼的地方,每鋤一下地就回頭望一下,觀察父親的臉色,時不時送去食物,一刻也不疏忽懈怠。父親年老壽終時,(董永)沒有錢財可以將他收殮安葬。董永到富公家拜訪,頓首叩拜之後說:"我父親去世了,無錢安葬,我想做你的奴僕,用得到的錢來完成父親的葬禮。"富公十分感嘆,給了他十千枚錢。董永獲得這些錢得以將父親安葬。在回主人家的路上董永遇到一位女子，女子對董永說："我想做你的妻子。"董永說："我是一個奴僕，你爲什麼想做我的妻子呢？"女子說："我知道你的情況，然而我非常想做你的妻子。"董永答應了，兩個人一起來到主人家裏。主人問女子："你會做什麼呢？"女子回答："我踏機織布，一天能織十匹絹。"主人說："如果你織絹百匹，我就免去你們的奴役。"於是女子在十天之內織出了百匹絹。主人按照之前所言，真的免去了他們的奴役。董永夫婦走出了主人家門口，妻子對丈夫說："我是天神之女。被你的至孝所感動，來幫助你免除奴役。天地各異，神人不同，我怎能長久地做你的妻子呢？"這句話說完之後女子就不見了。

【校勘】

① "董"，底本寫作"薰"，據船橋本改。
② "賣"，底本寫作"買"，據《言泉集》改。
③ "人"，據底本眉批補。
④ "枚"，底本寫作"牧"，據文義改。
⑤ "久"，底本寫作"人"，據文義改。

【文獻資料】

《孝子傳》(《太平御覽》卷八一七、卷八二六)，劉向《孝子圖》(《太平御覽》卷四一一)，劉向《孝子傳》(《法苑珠林》卷四九)，曹植《靈芝篇》(《宋書》卷二二)，《搜神記》卷一，《典言》(《三教指歸》成安注下)，《孝子傳》(《三教指歸》成安注下)，《蒙求》272古注，敦煌本《類林》，敦煌本《搜神記》，敦煌本《語對》卷二六 8，敦煌本《事森》，敦煌本《董永變文》，《類林雜說》卷一，二十四孝系(《詩選》13[草子12]、《日記故事》6、《孝行錄》4)等。

《三綱行實》卷一。

《東大寺諷誦文稿》88 行,《言泉集·亡父帖》,《普通唱導集》,《私聚百因緣集》卷六 7,《十訓抄》卷六,《內外因緣集》,《三國傳記》卷四 26,《直談因緣集》,《父母孝養鈔》,民間故事《星女房》(《日本民間故事通觀》卷二八,民間傳說第 222)。

研究本故事的文獻有:西野貞治《關於董永的傳說》(《人文研究》6－6,1955 年),金田純一郎《董永遇仙傳備忘錄》(《女子大國文》9,1958 年),川口久雄《敦煌本舜子變文·董永變文與我國說話文學》,金岡照光《敦煌本〈董永傳〉試探》(《東洋大學紀要·文學部篇》20,1966 年),金岡照光《關於〈董永傳〉》(《敦煌的文學文獻》,大東出版社,1990 年。該文還收錄於金岡照光《敦煌文獻與中國文學》,五曜書房,2000 年),王建偉《漢畫"董永故事"源流考》(《四川文物》,1995 年第 5 期),三浦俊介《"二十四孝"——以董永故事為中心》(《國文學解釋與鑒賞》61－5,1996 年)等。

如注 1 所介紹,西野貞治對於董永傳說的最初形態和流傳過程中的變化,以及圖像、俗文學、民間傳承等,均有很多重要的觀點。王氏的論文雖然包含了很多新的考古學成果,有很多富有啟發性的觀點,但是對於兩種《孝子傳》却並未提及。此外,飯倉照平的《董永型故事的傳承與沖繩的民間傳說》(《人文學報》213,1990 年)對於明代戲劇、民間傳說以及地方志裏的董永"古迹"進行了研究,福田晃的《南島民間故事研究　日本民間故事的原風景》(法政大學出版局,1992 年)第四篇第三章論述了民間傳說《星女房》。

圖像資料

1 東漢武氏祠畫像石("董永千乘人也")。

5 波士頓美術館藏北魏石室("董永看父助時")。

7 納爾遜-阿特金斯藝術博物館藏北魏石棺("子董永")。

8 盧芹齋舊藏北魏石床("孝子董永與父□居")。

9 納爾遜-阿特金斯藝術博物館北齊石床。

11 上海博物館藏北魏石床（"董永看父助時"）。

13 四川樂山麻浩一號崖墓，四川渠縣沈氏闕、渠縣蒲家灣無銘闕。

14 泰安大汶口東漢畫像石墓（榜題趙苟與丁蘭順序顛倒，且所示丁蘭圖實應爲董永圖）。

陝西歷史博物館藏唐代三彩四孝塔氏罐（"董永自賣身，葬父母訖，便向郎主去行。次逢一天女，求與作緣。永曰：'未敢。'遂到富公家，欲問女人曰：'解織絹否？'即放夫妻去之也。"）。

東漢、六朝的圖像主要描繪了董永孝敬父親的場面，而陝西歷史博物館藏唐代三彩四孝塔式罐及其後的二十四孝圖則描繪了董永與天女離別的場景。

【注】

1. 陽明本作"薰永"，這個文本在日本流傳很早，直到《直談因緣集》中寫成了"君榮"，亦緣於此（因爲"君榮"在日語裏的發音與"薰永"相同）。兩《孝子傳》裏提到董永是"楚人"，敦煌本孝子傳則說是"河內人"，而《搜神記》等資料又記載董永爲"古代山東千乘郡"人。圖像資料1東漢武氏祠畫像石是記載"董永爲千乘人"的最早例子。

董永的故事一般是像《搜神記》記載的那樣，他在父親死後賣身葬父，天帝被他的孝行感動，讓織女下凡，幫助他償還債務。由 a 鹿車供養、b 天人下凡、c 賣身葬父、d 天女歸天四個部分組成。不過，根據西野貞治的研究，從東漢武氏祠畫像石等一些圖像來看，a 鹿車供養和 b 天人下凡是最原始的傳說，而 c 賣身葬父和 d 天女歸天大概是後世附加上去的情節（與圖像可以並列的，被認爲是據更早的傳說而創作的曹植《靈芝篇》云："董永遭家貧，父老財無遺，舉假以供養，備作致甘肥。責家填門至，不知何用歸。天靈感至德，神女爲秉機。"其中並無賣身葬父的內容）。大概董永的傳說原本是漢代用來宣傳孝道的，之後隨著時代的變化，主題也發生了改變,又延伸出了孝行感動蒼天的情節以及與神女別離的悲傷故事。

另外,在敦煌本《董永變文》中,還出現了董永和神女所生之子董仲(或稱董仲舒),其與民間傳説的關係也受到關注(參考"文獻資料"部分提到的金岡氏和飯倉氏的論文)。

還有學者指出,日本的談義本(江户時代流行的一種讀本)《父母孝養鈔》將"千乘人也"這句表明地名的句子誤解爲"天子",於是有了"董永靠賣身的錢供養母親,後來他又侍奉了帝王"的創作(佐竹昭廣《董永與江革》,《文學》49-12,1981年)。

2. 兩《孝子傳》所記載的董永因爲父親死去而賣身葬父的情節是一般的版本,但是,在唐代又産生了《董永變文》那樣的敘述,説董永是爲了安葬雙親而賣身(黑田彰《孝子傳的研究》Ⅱ二"唐代的孝子傳圖")。

3. "傭賃"一詞在"3 邢渠"裏也使用過,亦見於《法華經·信解品》。在船橋本裏寫作"僕賃"。兩者的意思均爲"被人雇傭爲僕,領取傭金"。後面出現的"賣身",則意爲成爲奴隸。

4. 根據圖像資料 1 應該是獨輪車,即"轆車"(如第 5、7、9 篇故事所記,也有非獨輪車的圖像)。劉仙洲《我國獨輪車的創始時期應上推到西漢晚年》(《文物》64-6,1964年)以這則故事和現存圖像作爲旁證,指出西漢時代已經發明了獨輪車。

5. 《雨窗集》被視爲宋代話本的傳承,其所收《董永遇仙傳》敘述了董永以槐樹爲媒與仙女結爲夫婦,並一起去拜見長者的故事。前面提到的金田氏的論文也曾列舉了民俗志中有關槐樹是結緣之樹的記載。

6. "蒸蒸"一詞見《文選·東京賦》:"蒸蒸之心,感物倍增。"薛綜注:"廣雅曰:'蒸蒸,孝也。'""蒸蒸"指盡孝的樣子。又如,《白氏六帖》卷八:"蒸蒸,舜也。"被認爲是和舜的傳説相關的詞語,在孝子的故事中常用,也頻繁見於兩《孝子傳》,有"丞丞""蒸蒸""烝烝"等多種寫法。

7. "夙夜"是從早起到深夜的意思。《孝經·卿大夫章》:"《詩》云:'夙夜匪懈,以事一人。'"

8. "錢十千",即一萬錢。錢千枚是一貫,十千枚相當於十貫。漢代成年男子奴隸的價值爲一萬五千錢到兩萬錢,此處反映了那個時代的經濟狀况(宇都宫清吉《漢代社會經濟史研究》,弘文堂,1955年,參考第八章和第九章)。

9. "十匹",就是帛四丈的意思。漢代度量衡一丈約2.3米,一日十匹,指一天能織布大約九米。《三教指歸》成安注所引《孝子傳》記載:"主人令織縑,三日内,織三百匹了。"敦煌本《事森》中也有"織經一旬,得絹三百匹"之句。以上資料均表明贖身費用爲三百匹布。關於主人要求織的東西,有絹、綃(綾絹)、縑(細絹)等不同説法。各種記録敘述的差異不止此處,敦煌本《事森》、《類林雜説》、《太平御覽》等所引的《孝子傳》關於董永夫妻回到主人家的敘述亦有不同。如《事森》中主人與董永之間有如下問答:"主人曰:'汝本言一身,今二人同至,何也?'永曰:'買一得二,何怪也!'"這在兩《孝子傳》裏是没有的。

10. "天神之女",在《三教指歸》成安注所引的《孝子傳》中記作"天之織女"。

11. 或意爲"幫助你贖身"。後文"還賣"也是同樣的意思。

12. 出自《孝經·感應章》:"宗廟致敬,鬼神著矣。孝悌之至,通於神明。光於四海,無所不通。"陽明本序文中有"孝心之至,通於神明",船橋本序文作"孝之至重者,則神明應響而感得也"。表達這種思想時,兩《孝子傳》經常使用"神明有感""神明之感"之類的語句,是《孝子傳》比較有特色的表達方式。

13. "贊",只見於陽明本。父、女、處、語押韻,父是上聲九麌韻,其他的是上聲八語韻。

14. 參考注11。

15. "餚饌",即美食。

16. "少選",六朝以來的一種口語表達方式(西野貞治《關於陽明本孝子傳的特徵及其與清家本的關係》)。《色叶字類抄》將該詞訓讀爲"シバラク"（暫且）。

17. "葬斂"，即安葬。

18. 陝西歷史博物館藏唐代三彩四孝塔式罐的榜題也寫作"富公"。

19. "爾乃"，意爲"然後"。《漢語大辭典》釋爲相當於現代漢語的"這才、於是"。《文語解》："據東漢以後文法，'爾乃'用如'然後'。"

3 邢渠

【陽明本】

宜春人[1]刑渠[2],至孝也。貧窮無母,唯與父[3]及妻[4]共居。傭賃[5]養父。父年老,不能食。渠常哺之[6]。見父年老,夙夜憂懼,如履冰霜[7]。精誠有感[8],天乃令其髮白更黑[9],齒落更生也[10]。贊曰[11]:刑渠養父,單獨居貧[12],常作傭賃,以養其親,躬自[13]哺父,孝謹恭勤,父老更壯,感此明神[14]。

【譯文】

宜春人刑渠,是至孝之人。家貧且喪母,唯與父親和妻子一起生活。靠爲人做工賺錢供養父親。父親年邁,不能順利進食,刑渠總是先把食物嚼碎了再用嘴喂給父親。刑渠看到父親越來越老,日日夜夜都爲此擔憂恐懼,小心翼翼地侍奉在父親身邊,如履薄冰。他的精誠之心感動了上天,於是上天讓父親的白髮又變成黑髮,掉了的牙齒也重新長了出來。

贊曰:刑渠養父,單獨居貧,常作傭賃,以養其親,躬自哺父,孝謹恭勤,父老更壯,感此明神。

【船橋本】

刑渠者宜春人也。貧家無母,與父居也。償[15]養父。父老無齒,不能敢食。渠常嚼哺[16]。定省之間[17],見其衰弊,悲傷爛肝[18],頃①莫忘。時蒼天有感,令父白髮變黑,落齒更生。丞丞[19]之孝,奇德[20]如之也。

【譯文】

邢渠，宜春人。家貧且喪母，與父親一起生活。靠替人做工還債及供養父親。父親因年老牙齒掉光了，不能吃東西，邢渠總是先把食物嚼碎了，再用嘴喂給父親。邢渠每天從早到晚守候在父親身邊，看到父親衰弱的樣子，悲傷至極，無時無刻不在挂牽。這時，上天被他所感動，遂令其父白髮變黑，掉了的牙齒又長了出來。邢渠殷勤盡孝，使得奇瑞降臨。

【校勘】

① "頃"，底本作"項"，據文義改。

文獻資料

蕭廣濟《孝子傳》(《太平御覽》卷四——)，梁武帝《孝思賦》，《鏡中釋靈實集》(聖武天皇《雜集》99)，樂史《孝悌錄》(《童子教諺解》)。

《童子教》，《言泉集·亡夫孝養因緣帖》，《普通唱導集》下末(以上爲陽明本系統)，《內外因緣集》，《孝行集》1。

圖像資料

1 東漢武氏祠畫像石("渠父""邢渠哺父"，以及前石室第七石"刑渠""孝子刑□")。

2 開封白沙鎮出土東漢畫像石("偃師邢渠至孝其父""刑渠父身")。

3 東漢樂浪彩篋("渠孝子")。

12 和林格爾東漢壁畫墓("刑渠父""刑渠")。

邢渠圖與"趙苟哺父"圖容易混淆。

【注】

1. 在西漢時期有兩處宜春。一處是現在的江西宜春，漢代時屬於豫章郡，晉朝改名爲宜陽，到了隋朝又恢復宜春之名；另一處位於現在的河南汝南西南，此地東漢時改稱北宜春。邢渠如果是西漢以前的人，那麼就很難判斷他的家鄉是哪一個宜春，但是本書第44篇眉間尺的故事記載其墓位於"汝南宜春縣"，如果再考慮到和《孝子傳》有關聯的《汝南先賢傳》的存在等因素，那麼這則故事裏的宜春也很可能是指汝南宜春。蕭廣濟《孝子傳》中沒有關於邢渠出身地的記載。《童子教諺解》所引《孝悌録》則記載"刑渠爲會稽人"。另外，開封白沙鎮出土的畫像石記載刑渠是偃師（今河南偃師）人。長廣敏雄《漢代畫像研究》指出，"清陶方琦（認爲邢渠）爲巴郡即四川巴縣人"（第79頁，小川環樹文）。不過，容庚在《漢武梁祠畫像考釋》中反駁陶方琦之說："陶方琦《漢挈室文鈔》卷三三·一有孝子邢渠考，考爲巴郡人，誤。"

2. 刑渠，蕭廣濟《孝子傳》作"邢渠"，船橋本的用字沿襲了本來的文本。但是，東漢武氏祠畫像石的榜題寫作"邢渠"，而前石室第七石上的銘文却寫作"刑渠""孝子刑□"。由此可以窺見，與陽明本相同的用字"刑渠"在中國也很早就使用了。《童子教》和《言泉集》所引《孝子傳》也寫作"刑渠"，《普通唱導集》所引《孝子傳》《孝行集》還有"形渠"之例。

3. 蕭廣濟《孝子傳》記載，邢渠的父親名爲"仲"，但是陽明本、船橋本裏沒有關於其父名字的記載。另外，《孝子傳》裏説邢渠的母親已經去世，但《童子教》云"刑渠養老母，齧食成齡若"，即刑渠贍養的不是父親而是母親。《童子教諺解》所引《孝悌録》亦記載爲"（刑渠）年幼喪父，養獨母而孝行。每奉食於母，先自己嚼碎了再給母親"。

4. 蕭廣濟《孝子傳》、船橋本均無關於邢渠妻子的記載。東漢武氏祠畫像石前石室第十三石除了畫有邢渠的父親和跪著把食物喂給父親的邢渠以外，還在邢渠身後描繪了一位捧著餐具的人，此人或爲邢渠之妻。

5. "傭賃"，參考本書"2董永"注3。意思對應於船橋本中的"償"字。

6. "哺",爲了對方進食方便,把食物先咀嚼成糊狀再喂給對方。邢渠故事中的"哺",應該有"反哺"之意,如同鳥類長大以後把餌食嚼碎了喂養雙親(參考"45 慈烏")。在圖像資料裏,既有這種自己嚼碎了以後像鳥一樣用嘴把食物喂給父親的(東漢武氏祠畫像石),也能看到用湯匙狀的物品將嚼碎的食物喂給父親的(武氏祠前石室第十三石畫像、東漢樂浪彩篋)。另外,和林格爾東漢壁畫墓等資料中,邢渠的圖像和慈烏的圖像相互對應,這一點非常值得注意。

7. 此處源自《孝經·卿大夫章》:"《詩》云:'夙夜匪懈,以事一人。'"以及《諸侯章》:"《詩》云:'戰戰兢兢,如臨深淵,如履薄冰。'""冰霜",《言泉集》《普通唱導集》所引用的文本與《孝經》同,都寫作"薄冰"。

8. "精誠",指的是真誠之心。所謂精誠有感,是説真誠的心意能讓上天有所感應,這是《孝子傳》中表達孝心之至、從而發生奇瑞時的常用措辭。劉炫《孝經述議》卷五(復原本)有"明王孝弟之道,至極精誠,所感通於神明,故天地宗廟神,皆章著也"之句(引自林秀一《孝經述義復原研究》第三部《孝經述義復原》,文求堂書店,1953年,第272頁),與《孝子傳》的表達相類似。

9. 蕭廣濟《孝子傳》中看不到關於父親白髮變黑的記載,不過《鏡中釋靈實集》中有"邢渠養父,髮白而更玄"之語。

10. 蕭廣濟《孝子傳》作"齒落更生",梁武帝《孝思賦》記載爲"邢渠之生父齒"。

11. 贊文中,貧、親、勤、神四字是押韻的,押上平聲十一真韻。

12. 若將"單獨"理解爲只有一人,那麼與陽明本前段中"與妻共居"之語則矛盾。此處也可以解釋爲孤立無援之意,指没有兄弟、親戚們幫襯。

13. "躬自",即"自身、親自"之意,是較爲通俗的詞語。

14. 這裏或許應作"此感明神"。"明神"意指洞察一切的神明。

15. "償",指借了錢以後通過勞動還債。《西京雜記》有"與其傭作,而不求償"之用例。《日本靈异記》的訓注將該字讀爲"ツクナフ"。但是,也有可能是將蕭廣濟《孝子傳》和陽明本裏的"傭"字誤寫爲"償"。

16."嚼哺",將食物嚼碎了再喂給他人,使之更容易吃下去。對應陽明本的"哺"字。

17."定省",指子女每天日夜在雙親的身邊照顧,時刻關心父母是否平安無事。出自《禮記·曲禮上》:"凡爲人子之禮,冬温而夏清,昏定而晨省。"鄭玄注:"定,安其床衽也。省,問其安否如何。"

18."爛肝",指心中十分痛苦的模樣。

19. 參考本書"2 董永"注 6。

20."奇德",指因神力而產生的奇迹。

4 韩伯瑜

【陽明本】

韓伯瑜[1]者宋①都[2]人也。少失父,與母共居,孝敬烝烝[3]。若有少過[4],母常打之,和顏[5]忍痛。又得杖,忽然悲泣。母怪,問之曰:"汝常得杖不啼,今日何故啼怨耶?"瑜答曰:"阿母[6]常賜杖,其甚痛。今日得杖不痛,憂阿母年老力衰,是以悲泣耳,非敢奉怨也。"故《論語》曰:"父母之年,不可不知。一則以喜,一則以懼[7]。"讚曰[8]:惟此伯瑜,事親不違,恭懃孝養,進致甘肥[9],母賜笞杖,感念力衰,悲之不痛,泣啼濕衣。

【譯文】

韓伯瑜是宋都人。幼年喪父,與母親一起生活,對母親十分孝敬。伯瑜如有小錯,母親就會打他,他總是臉色平靜地忍受著疼痛。有一天,母親又用拐杖打他,伯瑜忽然悲傷地哭泣,母親覺得奇怪,就問他:"你平時被我用杖打了都不哭,今天為什麼哭泣哀怨?"伯瑜回答說:"母親平時用杖打我,打得很痛。今天被您打了卻不覺得疼痛,我擔憂母親已年老體衰,因此感到悲傷而哭泣,不敢埋怨母親。"故《論語》說:"父母的年齡,不可不知。一方面為父母的長壽而歡喜,一方面也因父母的衰老而恐懼。"

讚曰:惟此伯瑜,事親不違,恭勤孝養,進致甘肥,母賜笞杖,感念力衰,悲之不痛,泣啼濕衣。

【船橋本】

韓伯瑜者宋②人也。少而父沒,與母共居,養母蒸蒸。瑜有少過,母常加杖。痛而不啼。母年老衰[10],時不罸痛,而瑜啼之。母奇問云:"我常打汝,然不啼。今何故泣?"瑜諾[11]云:"昔被杖,雖痛能忍。今日何不痛?爰知母年衰弱力,以是悲啼,不敢有怨。"母知子孝心之厚,還自共哀痛之也。

【譯文】

韓伯瑜是宋人。幼年喪父,與母親一起生活,對母親十分孝敬。伯瑜如有小錯,母親常會用杖打他,他即使感到疼痛也不哭。母親逐漸年老體衰,有次責打他時,伯瑜並不疼痛却哭了起來。母親覺得奇怪,就問他:"我平時常常打你,你都不哭,今天爲什麽哭呢?"伯瑜回答說:"以前我被您用杖打,雖然疼痛,但是能夠忍受,今天不知爲何,我並不覺得痛。我終於明白,是因爲母親年老體衰,沒有力氣了,我因此感到悲傷才哭泣,並不是對母親有怨恨。"母親明白了兒子的孝心是如此深厚,自己也同樣感到十分的悲傷。

【校勘】

① "宋",底本作"字",據《言泉集》修訂。
② "宋",底本作"宗"(參考注2)。

文獻資料

《説苑》卷三(《藝文類聚》卷二〇,《法苑珠林》卷四九,敦煌本《語對》卷二五4,《籯金》卷二九13,《勵忠節鈔》卷三四17,《太平御覽》卷四一三、卷六四九,《蒙求》416注[古注本的《韓詩外傳》]等),《君臣故事》卷二,《純正蒙求》上,二十四孝系(詩選系龍骨大學本甲本末尾"或本"、《孝行錄》22)。

《注好選》上56,《今昔物語集》卷九11,《寶物集》卷一,《蒙求和歌》卷三,《澄憲作文集》33,《言泉集・亡母帖》,《普通唱導集》下末,《聖德太子平氏傳雜勘文》上一,《內外因緣集》,《孝行集》2,《金玉要集》卷三。

圖像資料

1 東漢武氏祠畫像石("柏榆傷親年老氣力稍衰,笞之不痛,心懷楚悲""榆母"。另外還有前石室第七石"伯游也""伯游母")。

2 開封白沙鎮出土東漢畫像石("伯臾母""伯臾身")。

6 明尼阿波利斯藝術博物館藏北魏石棺("韓伯余母與丈知弱")。

12 和林格爾東漢壁畫墓("伯斋""伯斋母")。

16 安徽馬鞍山吳朱然墓出土伯瑜圖漆盤("榆母、伯榆、孝婦、榆子、孝孫")。

【注】

1. 在兩《孝子傳》以外寫作"伯瑜"的版本也有很多。也有把"瑜"寫作"俞"(比如《全相二十四孝詩選》)、"榆"(《注好選》)或"諭"(《籯金》)的。

2. 船橋本此處寫作"宋"(原本作"宗",在古本裏有很多把"宋"寫作"宗"的例子)。春秋時代的宋,位於今天的河南商丘。

3. 參考"2 董永"注 6。

4. "少"字和"小"字通用,微小的過失之意。

5. 臉色平靜。

6. "阿母"是對母親的稱呼。"阿"在口語中經常使用,用於對人的稱呼之前。本書"23 朱百年"和"25 張敷"的故事裏有"阿母"、"9 丁蘭"和"37 董黯"的故事裏有"阿孃"的例子(兩種用例都出現在船橋本中)。

7. 這裏引用的是《論語‧里仁》:"父母之年,不可不知也。一則以喜,一則以懼。"熟記父母的年齡,既爲他們的長壽感到喜悅,也爲他們的生命所剩不多感到恐懼。

8. 違、肥、衰、衣幾個字是押韻的。在《廣韻》中"衰"字屬脂韻,其他字屬微韻,不過在古詩裏這幾個字可以通押。另外這裏使用的是"讚"字在其他條裏作"贊"。

9. 很好吃的肥肉。本故事正文未見把肉獻給母親的内容。曹植《靈芝篇》(《宋書》卷二二)在歌頌董永故事時有"傭作致甘肥"之句。

10.《注好選》有"其母七十打其子"這樣表明年齡的内容,在其他文獻裏未見。《注好選》或許是將"老"字理解爲七十歲。《禮記·曲禮》:"七十曰老。"

11.《類聚名義抄》將"諾"訓爲"コタフ"(回答)。

5 郭巨

【陽明本】

　　郭巨[1]者①，河內人也[2]。時年荒[3]，夫妻晝夜懃[4]作，以供養母。其婦忽然生一男子，便共議言："今養此兒[5]，則廢母供事。"仍掘②地埋之。忽得金一釜[6]。釜上題云，黃金一釜，天賜郭巨[7]。"於是遂致富貴，轉孝[8]蒸蒸[9]。贊曰[10]：孝子郭巨，純孝至真。夫妻同心，殺子養親。天賜黃金，遂感明神。善哉[11]孝子，富貴榮身。

【譯文】

　　郭巨是河內人。有一年（田地）收成不好，夫妻只有晝夜不停地辛勤耕作，以供養母親。不料郭巨妻子生了一個男孩，於是，兩個人一起商量："現在如果養這個孩子的話，就無法繼續供養母親。"於是，他們決定挖坑把孩子埋掉。在挖坑時忽然挖到滿滿一釜黃金，釜上寫著："黃金一釜，天賜郭巨。"他們因此而變得十分富有，並用這些金錢盡心盡力地孝敬母親。

　　贊曰：孝子郭巨，純孝至真。夫妻同心，殺子養親。天賜黃金，遂感明神。善哉孝子，富貴榮身。

【船橋本】

　　郭巨者，河內人也。父無母存，供養懃懃[12]。於年不登，而人庶飢困。爰婦生一男。巨云："若養之者，恐有老養之妨。"使母抱兒，共行山中，掘③地將埋兒。底金一釜，釜上題云："黃金一釜，天賜孝子郭巨。"於是因兒獲金，不埋其兒。忽然得富貴，養母又不乏。天下聞之，俱譽孝道之至也。

【譯文】

郭巨是河內人。父親去世了，母親還健在，他對母親的供養非常用心。有一年（田地）收成不好，人們都陷於飢餓貧困之中。郭巨妻子生了一個男孩，郭巨說："如果養育這個孩子，恐怕就會妨礙供養老人。"於是，郭巨讓他的妻子抱著嬰兒和他一起到山裏，挖坑準備把孩子埋掉。在坑底發現有一釜黃金，釜上寫著："黃金一釜，天賜孝子郭巨。"郭巨因孩子的緣故獲得了黃金，所以也就沒有埋掉他的孩子。郭巨忽然變得十分富有，有充裕的財物供養母親。人們聽到了這個故事，都贊譽這是孝道的極致。

【校勘】

① 底本"者"字右邊記有"家貧養母"。
②③ "掘"，底本作"堀"，根據文義改。

文獻資料

劉向《孝子圖（傳）》（《令解集·賦役令》第 17 條、《法苑珠林》卷四九、敦煌本《北堂書鈔體甲》、《太平御覽》卷四一一），宗炳《答何衡陽書》（《弘明集》卷三），宗躬《孝子傳》（《太平御覽》卷八一一、《初學記》卷二七、《事類賦》卷九、《幼學指南鈔》卷二三），《孝子傳》（敦煌本《新集文詞九經抄》、《蒙求》271 注［準古注、新注］），《孝子傳》（《三教指歸》成安注上末），《後漢書》（《三教指歸》覺明注二），《搜神記》卷一一，《晉書》卷八八，《法苑珠林》卷六二，釋彥琮《通極論》（《廣弘明集》卷四），《白氏六帖》卷八，敦煌本《籯金》卷二九 17，《事森》卷三 15，《古賢集》，《語對》卷二六 9，《蒙求》271 古注（唯有古注，沒有記載出處。準古注、新注《孝子傳》），《故圓鑒大師二十四孝押座文》（斯坦因木刻一），《太平御覽》卷四二"巫山"，《太平寰宇記》卷一三河南道鄆州平陰縣、卷五三河北道懷州河內縣，《司馬溫公家範》卷五,《孝詩》,《君臣故事》中,二十四孝系(《詩選》16[草子15]、《日記故事》12,《孝行錄》3)。

《三綱行實》卷一。

《日本感靈錄》卷一一,《仲文章·孝養篇》,《澄憲作文集》33,東大寺北林院本《言泉集·亡母帖》,龙谷大學本《言泉集·亡母帖》,《注好選》上48,《寶物集》卷一,《今昔物語集》卷九 1,《普通唱導集》下,《孝行集》3,《金玉要集》卷二,《類雜集》卷五,中山法華經寺本《三教指歸注》,民間故事《孫子的肝·三夫婦型》(《日本民間故事大成》卷七,本格民間故事、新話型 11A,《日本民間故事通觀》卷二八,民間傳說第 423)。

研究郭巨故事的文獻有中島和歌子《四個系統的〈孝子傳〉·以郭巨故事爲中心——包括中古、中世的受容》(北海道教育大學《語學文學》39,2001年)。另外,福田晃《南島民間故事研究 日本民間故事的原風景》(法政大學出版局,1992年)第三篇第四、五章也討論了民間故事《孫子的肝》。

圖像資料

6 明尼阿波利斯藝術博物館藏北魏石棺("孝子郭巨賜金釜")。

7 納爾遜-阿特金斯藝術博物館藏北魏石棺("□子郭巨")。

8 盧芹齋舊藏北魏石床("孝子郭巨""孝子郭巨天賜皇(黃)金")。

9 納爾遜-阿特金斯藝術博物館藏北齊石床。

10 鄧州彩色畫像磚("郭巨""妻子""金壹釜")。

19 寧夏固原北魏墓漆棺畫("孝子郭距[巨]供養老母""以食不足敬□□[曹?]母""相將夫土塚天賜皇今[黃金]一父[釜]""□[官?]不德脱[得奪],私不德[得]與")。

22 洛陽北魏石棺床。

23 和泉市久保惣紀念美術館藏北魏石床(右側三面。私人藏)。

陝西歷史博物館藏唐代三彩四孝塔式罐("郭巨爲母生埋兒。共妻抱兒,將向田中,穿得深三尺,妻更交深一尺,敢得天賜黃金贈之,是爲孝也")。

此外,據説山東省孝堂山的祠堂就是郭巨墓上的祭堂。這種説法源自此祭堂裏刻有的北齊胡長仁《感孝頌》(《金石録》卷二二)。祠堂的牆壁上雕刻著許多畫像,但這些畫像與郭巨故事並無直接關聯,也不是基於其他孝子故事的創作。

【注】

1. "郭巨"的字,有些文獻記載爲"文舉"(敦煌本《事森》)、"文通"(敦煌本《語對》)、"文氣"(敦煌本《搜神記》)。《仲文章》之"文舉郭巨"(《孝養篇》)是傳自《事森》系文本。參見《仲文章注解》(勉誠社,1993年)第26頁及本書"11 蔡順"注10。

2. 指漢朝的河内郡(今河南省)。劉向《孝子圖(傳)》、宗躬《孝子傳》記載,郭巨是河内溫縣人。

3. "年",通"稔",指植物的果實。船橋本作"於年不登",但是"11 蔡順"中有"於時年不登"之句,有可能是船橋本脱漏了"於"後面的"時"字。

4. "懃",通"勤"。

5. 在很多記載裏,此兒並不是新生嬰兒,而是一個三歲的兒童(敦煌本《事森》、敦煌本《語對》、《孝行録》等)。此外,有一個叫郭世道的人也是爲了盡孝把孩子活埋了。蕭廣濟《孝子傳》記載:"郭世道,會稽永興人。年十四,喪父事後母,勤身供養。婦生男。夫婦共議:'養此兒,所廢者大。'乃瘞之。母亡服竟,追思未嘗釋衣。"(《太平御覽》卷四一三)。裴子野《志略》(《初學記》卷一七)爲避唐太宗之諱作"郭道"。

6. 釜不僅指容器,有時也指容量的單位。《春秋左氏傳》昭公三年"豆區爲釜",注:"四區爲釜。釜,六斗四升。"《論語集解》卷三《雍也》注:"馬融曰……六斗四升曰釜也。"因而,此本及船橋本等中的"金一釜"也可以解釋爲六斗四升黄金(母利司朗《黄金之釜——郭巨考》,收録於《東海近世》5,1992年)。但是,翻閱以史料收集廣泛而聞名的加藤繁《唐宋時代的金銀研究》（分册第二，東洋文庫，1926 年），在漢朝至唐朝的文獻中可以看到黄金多以斤、兩類的重量單位來衡量，但找不到用釜來計量的例子。而圖像資料中，較爲早期的如圖像資料 6、9、19 等，也描繪了挖出容器的場景。綜合這些材料，將"一釜"解释爲"裝滿一釜（没有足的鼎。《名義抄》'マロガナヘ'）的黄金"，比較穩妥。

7. 根據流傳下來文獻，釜上記載的文字大致有兩種表現形式。其一是"上題云"（船橋本、陽明本）、"上云"（敦煌本《篡金》）、"銘曰"（敦煌本《語對》）等，另一種則是"鐵券"（劉向《孝子傳》、宗躬《孝子傳》、敦煌本《事森》、《法苑珠林》卷四九）、"丹書"（《搜神記》）的形式。在中國，很多契約文書以"丹書鐵券"的形式記録（仁井田陞《唐宋法律文書研究》，東方文化學院東京研究所，1937 年），"丹書"大致可以看作是和"鐵券"同類的東西。與後一種形式相比，前一種形式應是將文字直接刻在釜身或者蓋子上面的。同時，圖像資料 19 榜題"□（官？）不德脱，私不德與"，意思是"官員不能搶奪這個物品，私人也不能送給他人"，這是釜上文字的末句。這種句子在敦煌系資料和二十四孝系的資料中屢屢出現。可參考黑田彰《孝子傳的研究》Ⅲ四"二十四孝原編：關於趙子固二十四孝書畫合璧"。

8. "轉孝"，把獲得的財富用於盡孝。

9. 參考"2 董永"注 6。

10. 贊文中，真、親、神、身四字押韻，押上平聲十一真韻。

11. "善哉"一詞經常用於佛經。

12. 形容誠摯親切的樣子。或"憖"通於"勤"，形容勤勞忙碌的樣子。

6　原谷

【陽明本】

楚人¹孝孫²原谷³者,至孝也。其父⁴不孝之甚,乃祖父年老①厭患之⁵。使原谷作輦⁶扛②祖父送於山③中。原谷復將輦還。父大怒曰:"何故將此凶⁷物還?"答④曰:"阿父⁸後⑤老復棄之,不能更作也。"頑⑥父悔悞,更往⑦山中,迎父率還。朝夕供養,更爲孝子。此乃孝孫之禮也⁹。於是閨門孝養,上下無怨也。

【譯文】

楚人孝孫原谷,是至孝之人。其父非常不孝,厭煩原谷年老的祖父,讓原谷做一架輦車將祖父送進山裏丟棄。原谷丟棄了祖父之後,把車帶回家了。父親大怒説:"爲什麽把這個不祥之物又帶回來?"原谷回答説:"等父親以後老了,可以被丟棄了的時候,我就不用再做一個了。"頑固的父親於是悔悟,又來到山中,迎接祖父回家。從此朝夕供養,變成了孝子。原谷這樣的做法就是孝孫之禮。從這以後,家庭孝順和睦,互相都没有怨恨。

【船橋本】

孝孫⑧原谷者,楚人也。其父不孝,常厭父之不死。時¹⁰父作輦入父,與原谷共擔,棄置山中還家。原谷走還,賫來載祖父輦。呵嘖云:"何故其持來耶?"原谷答云:"人子老父棄山者也。我父老時,入之將棄,不能更作。"爰父思惟之更還,將祖父歸家,還爲孝子。惟孝孫原谷之方便¹¹也,舉世聞之。善哉原谷,救祖父之命,又救父之二世罪苦¹²,可謂賢人而已。

【譯文】

孝孫原谷是楚人。他的父親很不孝順，常常嫌棄祖父還不死。有次父親做了一架輦車載著祖父，和原谷一起把祖父遺棄在山裏，然後回家了。原谷又回到山裏，把載過祖父的輦車帶回了家。父親大聲呵斥他說："爲什麼又把輦車帶回來了？"原谷說："作爲兒子，就是要把老去的父親扔進山裏的。等我的父親老去的時候，也用這個車將他丟棄，不必再做一個了。"於是，父親想了想又回到了山裏，將祖父帶回了家，之後還變成了孝子。這全是孝孫原谷言行勸誡的緣故。天下的人都聽說了這件事。善哉原谷，既救了祖父的命，又把父親從兩世的報應之苦中救了出來，可以稱之爲賢人。

【校勘】

① 底本無"祖父年老"四字，據紅葉山文庫本《令義解》的背書增補。

② 底本無"扛"字，據《令集解·古記》所引《孝子傳》、紅葉山文庫本《令義解》增補。

③ "山"，紅葉山文庫本《令義解》作"山林"。

④ "答"，《令義解》作"谷"。

⑤ "後"，紅葉山文庫本《令義解》作"依"。

⑥ "頑"，底本作"顏"，據《令集解》等改。

⑦ "往"，紅葉山文庫本《令義解》等作"往於"。

⑧ 底本有紅筆眉批"元覺"。

文獻資料

《先賢傳》（《令集解·賦役令》第 17 條關於"釋"的批注），敦煌本句道興《搜神記》（"《史記》曰"），《孝子傳》（《太平御覽》卷五一九、《事文類聚後集》卷四、《天中記》卷一七、《萬葉代匠記》卷一六之《竹取翁歌》等），《孝子傳》《古今圖書集成·明倫彙編家範典》卷九)、《稗史》(《淵鑒類函》卷二七二),二十四孝系(僅《孝行錄》系[《孝行錄》卷一七、《群書拾唾》卷二四])等。

《三綱行實》卷一。

《孝子傳》(《令集解·賦役令》第17條"古記"、《令抄·賦役令》第17條),紅葉山文庫本《令義解·賦役令》第17條背書,《注好選》上57,《今昔物語集》卷九45,《孝子傳》(龍谷大學本、東大寺北林院本《言泉集·祖父帖》),《普通唱導集》下末,《私聚百因緣集》卷六10,《沙石集》卷三6,《內外因緣集》(《注好選》《今昔物語集》是船橋本系,其他是陽明本系),《孝行集》5,《金玉要集》卷一,《類雜集》卷五38("廿四孝錄"、《孝行錄》系),東大本《孝行傳》卷六(目錄"元覺"、缺正文)等,民間故事《姥棄山》(《日本民間故事名彙》)。

研究原谷故事的文獻有:西野貞治《竹取翁歌與孝子傳原穀故事》(《萬葉》14,1955年),今野達《關於兩種參與了古代·中世紀文學形成的古孝子傳——〈今昔物語集〉以下諸書所收中國孝養說話典據考》(《國語國文》27-7,1958年),高橋文治《原穀·元覺考》(追手門學院大學《東洋文化學科年報》10,1995年),黑田彰《孝子傳的研究》Ⅰ三"關於《令集解》所引孝子傳",三本雅博《〈竹取翁歌〉臆解——對主題基於現存作品形態的考察》(《井手至先生古稀紀念論文集國語國文學藻》,和泉書院,1999年)等。關於紅葉山文庫本《令義解》,請參考東野治之《律令與孝子傳——漢籍的直接引用和間接引用》(《萬葉集研究》24,塙書房,2000年)。

[圖像資料]

1 東漢武氏祠畫像石("孝孫""孝孫祖父""孝孫父")。

2 開封白沙鎮出土東漢畫像石("原穀親父""孝孫原穀""原穀泰父")。

3 東漢樂浪彩篋("孝孫")。

6 明尼阿波利斯藝術博物館藏北魏石棺("孝孫棄父深山")。

7 納爾遜-阿特金斯藝術博物館藏北魏石棺("孝孫原穀")。

8 盧芹齋舊藏北魏石床("孝孫父不孝""孝孫父輿還家")。

9 納爾遜-阿特金斯藝術博物館藏北齊石床。

11 上海博物館藏北魏石床。

12 和林格爾東漢壁畫墓("孝孫父")。

13 四川樂山麻口 1 號崖墓。

18 洛陽北魏石棺。

22 洛陽北魏石棺床。

23 和泉市久保惣紀念美術館藏北魏石床。

另外,原谷圖作爲二十四孝圖之一,有洛陽出土的北宋畫像石棺等多例發現(參考注 3)。

【注】

1. 楚是中國春秋時代的國名,建都於郢(今湖北江陵)。原谷,有説是出身於幽州(今河北、遼寧一帶。《令集解》"釋"的批注所引《先賢傳》),有説是陳留(今河南陳留)人(敦煌本句道興《搜神記》),也有説"不知何許人也"(《太平御覽》所引《孝子傳》)。另外,現在陽明本開頭即説"楚人孝孫原谷者,至孝也",把出身地放在孝子名字前,是一種例外,而船橋本稱"孝孫原谷者,楚人也",陽明本系的《普通唱導集》也稱"孝孫原谷,楚人也",《令集解·古記》所引《孝子傳》也作"孝孫原谷者,楚人也"(亦見於紅葉山文庫本《令義解》背書)。因此,船橋本應該是保留了原來的形態。高橋文治《原穀·元覺考》認爲,本故事接近《雜寶藏經》卷二中的內容,所以"暗示了是外來故事的可能性","可能是北魏譯經以後,在佛典故事漢化的過程中所形成的"。但是,從東漢武氏祠畫像石以後的圖像資料來看,本故事應當是更早的時候在中國形成的。

2. 孝孫，指孝順的孫子，也作順孫。對應孝子。

3. 原谷，也作"原穀"（《太平御覽》所引《孝子傳》等），"谷"通"穀"。另外，也作"元覺"（敦煌本句道興《搜神記》[P.5545，元穀]、船橋本眉批[參考校勘8]等）、"元啓"（《沙石集》[米澤本作"源谷元啓"]。在宋、遼、金墓發現的二十四孝圖之中，除了多數作"元覺"[洛陽出土的北宋畫像石棺等]之外，也作"孫悟元覺"[洛陽北宋張君墓畫像石棺]）、"元角"（河南洛寧北宋樂重進畫像石棺等）、"袁覺"（河南宜陽北宋畫像石棺等）。其中，"孫悟元覺"與敦煌本句道興《搜神記》的"孫元覺"以及把元覺的父親叫"元悟"的說法（二十四孝系《孝行錄》作"元覺之父悟，性行不肖……元悟悖戾……有子名覺"）相關，值得注意。西野貞治氏說："我想，敦煌本'元覺'或許是音誤造成的字誤。"（西野貞治《關於敦煌本〈搜神記〉的說話》[《神田博士還曆紀念書志學論集》，平凡社，1957年]）另外，松尾芳樹認為"元覺是朝鮮本的標記"，"元覺這一名稱""只見於朝鮮本"（《二十四孝圖考——關於畫中說話的選擇》[《京都市立藝術大學美術學部研究紀要》34，1990年]），此說法不妥。

4. 原谷父，也有文獻記載為"原孝才"（《令集解》"釋"批注所引《先賢傳》）或"元悟"（《孝行錄》。參考注3）。

5. 船橋本作"常厭父之不死"。

6. 輦，指人拉的車，但是就像陽明本等後來記作"轝"（輿）那樣，應該是指手挽的輿（手輿、腰輿）。而在圖像資料中是擔架。在日本，輦和輿很早以前就被嚴格地區別開來（船橋義則《古代御輿考——天皇、太上天皇、皇后的御輿》，《古代、中世的政治與文化》，思文閣出版，1994年）。敦煌本句道興《搜神記》作"筐轝"（"轝"），《孝行錄》作"輿簣"（"簣"）。

7. 指不祥、不吉利的東西。

8. 對父親較為親密的稱呼。關於"阿"，參考"4 韓伯瑜"注5。

9. 《古文孝經·閨門章》："閨門之內，具禮矣乎！"《鹽鐵論》卷五："閨門之內，盡孝焉。"另外，《古文孝經·開宗明義章》有"上下無怨"，《春秋左氏傳》昭公二十年有"上下無怨"等。

10. 關於此時原谷的年齡,有記作十歲的,也有記作十五歲的。"穀,歲初十歲"(《令集解》"釋"批注所引《先賢傳》),"年始十五"(敦煌本句道興《搜神記》),"穀年十五"(《太平御覽》所引《孝子傳》),或記作"年十一"(梵舜本《沙石集》。諸本作"十三")。

11. 方便,爲引人走上正確道路的臨時性手段,是佛教用語,陽明本無。前文"呵責""思惟"也是佛教常用詞語。

12. 二世,指現在與未來。二世之罪苦,是説現世和未來都要承受殺父之罪以及因此的報應之苦。皆爲佛教用語。陽明本中未見。

7 魏陽

【陽明本】

沛郡¹人魏陽²至孝也。少失母,獨與父居,孝養烝烝。其父有利戟,市南少年欲得之,於路打奪其父。陽乃叩頭³。縣①令召問曰⁴:"人打汝父。何故不報?爲力不禁耶⁵?"答曰:"今吾若即報父怨,正有飢渴②之憂。"縣③令大諾之。阿父⁶終没,即斬得彼人頭,以祭父墓⁷。州郡⁸上表,稱其孝德,官不問其罪,加其禄位也。

【譯文】

沛郡人魏陽非常孝順,年少的時候失去了母親,只和父親一起居住,孝順並供養父親非常殷勤用心。他父親有一把鋒利的戟,集市南邊有個少年想要這把戟,便在路上打劫其父,把戟搶走了。魏陽於是向少年磕頭求情。縣令召見他問道:"别人打你的父親,你爲什麽不報復呢?是你的力量不足做不到嗎?"魏陽回答説:"如果我現在爲父親報仇,父親無疑會陷入無人供養的憂患之中。"縣令極爲贊同這句話。後來魏陽的父親去世了,他就斬下了那個少年的人頭,供奉在父親的墓前。州郡的長官爲他上表,稱贊他的孝順品德。官府没有追責他的罪行,還授予了他俸禄和爵位。

【船橋本】

魏④陽者,沛郡人也。少而母亡,與父居也,養父烝烝。其父有利戟,時壯⑤士⁹相市南路打奪戟矣。其父叩頭。於時縣令聞之,召陽問云:"何故不報父仇?"陽答云:"如今報父敵者,令父致飢渴之憂。"父没之後，遂斬敵頭，以祭父墓。州縣聞之，不推其罪，稱其孝德，加以禄位也。

【譯文】

魏陽是沛郡人。年少的時候母親去世，和父親生活在一起，他供養父親殷勤用心。他的父親有把鋒利的戟。有一天，一個壯士在市場南邊路上打了他的父親，把戟搶走了。他的父親磕頭求饒。縣令聽説了這件事，召唤魏陽問道："你爲什麽不替你父親報仇？"魏陽回答説："現在對父親的仇人報復，會讓父親陷入無人供養的憂患之中。"父親去世之後，魏陽便去斬下了仇人的頭，供奉在父親的墓前。州縣的長官聽説了這件事，没有追究他的罪行，反而稱贊他的孝順品德，授予他俸禄和爵位。

【校勘】

①③"縣"，底本作"懸"，據欄外訂正改。
②"渴"，底本作"湯"，據船橋本改。
④"魏"，底本作"槐"，據陽明本改。
⑤"壯"，底本作"牡"，據文義改。

文獻資料

蕭廣濟《孝子傳》(《太平御覽》卷三五二等)，逸名《孝子傳》(《太平御覽》卷四八二)。

《經國集》卷二〇，太谷本《言泉集》，《孝行集》4，《金玉要集》卷二。

圖像資料

1 東漢武氏祠畫像石（"魏湯""湯父"）。
3 東漢樂浪彩篋（"侍郎""魏湯""湯父""令君[旁標"老"]""令妻""令

女""青[書]郎")。

12 和林格爾東漢壁畫墓("魏昌""魏昌父")。

關於東漢樂浪彩篋的圖像,畫面右側有三人("魏湯""湯父""侍郎"),左側繪有四人,與右側三人呈相對的狀態,榜題可以判讀爲"令君(老)""令妻""令女""青(書)郎",因此被認爲描繪的是縣令召問魏陽的場面(參見東野治之《律令與孝子傳——漢籍的直接引用和間接引用》,《萬葉集研究》24,塙書房,2000年)。

【注】

1. 沛郡,漢時郡治在相縣(今安徽淮北西北)。《漢書‧地理志》記載,"沛郡,户四十萬九千七十九,口二百三萬四百八十,縣三十七"云云。

2. 魏陽亦見於蕭廣濟《孝子傳》及逸名《孝子傳》,但相關資料較爲缺乏。從圖像資料1、3、12來看大概是漢代人。不過,據《金石索》(石索三)對東漢武氏祠畫像石考證,早期沒有魏姓,大概是嵬氏。在逸名《孝子傳》以及東漢圖像資料的榜題中有作"魏湯"的,懷疑是字體混用,不過,也許魏湯才是早就有的正確名字。日本的文獻資料中,《經國集》卷二〇中大神蟲麻吕的對策文(天平五年7月29日)用對偶句列舉了"阿劉""桓温""魏陽""趙娥"等人名。有人已指出這裏的魏陽是從《孝子傳》來的(參見小島憲之《萬葉以前——上代人的表達》第六章,岩波書店,1986年)。在《孝子傳》中,本故事與"9丁蘭""32魯義士""37董黯"等一樣,都属於復仇系列,以爲親人報仇、復仇殺人爲主題。即,在父親生前爲了孝養而壓下了向辱没父親的敵人報仇的念頭,而在父親死後終以殺人的方式盡了孝。關於這種爲了盡孝而復仇、殺人的問題,桑原隲藏《中國的孝道》(講談社學術文庫,1977年)、牧野巽《漢代的復仇》(《牧野巽著作集第二卷‧中國家族研究》下,御茶水書房,1988年)等已經有过闡述。桑原氏認爲:"儒教不僅認可復仇,甚至更進一步,把復仇看作是對至親的一種義務。"牧野氏認爲:"嚴格來説,復仇是針對殺人的復仇。""不過,在需要調人(《周禮》)進行調停的事項中,與殺人並列的還有傷害、鬥怒等……復仇的概念在很多情況下被解釋得更爲寬泛。"魏陽故事也一樣,不是因殺人而引起的復仇,是因父親受到羞辱而進行的復仇。關於以魏陽爲代表的《孝子傳》中的復仇之談,黑田彰《孝子傳的研究》Ⅰ四"船橋本孝子傳的成書——圍繞其修改時間"對其進行了考證。兩漢以後,關於因復仇殺人的處理,一直都是兩論相争没有結果的狀態,法律中没有明確該如何處分。明確記載馬上復仇就不問罪的條文是在《明律》以後才有的,魏陽的問題也在於他不是馬上復仇。

3. 此處蕭廣濟《孝子傳》作"少年怒,道逢陽父打,陽叩頭,請罪"。逸名《孝子傳》作"少年毆撾湯父,湯叩頭拜謝之,不止。行路書生牽止之,僅而得免"("毆撾"即毆打),意思是即使魏陽叩頭乞求原諒并道歉也未能得到原諒,經過路書生說情,才好不容易逃脱。如圖像資料部分所述,該書生在東漢樂浪彩篋的漆畫中被描繪爲"青郎"。

4. 縣令,是一縣的長官,屬郡管,掌管治民、賦役、獄訟、會計報告等所有民政事務。有學者認爲在漢代由縣令掌管對復仇殺人者的量刑(參考前述牧野巽論文),在"17曹娥""29叔先雄"的故事中,縣令也是彰顯孝子孝行的主體。秦漢時代,全國被分爲十三郡,設州牧(相當於後來的刺史),郡下設縣。如《史記》記載,秦始皇將天下劃分爲三十六郡,萬户以上設縣令,萬户以下設縣長。此外,《注千字文》154的"百郡秦并"的注中,有對郡縣、縣令等的解釋。

5. "爲……耶"的"爲"是輕微的發語詞,此句意爲:爲什麼不捉拿敵人呢?

6. 參考"6原谷"注8。

7. 蕭廣濟《孝子傳》以及逸名《孝子傳》作以"謝"父塚(或父墓)。大神蟲麻吕的對策文有"魏陽斬首,存薦祭心",應是繼承了兩《孝子傳》正文中的"祭"。

8. 州、郡均爲古代地方行政區。如前所述,漢朝基本上繼承了秦朝的郡縣制,漢武帝時,中央向郡縣派遣刺史,檢查地方行政。刺史的檢查範圍被稱爲州。到了東漢,京畿被稱爲司州,京畿以外的十二部稱作州,州演變成了郡的上級官廳,這種制度一直延續到魏晉南北朝。此處的州郡可能具體是指州的長官(刺史)和郡的長官(太守)。另外需要關注的是,陽明本中的"州郡"(7 魏陽、18 毛義、31 許孜)在船橋本中都寫作"州縣"。"州縣"一詞的使用,反映出隋朝地方制度的變革,這也是推測船橋本修改時期的重要綫索(參考注 2 所引黑田彰論文)。

9. 壯士,指血氣方剛者。陽明本作"少年"。

8 三州義士

【陽明本】

三州義士者¹,各一州人也。征伐徒行²,並失鄉土,會宿道邊樹下³。老者言:"將不⁴共結斷金⁵耶?"二少者敬諾,遂爲父子。慈孝之志①,倍於真親也。父欲試意,敕⁶二子於河中立舍。二子便晝夜輦⁷土填河中。經三年,波流飄蕩⁸,都不得立。精誠有感⁹,天神乃化作一夜叉,持一丸土投河中¹⁰。明忽見河中土高數十丈,瓦宇數十間¹¹。父子仍共居之。子孫生長,位至二千石¹²,家口卅餘人,今三州之氏是也¹³。後¹⁴以三州爲姓也。

【譯文】

所謂三州義士,來自三個州,每州各一人。徒步遠征從軍,離鄉背井,同宿於路邊的樹下。其中年長的人說:"不如我們結爲斷金之交吧。"兩個年輕的人很尊敬地答應了,於是三個人結成了父子關係。他們之間的慈愛、孝順之情,倍於真正的親人。父親想試探兩個兒子的孝心,於是讓他們在河水裏蓋房子。兩個兒子便晝夜用車搬運泥土,倒在河水裏。蓋了三年,泥土都被河水沖走了,從來沒有建成過。有感於他們的真心誠意,天神化爲一個夜叉,把一團泥土扔進了河裏。天亮之後,他們忽然發現在河水裏有高達幾十丈的土臺和幾十間瓦屋。父子三人就共同居住在這裏。他們的子孫也在此出生并成長,後來甚至有人官至二千石,家庭成員增加到了三十多人,就是現在的三州之氏。後來其後代便以三州爲姓。

【船橋本】

三州義士者,各一州人也。各棄鄉土,至會一樹之下,相共同宿也。於時一人問云:"汝何勿所來,何勿所去[15]?"皆互問。答曰:"爲求生活[16]離家東西耳[17]。今吾三人必有因緣。故結斷金,其畏老一人爲父,少人一人爲子。"各唯諾已。爾後桂蘭[18]之心,倍於真親。求得之財,彼此不別。孝養之美,猶踰骨肉。爰父欲試子等心,仰二子云:"河中建舍,以爲居處。"奉教[19]運土填河。每入漂流[20],經三箇年不得填作。爰二子嘆云:"我等不孝,不協父命。海中之玉,豈爲誰②耶?世上之珍,亦爲誰也[21]?而未造小舍,我等爲人哉!"憂嘆寢夜,夢見一人持壤投於河中[22]。明旦見之,河中填土數十丈,建屋數十宇。見聞之者,皆共奇云:"丈夫孝敬,天神感應,河中爲岳,一夜建舍。"使父安置其家,孝養盛之。天下聞之,莫不嘆息。其子孫長爲二千石,食口三十有餘,以三州爲姓也。夫雖非親父[23],至丹誠之心爲父,神明之感在近[24],何况③骨肉之父哉。四海之人見之鑒而已。

【譯文】

所謂三州義士,其三人分別來自三個州。他們各自離鄉背井,偶爾相聚在一棵樹下並共宿。這時有一個人問:"你從什麼地方來,要去什麼地方?"三個人就互相詢問。有人回答說:"爲了生活而離家四處流浪。現在我們三個人相遇,必有因緣。因而我們結爲斷金之交,年老的一人爲父,年少之人爲子。"三人都答應了這件事。後來他們中兒子對於父親的孝心甚至超過對待真親。得到的財物,也不分彼此。孝順奉養的美德,超過了真正的父子之情。父親想試探兩個兒子的孝心,就命令兩個兒子:"我想在河中建立屋舍,在那裏居住。"兒子們遵照父親的命令,搬運泥土填入河中。每次填入之後泥土都被水沖走,用了三年的時間不斷填土也沒有做成。兩個兒子嘆息説:"我們真是不孝,不能夠完成父親的命令。獲取海中的寶玉,是爲了誰呢?獲取世上的珍寶,又是爲了誰呢?(難道不都是爲了父親嗎?)可是今天連個小屋都造不成,我們還算人嗎?"兩人整夜憂愁嘆息,睡夢中見一個人手持土塊投入河中。第二天天亮之後,他們看見河水之中已經填出了土臺幾十丈,建成了屋舍數十棟。見聞此事的人都感到不可思議,驚嘆道:"男子的孝順,被天神所感應,於是天神在河中造山,一夜之間建好了屋舍。"兩個兒子讓父親在這裏安置爲家,侍奉父親愈加孝順。天下的人聽了這件事,没有不感嘆的。他們的子孫中有的官至俸禄二千石的太守,家庭成員增加到三十多口人,都以三州爲自己的姓氏。即使不是生身之父,只要懷有特别赤誠的心意將其作爲父親奉養,也可以被神明所感應,更何況對待生身之父呢?天下的人都應該以此事爲標準要求自己。

【校勘】

① "志",底本引綫於欄外作"心"。
② "誰",底本無,據《注好選》補。
③ 底本作"何況々々","々々"爲衍文,删。

【文獻資料】

蕭廣濟《孝子傳》(《太平御覽》卷六一、《止觀輔行傳弘決》卷四之三),《孝傳》(《止觀輔行傳弘決》四之三),逸名《孝子傳》(《弘決外典鈔》卷二,與陽明本同系統),逸名《孝子傳》(《太平廣記》卷一六一),庾信《傷心賦》《哀江南賦》,《摩訶止觀》卷四、《寒山詩》、《事類賦》卷六(注引《孝子傳》。《太平廣記》、《事類賦》注所引均是蕭廣濟《孝子傳》系統)。

《本朝文粹》卷一三之大江匡衡《供養净妙寺願文》，《江吏部集·同賦孝德本詩序》，《注好選》上58，《今昔物語集》卷九46，龍谷大學本《言泉集·養父帖》、《言泉集·祖父帖》，《普通唱導集》下末，《澄憲作文集》34，《私聚百因緣集》卷六12（《注好選》和《今昔物語集》是船橋本系，《言泉集》和《普通唱導集》是陽明本系），《文粹願文略注》（《孝子傳》，引自堯濟《孝子傳》[堯濟，可能是蕭廣濟之誤]。可能是基於《止觀輔行傳弘決》《弘決外典鈔》等），《孝行集》6，《金玉要集》卷二，《琉球神道記》卷四。

⬚圖像資料⬚

1 東漢武氏祠畫像石（"三州孝人也"）。

【注】

1."三州義士"，東漢武氏祠畫像石榜題作"三州孝人"，蕭廣濟《孝子傳》及《孝傳》等作"三州人"，作"三州義士"是兩《孝子傳》的特徵之一。從圖像資料1看，三州義士似乎是漢代人，但是沒有詳細的傳記。《太平廣記》卷一六一所引《孝子傳》有"晋三州人，約爲父子"，記作晋（不知是國名還是朝代名）人。《止觀輔行傳弘決》所引的《孝子傳》末尾有"梁朝破三人離"，記作梁朝之事。但是，這應該是因爲庾信《哀江南賦》中有"三州則父子離別"之句而產生的誤解，以爲庾信所言即指三州義士之故事。其實，這是一種修辭手段，借用三州義士的典故叙述梁武帝父子因侯景之亂而離散的故事。另外，在庾信的賦及《止觀》《寒山詩》中，三州義士的故事和與之類同的五郡孝子故事（蕭廣濟《孝子傳》[《止觀輔行傳弘決》卷四之三]、八卷本《搜神記》[《稗海》所收]等有記載）被組合爲"三州""五郡"使用，這種方式在日本也被大江匡衡等人的作品承襲。"三州"與"五郡"合稱大概始於六朝後期。

2. 徒行，指徒步前往。

3. 蕭廣濟《孝子傳》中有"三人闇會樹下息"，船橋本有"至會一樹之下"，共通點是樹下相會。樹，大概是槐樹。參考"2 董永"注5。

4. 將不，參考"1 舜"注11。

5. 斷金，出自《周易・繫辭上》"二人同心，其利斷金"。"結斷金"，意爲締結堅固的亲情。蕭廣濟《孝子傳》中有"寧可合斷金之業耶"，船橋本作"故結斷金"，都使用了斷金一詞。《白氏六帖・兄弟》中"連枝同氣"與"金友玉昆"一起使用，在談及兄弟情誼時也提到了斷金的故事。《注好選》作"結斷金之契"，《今昔物語集》作"締結深厚的亲情"。

6. 敕，據《漢語大辭典》，到漢代爲止，上位者對下級的訓誡、命令等都稱作敕，自南北朝開始專指皇帝下的詔書。船橋本作"教"。

7. 輦，在這裏是拉車運送的意思。

8. 波流飄蕩，在這裏指被水流沖走。

9. 精誠有感，參考"3 邢渠"注8。

10. 在引用陽明本系文本的《孝子傳》（《弘決外典鈔》所引、《普通唱導集》所引）中，"一夜叉"寫作"一書生"（《普通唱導集》作"一畫生"）。蕭廣濟《孝子傳》（《太平御覽》）也作"有一書生過之，爲縛兩土肶投河中"，從中可以窺見蕭廣濟《孝子傳》和陽明本系《孝子傳》之間存在着某種關聯。

11. 關於這一部分，《弘決外典鈔》卷二所引《孝子傳》作"土高數丈，瓦屋十間"，《普通唱導集》作"土高數丈，瓦屋數十間"。

12. 二千石是漢代太守（一郡之長）的年俸，因此也用來轉指太守。此句意爲，地位到了二千石，其族人口也增加到了三十餘人，這部分敘述與船橋本相同。現存的蕭廣濟《孝子傳》中看不到這段類似於後續故事的敘述。"家口"，家裏養活的人數。船橋本中出現的"食口"與"家口"意思相同。

13. 《元和姓纂》卷五："三州，三州孝子之後，亦單姓州。"又："三邱，孝子傳有三邱氏。"關於"三邱"，《元和姓纂四校記》之岑仲勉校記："《通志・三州氏》云：'孝子傳有三州昏，"邱"显"州"之訛，應改正移附"三州"之下。'"自稱三州的那些人的子孫至少存續到了唐代，或者一直存續到編寫《通志》的宋代。

14.《普通唱導集》中"後"作"彼"。

15."何勿",與"何物"相同,意爲"怎樣的、什麽樣的"。"何勿所"是"什麼地方""哪裏"的意思。"何勿所"未見其他用例,《伍子胥變文》中的"先生恨胥何勿事"的"何勿事"等與之類同。

16. 生活,即生計、過日子。

17. 東西,意爲四處奔走。《今昔物語集》作"流浪"。

18. 桂蘭,同"蘭桂"。比喻盛德。

19. 教,命令之意。

20. 漂流,浮在水面被水流冲走。

21. 意爲:無論是得到海中之玉還是收集了世間珍寶,這些到底是爲了誰呢?難道不都是爲了父母嗎?"海中之玉"指海中的寶玉,這裏大概用來指不容易得到寶物。在佛典中海龍王的玉很有名。

22. 只有船橋本系描寫爲在夢中看到神人在工作,其他記載均爲在現實中實際看到的。

23. 親父,與"父親"同。

24. 意思大概是:神感應到孝的例子,就像這樣存在人們的身邊。關於"神明之感",參考"2 董永"注12。

9　丁蘭

【陽明本】

　　河內人丁蘭者,至孝也¹。幼失母²,年至十五,思慕不已,乃剋木爲母³,而供養之如事生母不異。蘭婦不孝,以火燒木母面⁴。蘭即夜夢語木母。言:"汝婦燒吾面。"蘭乃笞治其婦,然後遣之⁵。有鄰人⁶借斧⁷,蘭即啓木母,母顏色不悦,便不借之,鄰人瞋恨而去。伺蘭不在,以刀斫木母一臂⁸,流血滿地。蘭還見之,悲號叫慟,即往斬鄰人頭以祭母⁹。官不問罪,加禄位其身¹⁰。贊曰¹¹:丁蘭至孝①,少喪亡親,追慕無及,立木母人。朝夕供養,遇於事親②,身没名在,萬世惟真。

【譯文】

　　河內人丁蘭是至孝之人。幼時喪母,到了十五歲,仍然思慕不已,遂用木頭刻成母親雕像,如同對待生母一樣供養木母。丁蘭的妻子不孝,用火燒了木母的臉。丁蘭在當日夜裏夢見與木母説話。母親説:"你的妻子燒了我的臉。"於是,丁蘭鞭撻其妻,然後將其逐出家門。有鄰人來借斧頭,丁蘭馬上告訴了木母,母親臉色不悦,丁蘭就没有借給鄰人,鄰人懷恨而去。鄰人趁丁蘭不在,用刀砍斷丁蘭木母一條胳膊,血流滿地。丁蘭回來見狀傷心痛哭,馬上就去斬了鄰人的頭來祭奠母親。官府没有追究丁蘭的罪責,反而給予其官職俸禄。

　　贊曰:丁蘭至孝,少喪亡親,追慕無及,立木母人,朝夕供養,遇於事親,身没名在,萬世惟真。

【船橋本】

丁蘭者河內人也。幼③少母沒,至十五歲,忍慕阿孃[12],不獲忍忘。剋木爲母,朝夕供養,宛如生母。出行之時,必諮而行,還來亦陳[13],懃懃不緩。蘭婦□④性[14]而常此爲厭。不在之間,以火燒木母面。蘭入夜還來,不見木母顏。其夜夢木母云:"汝婦燒吾面⑤。"蘭見明旦,實如夢語。即罰其婦,永惡莫寵。又有鄰人借斧,蘭啓木母,見知木母顏色不悦,不與借也。鄰人大忿,伺蘭不在,以大刀⑥斬木母一臂,血流滿地。蘭還來見之,悲傷號⑦哭。即往斬鄰人頭,以祭母墓。官司聞之,不⑧問其罪,加以禄位。然則雖堅木,爲母致孝,而神明有感[15],亦血出中。至孝之故,寬宥死罪。孝敬之美,永傳不朽也。

【譯文】

丁蘭是河內人。幼時喪母,到了十五歲,仍然經常思慕母親,不能忘懷。他用木頭雕刻了母親的形象,朝夕服侍,猶如侍奉生母。出門前一定稟告木母,回家後也一定再來彙報,從不懈怠。丁蘭的妻子性格不好,一向對木母厭煩。趁丁蘭不在之時,用火燒了木母的臉。丁蘭夜裏回來,未與木母會面。當夜,木母在夢中對他說:"你的妻子燒了我的臉。"第二天早上,丁蘭看到和夢中說的一樣。立刻處罰其妻,此後一直厭惡妻子,不再對其寵愛。又有鄰人來借斧,丁蘭告知木母,見母親臉色不悦,就沒有借給鄰人。鄰人非常生氣,趁丁蘭不在用大刀砍斷木母一條胳膊,血流滿地。丁蘭回家看到後,悲痛號哭,立刻去砍掉鄰人的頭顱,將其供在母親墓前。官府知道之後,沒有追究丁蘭的罪責,反而給丁蘭晉升了官職。雖然原本是堅硬的木頭,但是將其視爲母親並盡孝,神明也會感知,並且,木母也會受傷流血。正是因爲丁蘭無比的孝行,令其死罪也得到了寬宥。其孝敬之美德,永傳不朽。

【校勘】

① "至孝",底本作"孝至",據底本中的顛倒符號訂正。
② "親",底本作"生親"。據金澤文庫本判斷"生"爲衍字,删除。
③ "幼",底本作"劣",據文義改。
④ "□",底本該處標有"、"的記號,占據相當一個字的位置。
⑤ "面",底本作"囲",右側旁書"面"。
⑥ "刀",底本作"力",據文義改。
⑦ "號",底本作"踴",據文義改。
⑧ "不",底本無,據陽明本增補。

文獻資料

劉向《孝子傳》(《法苑珠林》卷四九),逸名《孝子傳》(《太平御覽》卷三九六,《蒙求》415 準古注、新注),曹植《靈芝篇》(《宋書》卷二二),《搜神記》(《太平御覽》卷四八二),孫盛《逸人傳》(《初學記》卷一七、《太平御覽》卷四一四、《三教指歸》覺明注二等),鄭緝之《孝子傳》(《法苑珠林》卷四九),《孝子傳》(《弘决外典鈔》卷三),《典言》(《三教指歸》成安注上末),梁武帝《孝思賦》,句道興《搜神記》,《類林雜説》卷一 2,《蒙求》415 注,《純正蒙求》上,二十四孝系(《詩選》3,《日記故事》17,《孝行録》15)。

《東大寺諷誦文稿》87 行,《注好選》上 55,《今昔物語集》卷九 3,《言泉集・亡母孝養因緣帖》,龍谷大學本《言泉集・亡母帖》,《普通唱導集》下末《孝母》(《今昔物語集》爲船橋本系,《言泉集》、龍谷大學本《言泉集》、《普通唱導集》爲陽明本系),《澄憲作文集》33,中山法華經寺本《三教指歸注》,《内外因緣集》,《孝行集》7。

另外,作爲孝子丁蘭的名字,見於《風俗通・愆禮》,《三教指歸》上,《日本靈異記》上 17、中 39,《經國集》卷二〇《大神蟲麻呂對策》(天平五年),《寶物集》卷一,《説經才學抄》,《金玉要集》卷三等。

參考文獻有高橋伸幸《宗教與説話——關於安居院流表白》(《説話・傳承學92》,櫻楓社,1992年),德田和夫《御伽草子研究》(三彌井書店,1988年)第二篇第六章,梁音《丁蘭考——從孝子傳到二十四孝》(《和漢比較文學》27,2001年)。

圖像資料

1 東漢武氏祠畫像石("丁蘭二親終殁,立木爲父,鄰人假物,報乃借與。"前石室第十三石、左石室第八石也有)。

2 開封白沙鎮出土東漢畫像石("野王丁蘭""木人爲像")。

3 東漢樂浪彩篋("丁蘭""木丈人")。

4 東漢孝堂山下小石室畫像石。

5 波斯頓美術館藏北魏石室("丁蘭事木母")。

6 明尼阿波利斯藝術博物館藏北魏石棺("丁蘭事木母")。

8 盧芹齋舊藏北魏石床("丁蘭士木母時")。

12 和林格爾東漢壁畫墓("木□人""丁蘭")。

14 泰安大汶口東漢畫像石墓("此丁蘭父""孝子丁蘭父")。

19 寧夏固原北魏墓漆棺畫("供養老母""死")。

22 洛陽北魏石棺床。

23 和泉市久保惣紀念美術館藏北魏石床。

【注】

1. 本故事由丁蘭妻子燒木母臉及鄰人砍斷木母手臂、丁蘭報仇兩部分構成,但是,上述兩部分內容都包含的文獻只有兩《孝子傳》和《搜神記》。河内,請參考"5 郭巨"注2。開封白沙鎮出土東漢畫像石榜題和劉向《孝子傳》、《搜神記》、《孝思賦》均作"野王縣"人。另外,鄭緝之《孝子傳》、《搜神記》記載了漢宣帝獎賞丁蘭孝行之事,由此可知丁蘭是宣帝時人。

2. 句道興《搜神記》、《逸人傳》作"兩親"。武氏祠畫像石榜題作"二親"。

3. 武氏祠畫像石、泰安大汶口漢畫像石墓的榜題作"父"。另外,樂浪彩篋、《靈芝篇》作"丈人"(妻子的父親)。

4. 鄭緝之《孝子傳》、古注《蒙求》記載丁蘭妻"誤"燒木母的臉,《孝行錄》記載丁蘭妻用針刺木母目,《注好選》記載爲傷了木母的身體。

5. 逐出家門。説明與夫妻關係相比,孝行優先。與下一條"朱明"是同一主題。

6. 關於鄰人借物,早期在武氏祠畫像石的榜題中也可看到,劉向《孝子傳》、《搜神記》也有描述。

7. 提到器物具體名字的只有兩《孝子傳》。

8. 只有兩《孝子傳》有具體描述。另外,《逸人傳》寫作用木杖打頭。

9. 其他文獻如《搜神記》《逸人傳》《典言》也提到了報復,但《搜神記》《典言》中沒有在墓前祭奠的內容。砍掉敵人的頭,放在墓前祭奠的做法,在"7 魏陽"故事中也可見到。

10. 《逸人傳》中有郡縣爲表彰其孝行讓人給其畫像的描述,鄭緝之《孝子傳》、《搜神記》中有皇帝爲獎勵其孝行授予其官職的描述。"7 魏陽"故事中也有類似的描述。

11. 韻腳是親、人、親、真,上平聲真韻。

12. 母親。阿孃是母親的俗語。關於"阿",參考"4 韓伯瑜"注6。

13. 出行的時候,出發前和回來以後都不忘記稟告。這部分描述只見於船橋本。

14. 《今昔物語集》作"惡性"。

15. 參考"2 董永"注12。

10　朱明

【陽明本】

朱明者,東都人也[1],兄弟二人。父母既没,不久遺財各得百萬。其弟驕奢[2],用財物盡,更就兄求分。兄恒與之。如是非一,嫂便忿怨,打罵小郎[3]。明聞之,曰:"汝他姓之子,欲離[4]我骨肉耶?四海女子,皆可爲婦[5]。若欲求親者,終不可得。"即便遣[6]妻也。

【譯文】

朱明是洛陽人,家裏有他和弟弟二人。父母亡故後,不久他們各得了百萬遺産。其弟爲人驕奢,將自己的財物用盡之後就去哥哥那裏要求再分財産,哥哥也總是再分給弟弟。這種事情發生了不止一次兩次。兄嫂對此非常生氣,打罵了弟弟。朱明聽説後,對妻子説:"你是外姓之子,想讓我們骨肉之親分離嗎?天下女子誰都可以娶來爲妻。可是,若求骨肉之親却不可再得。"然後,就趕走了妻子。

【船橋本】

朱明者,東都人也。有兄弟二人。父母没後,不久分財,各得百萬。其弟驕慢[7],早盡己分,就兄乞求。兄恒與之。如之數度,其婦忿怒,打罵小郎。明聞之,曰:"汝他姓女也,是吾骨肉也。四海女子,皆可爲婦,骨肉之不可復得。"遂追其婦,永不相見也。

【譯文】

朱明是洛陽人,家裏有他和弟弟二人。父母亡故後,很快分了財産,二人各得百萬。其弟爲人驕縱傲慢,很快將自己那份財物用完,又來乞求其兄。朱明也總是再把自己的財産分給弟弟。這種事情發生了多次,兄嫂對此非常生氣,打罵了弟弟。朱明得知後對妻子説:"你是外姓女人,他是我的骨肉之親。天下女人都可以娶來爲妻,但是骨肉之親不可復得。"於是將妻子趕出家門,永不相見。

[文獻資料]

《初學記》卷一七,《吴地記》。

《日本靈異記》中卷序,《釋門秘鑰·兄弟儀重釋》(國文學研究資料館《調查研究報告》17,1996 年),東大寺北林院本以及龍谷大學本《言泉集·兄弟姐妹帖》,《孝行集》,《源平盛衰記》卷二《清盛息女》。《釋門秘鑰》、《言泉集》是陽明本系。關於《日本靈異記》中卷序,請參考矢作武《〈日本靈異記〉與漢文學——以〈孝子傳〉爲中心·再考》(《記紀與漢文學》,和漢比較文學叢書 10,汲古書院,1993 年)。

[圖像資料]

1 東漢武氏祠畫像石("朱明""朱明弟""朱明兒""朱明妻")。

【注】

1. 東都,指洛陽。從圖像資料 1 看,朱明應當是漢代人。唐朝陸廣微在《吴地記》中記載,朱明寺,晋朝隆安二年(398)吴郡人朱明棄宅爲寺。曹林娣校注《吴地記》(江蘇古籍出版社,1999 年)時,根據《吴縣志》認爲朱明寺的遺址在蘇州。如果是指同一人的話,出身地、生活年代都不相同,需要進一步考證。《吴地記》記載朱明"孝義立身",寫到富裕的朱明將財産給了希望得到財産的弟弟後,狂風驟雨忽起,財産又回來了等,情節有很多不同之處。另外,關於《初學記》卷一七《友悌》中的"朱明張臣尉贊",正如西野貞治指出的那樣,與朱明有直接關係的是其中"寡妻屏穢,棠棣增榮"的部分。"寡妻"是正妻的意思,"棠棣"指兄弟。參考"12 王巨尉"注 1。

2. 驕奢,指驕橫、奢侈。

3. 小郎,是年輕人的意思。這裏指朱明的弟弟。

4. 離,即遠離。在中國,孝是維繫大家族制度密切關係的一種德(參考桑原隲藏《中國的孝道》[講談社學術文庫,1977 年]),朱明這種重視親族的態度合乎孝的宗旨,但一般認爲在社會情況不同的日本很難被理解,在唱導文獻中則完全被作爲講兄弟愛的例子接受。

5. 指天下女子誰都可以娶之爲妻。

6. 遣,意同"離"。參考"9 丁蘭"注 5。

7. 驕慢,即驕縱傲慢。

11　蔡順

【陽明本】

淮南人蔡順[1]至孝也，養母烝烝。母詣婚家[2]，醉酒而吐。順恐中毒，伏地嘗之。啓母曰："非毒，是冷耳。"時[3]遭年荒[4]，采桑椹[5]赤黑二籃[6]。逢赤眉賊[7]，賊問曰："何故分別桑椹二種？"順答曰："黑者飴母[8]，赤者自供。"賊①還②放之，賜完[9]十斤。其母既没[10]，順常在墓邊。有一白虎③，張口向順來。順則申臂采之，得一橫骨。虎去後，常得鹿羊報之。所謂孝感於天，禽獸依德也。

【譯文】

淮南人蔡順是至孝之人，盡心盡意地侍奉母親。母親去參加婚宴，席上因醉酒嘔吐。蔡順看到後，擔心她是否中了毒，遂伏地舔嘗母親的嘔吐物確認。然後告訴母親，食物没有毒，只是比較凉。某年，遭遇年荒，蔡順采桑椹并將紅、黑兩種分別放入兩個籃子中。遇到赤眉之賊，賊問："爲什麽把桑椹分成兩種？"蔡順回答説："黑色的給母親吃，紅色的留給自己。"賊反而放了蔡順，并給了蔡順十斤肉。母親去世後，蔡順總是陪伴在母親的墳墓旁邊。一次有一隻白虎出現，張著大口就向蔡順走來。蔡順把手伸向虎口，取出了一根横骨。虎離開後，蔡順還常常得到老虎送來的鹿、羊等報恩之物。這就是所謂孝行可以感動上天，禽獸也會以其德行爲榜樣。

【船橋本】

蔡順者汝④南人也，養母烝烝。母詣鄰家，醉酒而吐。順恐中毒,伏地嘗吐。順啓母曰:"非毒。"於時年不登,不免飢渴。順行采桑實,赤黑各別之。忽赤眉賊來,縛⑤順欲食[11]。乃賊云:"何故桑實別兩色耶?"答曰:"色黑味甘,以可供母。色赤未熟,此爲己分。"於時賊嘆云:"我雖賊也,亦有父母。汝爲母有心[12],何殺食哉!"即放免之,使與完十斤。其母没後,順常居墓邊,護母骨骸[13]。時一白虎,張口而向順來。順知虎心,申臂探虎喉,取出一橫骨。虎知恩,常送死鹿也。荒賊猛虎,猶知恩義,何況仁人乎也?

【譯文】

蔡順是汝南人。盡心盡意侍奉母親。母親去鄰居家裏參加宴席,醉酒嘔吐。蔡順擔心母親中毒,俯身舔嘗嘔吐物,然後告訴母親説:"不是中毒。"某年,作物欠收,不得不忍飢挨餓。蔡順出門采摘桑椹,把紅色果實和黑色果實分開來放。忽遇赤眉之賊,綁了蔡順想吃掉他。賊問蔡順:"你爲什麼把兩種顔色的桑椹分開來放?"蔡順回答説:"顔色黑的味道甜,給母親吃;顔色紅的没有完全成熟,留給自己吃。"這時,賊感嘆地説:"我雖然是賊,但也有父母。你對母親如此有孝心,我怎麼能殺了你把你吃掉呢!"於是放了蔡順,還給了他十斤肉。母親去世後,蔡順就住在母親墓旁,守護母親的遺骸。一次,一隻白虎張著大口向蔡順走來,蔡順猜到了老虎的意思,就把手伸入老虎嘴裏,取出了一根橫在老虎咽喉的骨頭。老虎念其恩,常送來一些死鹿。就連亂賊、猛虎也知道恩義,更何況仁人呢?

【校勘】

① 底本在"賊"字的右下方畫一綫,下邊欄外有手寫注釋"或白米二斗"。

② 底本在"還"字下方畫一綫,下邊欄外有手寫注釋"牛蹄一雙與

順"。

③ "虎",底本有訂正的標記,根據上欄外手寫文字確定。
④ "汝",底本無,據《注好選》補。
⑤ "縛",底本作"傳",據文義改。

文獻資料

按照 a 蔡順嘗吐故事、b 分椹故事、c 助虎故事、d 飛火故事、e 畏雷故事、f 噬指故事、g 桔橰故事分別例舉。

《東觀漢記》卷一六(b。又見《幼學指南鈔》卷二七木部桑),《汝南先賢傳》(a[《初學記》卷一七、《太平御覽》卷四一四]、e[《説郛》卷五八、《幼學指南鈔》卷二天部下雷]、g[《後漢書》卷三九、《幼學指南鈔》卷二七草部藤]),《後漢書》卷三九周磐付傳蔡順傳(fde),逸名《孝子傳》(a[《太平御覽》卷八四五]、b[《廣事類賦》卷一六、茆泮林《古孝子傳》所收]),《類林雜説》卷一(bade),《蒙求》444 注(古注 abd、準古注 bd、徐注 deb),《白氏六帖》卷八(f、d),敦煌本《事森》(bade),《籯金》卷二 29(f、e),《北堂書鈔體甲》(d),《語對》(d、e),《古賢集》(d),《事文類聚後集》卷四(f),《純正蒙求》上(a),《君臣故事》卷二(b、d),《日記故事大全》卷三(b、ed),《大明仁孝皇后勸善書》卷三(fbgde),二十四孝系(《詩選》19[草子 18]b、《日記故事》23b、《孝行録》11be),戲曲《蔡順摘椹養母》《行孝道蔡順分椹》《降桑椹蔡順分椹》等。

《東大寺諷誦文稿》91 行(a),《注好選》上 59(abc。船橋本系),《言泉集》亡母帖(bc。陽明本系),《普通唱導集》下末(b。陽明本系),《內外因緣集》(abc。船橋本系),《孝行集》36(bdc),《金玉要集》卷三(d 等),蓬左本《源平盛衰記》卷三一(e。古活字本作"王哀"),《類雜集》卷五 25(bd。準古注《蒙求》系),《合譬集》上 48(bd。同上),民間故事《孝子之花》(《城邊町的民間故事》上[《南島民間故事叢書》七,同朋社,1991年],本格民間故事 56。b),民間故事《兒子之花》(《日本民間故事通觀》26沖繩,民間傳說第339。b),民間故事《狼報恩》(《日本民間故事大成》卷六,本格民間故事228。c)。

> 圖像資料

7 納爾遜-阿特金斯藝術博物館藏北魏石棺("子蔡順"。d)。
8 盧芹齋舊藏北魏石床("孝子蔡順"。推測或是e)。
19 寧夏固原北魏墓漆棺畫("東家失火蔡順伏身官上"。d)。

此外,二十四孝圖中的蔡順圖,自河南林縣城關宋墓以後的資料有很多,均描繪了b情節。

> 【注】

1. 按照文獻資料的話題分類,兩《孝子傳》的蔡順故事由a嘗吐故事、b分椹故事、c助虎故事三個話題構成。蔡順是東漢人,字君仲(《後漢書》卷三九等。亦作"君平"[古注《蒙求》]、"君長"[敦煌本《事森》]等)。淮南指淮水南邊的地區,但一般認爲蔡順是汝南(河南汝南)人(《東觀漢記》等。也有稱"汝南平輿人也"[敦煌本《事森》])。船橋本缺"淮"字,《注好選》寫作"汝海南人也",可見在很早的文獻記載中,蔡順的籍貫就比較混亂,"淮"可能是"汝"的誤傳。

2. 以下是嘗吐故事。亦見於《汝南先賢傳》。《太平御覽》卷四一四所引《孝子傳》中亦有相關記載。嫁家,是出嫁(或入贅)所到的那個人家,不過這裏大概是指舉行婚禮的人家。《汝南先賢傳》作"母至婚家"。船橋本作"鄰家"。

3. 以下是分椹故事。亦見於《東觀漢記》。

4. 參考"5郭巨"注3。

5. 椹,桑樹的果實。

6. 籃,盛物的筐。《普通唱導集》將"籃"釋爲"アシカナリ"。"あじか"也是筐的意思。

7. 赤眉,是指漢末王莽篡奪帝位時,琅琊樊崇所起之兵。爲了區別於王莽之兵,他們將眉毛染成了紅色,故稱"赤眉"。赤眉軍的主要勢力在淮水和揚子江之間。

8. 飴,給予食物。

9. 完是"肉"的别字,因與"肉"的誤字"宍"字形相近而通用。另外,與陽明本欄外手寫注釋内容相關的記載有:《東觀漢記》作"鹽二斗",《廣事類賦》所引《孝子傳》作"米肉",《類林雜說》作"斗米",《蒙求》古注等作"米三斗牛蹄一隻"、徐注等作"米二斗牛蹄一隻",敦煌本《事森》作"米三升牛蹄一雙",《二十四孝原編》等作"白米三斗牛蹄一隻",《大明仁孝皇后勸善書》作"米三斗"等。陽明本的"一雙"與敦煌本《事森》一致。兩漢時1斤約合250克,1斗约2公升(升相當於斗的十分之一。中國國家計量總局主編《中國古代度量衡圖集》,美篶書房,1985年)。

10. 以下是助虎故事。與前面的嘗吐故事、分椹故事不同,在中國找不到可視爲其起源的記載。關於這一點有個值得深思的事情。正如茆泮林輯《古孝子傳》所指出,《晋書》卷九四《列傳六十四·隱逸》所收郭文傳中也有一段助虎故事:"郭文,字文舉,河内軹人也。……嘗有猛獸忽張口向文,文視其口中有横骨,乃以手探去之,猛獸明旦致一鹿於其室前。"其中的猛獸應該是老虎。另外,《太平御覽》卷八九二《獸部四·虎下》所引《孝子傳》亦云:"又(孝子傳)曰:'郭文舉爲虎探鯁骨,虎常銜鹿以報之。'"此外,《事類賦》卷二〇《獸部·虎》"若乃郭文探鯁"注所引《孝子傳》也清楚地記載著"《孝子傳》曰:郭文爲虎探鯁骨,虎銜鹿以報之"(鯁,指魚骨)。那麼,此處的郭文舉則與因埋兒故事而聞名的郭巨(兩《孝子傳》5)混同了。不少文獻都把郭巨的字記作文舉(唐崔殷《純德真君廟碣銘》[《《全唐文》卷五三六等]"文舉棄子",敦煌本《事森》"郭巨,字文舉,河内人也",《二十四孝原編》"郭巨,字文舉",《全相二十四孝詩選》"字文舉",《仲文章·孝養篇》"文舉掘穴,金甕顯底",摘要本《寶物集》卷一"文舉,郭巨"等。參考"5 郭巨"注1)。此外還有"後漢郭巨,字文通"(敦煌本《語對》)、

"郭巨者字文氣,河内人也"(敦煌本《搜神記》)等記載。由此可見,後世關於郭巨的記載越來越不清楚。關於埋兒故事中的郭巨,漢代劉向的《孝子傳(圖)》(以及宋躬《孝子傳》)中有記載,因此不可能和晋朝的郭文(文舉)是同一個人。但是,因孝行而聞名的郭巨和郭文舉,在南北朝以後逐漸被混淆(出身都是河内郡[今河南]可能是容易混淆的原因之一[軹,河南濟源]),因而出現了記載郭文舉助虎故事的《孝子傳》(《太平御覽》卷八九二等)。正如陽明本所云"孝感於天,金獸依德",即孝子感動上天要以孝爲前提,助虎故事之所以能成爲孝子故事,通過"先賢傳"之類來看,恐怕一個重要原因是把郭文舉和郭巨視爲了同一人,因而,在《晋書》中並不是作爲孝子故事叙述的助虎故事被收録到了《孝子傳》中。那麼,看來是陽明本《孝子傳》把郭文舉的助虎故事移植進了蔡順的事迹。有意思的是,陽明本中"有……張口向……"等語言,與《晋書》的相關表達十分相似,這一點正是陽明本《孝子傳》的蔡順故事取材於《晋書》等文獻中郭文舉助虎故事的痕迹。而且,陽明本、船橋本都將守墓(陽明本"其母既没,順常在墓邊")作爲助虎故事的背景,也讓我們很容易聯想到其應該受到了守墓孝子郭文恭(《魏書》卷八六、《北史》卷八四等)故事的啓發。與陽明本相比,船橋本最後一句"荒賊猛虎,猶知恩義。何況仁人乎也",進一步鑿實了助虎故事的既定事實,也間接説明其成書更晚。總之,兩《孝子傳》的助虎故事,在一定程度上讓我們從一個側面看到了在古孝子傳系譜中,《孝子傳》成書的複雜背景。可參考黑田彰《孝子傳的研究》Ⅲ四"二十四孝原編:趙子固二十四孝書畫合璧"。此外,助虎故事可以看作是民間故事《狼報恩》的原型。參考山本則之《民間故事〈狼報恩〉與唱導文藝》(《國學院雜誌》94-5,1993年)。

11.《東觀漢記》有"王莽亂,人相食"等記載。關於所謂的同類相食,就中國的情况,桑原隲藏《支那人的食人肉之風俗》(《桑原隲藏全集》第二卷,岩波書店,1968年,1924年初次出版)中有較詳細記載(桑原氏還有《支那人的食人肉風俗》[《桑原隲藏全集》第一卷,1919年初次出版])。

"12 王巨尉""36 曾參"也可見同類相食之事。參考注 10 黑田彰著作Ⅲ—"孝子傳與性的錯亂——物語成立的地平線"。

12. 有關懷母親的孝心。

13. 骨骸,指屍骨。

12　王巨尉

【陽明本】

王巨尉[1]者汝①南[2]人也。有②兄弟二人。兄年十二，弟年八歲[3]。父母[4]終没，哭泣過禮，聞者悲傷。弟行采薪，忽逢赤眉賊[5]，縛欲食之。兄憂其不還，入山覓之，正見賊縛將殺食。兄即自縛，往賊前曰："我肥弟瘦，請以肥身易瘦身。"賊則嗟[6]之，而放兄弟，皆得免之。賊③更牛蹄一雙以贈之也。

【譯文】

王巨尉是汝南人。兄弟二人一起生活。哥哥十二歲，弟弟八歲。父母亡故，二人嚎啕大哭，其哀傷甚於禮法的規定，聞者皆悲。一日弟弟去砍柴，突然遇到赤眉之賊，賊人綁了弟弟，欲將其吃掉。哥哥因弟弟一直未歸而擔憂，遂進山尋找，正好看見賊人綁了弟弟，將要把他殺了吃掉。哥哥馬上把自己綁起來，走到賊人面前說："我胖弟弟瘦，請用肥胖的我來換瘦瘦的弟弟。"賊人十分感慨，放了兄弟二人，二人皆得以免死。賊人還送給他們一雙牛蹄。

【船橋本】

王巨④尉者汝南人也。有兄弟二人。兄年十二，弟八歲也。父母亡後，泣血過禮，聞者斷腸。爰弟行山采薪，忽遭赤眉賊，欲殺食之。兄憂弟不來，走行於山，乃見爲賊所食。兄即自縛，進跪賊前云："我肥弟瘦，乞以肥替瘦。"賊即嘆之，兄弟共免。更贈牛蹄一雙。仁義故忽免賊害乎[7]！

【譯文】

　　王巨尉是汝南人。兄弟二人一起生活。哥哥十二歲，弟弟八歲。父母亡故時二人泣血痛哭，其悲傷甚於禮法的規定，聞者亦哀痛斷腸。一次，弟弟出去砍柴，忽遇赤眉之賊，賊人想要殺了弟弟並把他吃掉。哥哥因弟弟遲遲不歸而擔心，於是跑進山裏尋找，恰好看到賊人要吃弟弟。哥哥馬上把自己綁了起來，到賊人面前跪著說："我肥弟瘦，乞求让我用肥胖的自己來替換瘦瘦的弟弟。"賊人十分感慨，兄弟二人皆免於一死。賊人還送給兄弟二人一雙牛蹄。正是因爲哥哥的仁義，二人才避免了被賊人所害吧！

【校勘】

　①"汝"，底本作"淮"，據船橋本及《東觀漢記》改。
　②"有"，底本無，據船橋本補。
　③"賊"，底本文字被墨筆涂，據欄外訂正補。
　④底本有小字旁注"後漢列傳廿九趙孝傳之内有之，少異"。

文獻資料

　　《東觀漢記》(《藝文類聚》卷二一,《太平御覽》卷四一六),《後漢書》卷三九,逸名《孝子傳》(《太平御覽》卷五四八)。

　　龍谷大學本《言泉集・兄弟帖》,東大寺北林院本《言泉集・兄弟姐妹帖》。

　　此外,類似話題有二十四孝系的張孝、張禮(趙孝。《詩選》22〔草子21〕、《孝行録》20),相關早期文獻資料有《類林雜説》所引《孝子傳》(趙孝宗)、敦煌本《語對》(趙孝)等。

圖像資料

7 納爾遜-阿特金斯藝術博物館藏北魏石棺（"尉"）。

9 納爾遜-阿特金斯藝術博物館藏北齊石床。

洛陽出土的北宋畫像石棺之後的文物中有許多二十四孝系的張孝、張禮圖。

【注】

1.《東觀漢記》："汝南王琳字巨尉，年十餘，喪父母。遭大亂，百姓奔逃，唯琳兄弟獨守冢廬。弟季出，遇赤眉賊，將爲餔。琳自縛，請先季死。賊矜而放之。"此王琳故事大概就是王巨尉故事的原始出處。與本故事極其相似的還有張孝、張禮的故事。在中國，見於《類林雜説》所引《孝子傳》、敦煌本《語對》、敦煌本《注千字文》、纂圖本《千字文》、《日記故事》卷三、元曲《趙禮讓肥》，在日本也有《慈元抄》等書引用。因此，本故事在流傳的過程中，與張孝、張禮的故事交替，不知何時就消失了。奥村伊九良氏最早指出北魏石棺榜題中有"尉"的畫像即是"王琳（巨尉）"（奥村伊九良《孝子傳石棺的刻畫》，《古拙愁眉——中國美術史的諸相》，美篶書房，1982年，初版於 1936年）。奥村氏認爲，《初學記》卷一七《友悌》所記"朱明張臣尉贊，詩詠張仲，今也朱明，輶財敦友，衣不表形，寡妻屏穢，棠棣增榮，臣尉邈然，醜類感誠"之中的"張臣尉"應當是"王臣尉"的筆誤，西野貞治氏則推測《初學記》中該句原本應作"張仲朱明王巨尉贊"（"張"字被放在"王"字的位置，"仲"字和"王"字脱），見《關於陽明本孝子傳的特徵及其與清家本的關係》。另外，西野氏認爲，《孝子傳》"王巨尉"是以字稱呼，"這或許是爲了避諱。陳垣氏在《史諱舉例》卷八中列舉了晉六朝大量爲了避帝諱而以字稱呼人物的例子"。又，《初學記》中的朱明，本書前面已出現（10 朱明）。張仲，《毛詩·小雅·六月》："侯誰在矣，張仲孝友。"毛傳："張仲賢臣也。善父母爲孝，善兄弟爲友。使文武之臣征伐，與孝友之臣處内。"箋云："張仲，吉甫之友。其性孝友。"

2. 汝南，今河南汝南。東漢時屬於豫州刺史部，距離赤眉之亂的地點淮陽較近。

3.《東觀漢記》《後漢書》僅作"年十餘，喪父母"。未見兩《孝子傳》中關於兄弟具體年齡的記載。

4.《藝文類聚》在《王琳傳》之後，同樣也引用了《東觀漢記》的《趙孝傳》："趙孝，兄弟怡怡，鄉黨歸德。天下亂，人相食，弟禮爲賊所得，孝詣賊曰：'禮羸瘦，不如孝肥。'賊並放之。"正如船橋本的旁書所指出，《後漢書·趙孝傳》後也有王琳巨尉之傳。逸名《孝子傳》(《太平御覽》卷五四八)："王琳，汝南上蔡人。十歲失父母，弟季年七歲。兄弟二人哭泣，哀聲不絕。在冢側作廬，不妄出入。"記載了兩《孝子傳》前半部分所表達的與孝心主題相關的守墓內容。兩《孝子傳》將王巨尉守墓的故事替換成了趙孝的故事，恐怕與《初學記》"朱明張巨尉贊"一樣，先是與"張仲"的名字相混淆，之後又形成了"張巨尉"傳，而關於趙孝則發生了從"趙孝字長平"到"趙孝宗，長平人"(《孝行錄》)的訛傳。此外，關於從《孝行錄》的"趙孝宗，孝禮"到詩選系的"張孝張禮"的變化，金文京在《關於〈孝行錄〉的"明達賣子"——"二十四孝"的問題點》(《汲古》15，1990年)中已有討論。

5. 關於赤眉，參考"11 蔡順"注 7。關於赤眉之亂時吃人之風盛行的情況，同樣參考"11 蔡順"注 11。

6. 船橋本作"嘆"。日語訓讀爲"なげく"，均爲感嘆之意。

7. 兩《孝子傳》以孝悌爲主題敘述了父母去世後的事情，而二十四孝系中的張孝、張禮的故事講的是爲了孝養養母而請求換弟弟一命，這樣就包涵了孝養、孝悌兩方面主題。值得注意的是，船橋本明確說明不是爲孝悌，是爲了仁義。疑此評語爲後來增補。

13 老萊之

【陽明本】

楚人老萊之[1]者至孝也。年九十[2]，猶父母在。常作嬰兒[3]，自家[4]戲以悦親心。着斑①蘭之衣[5]而坐下竹馬[6]。爲父母上堂取漿水[7]，失脚倒地[8]，方作嬰兒啼，以悦父母之懷。故禮曰[9]：父母在，言不稱老，衣不純②素[10]。此之謂也。贊曰[11]：老萊至孝③，奉事[12]二親。晨昏定省[13]，供謹弥懃。戲倒親前，爲嬰兒身。高道[14]兼備，天下稱仁。

【譯文】

楚國人老萊之是至孝之人。他九十歲時父母依然健在。他常常扮作幼兒，自己玩耍讓雙親看了高興。還身穿色彩絢麗的衣裳騎着竹馬。他去堂屋給父母送湯時故意跌倒在地，然後像幼童似的啼哭，讓父母心情愉悦。所以《禮記》中説：父母在，説話時不能自己稱老，冠衣不能純素。指的就是老萊之這樣的人。

贊曰：老萊至孝，奉事二親。晨昏定省，供謹弥懃。戲倒親前，爲嬰兒身。高道兼備，天下稱仁。

【船橋本】

老萊之④者楚人也，性至孝也。年九十而猶父母存。爱萊着斑蘭之衣乘竹馬游庭。或爲供父母賫浆堂上，倒階而啼，聲如嬰兒，悦父母之心也。

【譯文】

老萊之是楚國人，是一個至孝之人。九十歲時父母依然健在。

於是老萊之身穿色彩絢麗的衣裳，在院子裏騎著木馬玩耍。他去堂屋給父母送湯時，在臺階上跌倒并啼哭，哭聲就像幼童一樣。這是爲了讓父母的心情愉悅。

【校勘】
① "斑"，底本作"班"，據船橋本改。
② "純"，底本作"絕純"，"絕"應爲衍字，故刪除。
③ "孝"，底本作"老"，據金澤文庫本《孝子傳》改。
④ "之"，底本作"云"，據陽明本改。

文獻資料

《孟子》趙歧注（《萬章》章句上），師覺授《孝子傳》（《太平御覽》卷四一三），《孝子傳》（《初學記》卷一七、《太平御覽》卷六八九），《列女傳》（《藝文類聚》卷二〇，《蒙求》441 古注、新注。今本《列女傳》的老萊之故事與本故事不同。此外請參考注1），《高士傳》（《蒙求》441 準古注、《孟子正義》、《書言故事》卷一、《君臣故事》卷二），《鏡中釋靈實集》（聖武天皇《雜集》99），敦煌本《事森》，敦煌本《勵忠節鈔》，二十四孝系（《詩選》8[草子8]、《日記故事》13、《孝行錄》2）。

大江匡房《爲悲母四十九日願文》（《江都督納言願文集》卷三），金澤文庫本《孝子傳》（陽明本系），《內外因緣集》，《合譬集》上 46（引用《高士傳》。可能根據準古注《蒙求》），《類雜集》卷五 22。

討論過本故事的文獻有：下見隆雄《老萊子孝行說話中的孝的真意》（《東方學》92，1996 年），下見隆雄《點檢孝的本質——以孝子說話爲中心》（《古田敬一教授頌壽紀念中國學論集》，汲古書院，1997 年）等。

圖像資料

1 東漢武氏祠畫像石（"老萊子楚人也，事親至孝，衣服斑連，嬰兒之態,令親有驩,君子嘉之,孝莫大焉""萊子父""萊子母"。前石室第七石"老萊子""萊子父母")。

6 明尼阿波利斯藝術博物館藏北魏石棺("老萊子年受百歲哭□")。

8 盧芹齋舊藏北魏石床("老萊子父母在堂")。

9 納爾遜-阿特金斯藝術博物館藏北齊石床。

10 鄧州彩色畫像磚("老萊子")。

15 浙江海寧長安鎮畫像石。

【注】

1. 老萊之是春秋戰國時代的楚國人。與中國現存資料作"老萊"或者"老萊子"不同,兩《孝子傳》皆爲"老萊之"。《史記·老莊申韓列傳》記載老子姓李氏、名耳,是周的守藏室之吏等,又寫道"或曰,老萊子亦楚人也。著書十五篇,言道家之用,與孔子同時云",暗示一說老萊子有可能就是老子,與孔子是同時代人。此外,《漢書·藝文志》著録"老萊子十六篇"。雖然《孝子傳》強調的是老萊之作爲孝子的一面,但《史記正義》所引的《列仙傳》中有"老萊子,楚人,當時世亂,逃世耕於蒙山之陽",將他描述成隱逸之人。現存《列女傳·楚老萊妻》記載,老萊被楚王請求擔當國政,他答應之後,又被妻子極力勸說,遂放棄做官,選擇隱遁,在世人的贊揚中度過了平穩的一生。只是,東漢趙歧在《孟子·萬章》"大孝終身慕父母"一句之後寫道:"昔老萊子七十而慕,衣五綵之衣爲嬰兒,匍匐於父母前也。"説明到了東漢時代,《孝子傳》中描述的老萊之形象就已經固定下來了。

2. 與兩《孝子傳》將老萊之的年齡記作"九十"不同的是,其他中國文獻記作"七十",大江匡房的願文也作"昔老萊之七十餘也,斑衣之戲未罷"。

3. 描述老萊之扮作嬰兒的文獻有很多,師覺授《孝子傳》作"爲嬰兒啼",《初學記》所引逸名《孝子傳》作"爲嬰兒戲",敦煌本《勵忠節鈔》作"乃作嬰兒",等等。陽明本的"作嬰兒"與敦煌本《勵忠節鈔》接近,船橋本的"聲如嬰兒"與師覺授《孝子傳》接近。

4. 自家,自己、自身之義。

5. 斑蘭,也作斑闌、斑斕,指色彩燦爛絢麗的樣子。《後漢書·南蠻傳》有"衣裳斑蘭,語言侏離"。諸多資料都言及老萊之的衣服,作"斑蘭"的有師覺授《孝子傳》("常著斑蘭之衣")、《太平御覽》所引《孝子傳》("常服斑襴衣"),此外,還有五彩、五色等記載,如"衣五彩之服"(敦煌本《事森》)、"身著五色綵衣"(敦煌本《勵忠節鈔》)、"著五綵褊襴衣"(《初學記》所引《孝子傳》)、"著五色采衣"(《藝文類聚》所引《列女傳》)等。關於老萊之的衣服,根據梁音《二十四孝的孝——以老萊子孝行故事爲例》(《日本中國學會報》54,2002年),從武氏祠畫像石描繪的老萊子的衣服、榜題中"衣服斑連"的描述以及陽明本引用《禮記》"父母存,冠衣不純素"等判斷,老萊子穿的原本應當是"深衣"(上衣和下裳相連在一起的衣裝,是古代上層階級的常服,也是平民的禮服),"斑"表示深衣的純(衣服的邊緣),絕對不用爲父母服喪時用的素(白),而是用有色彩的材料。《鏡中釋靈實集》云"老萊事親,衣斑而去素",則印證了這一觀點。前出所有資料中關於老萊之的衣服有各種描述,是由於六朝以後,理解老萊之的原本服裝越來越難,所以出現了"多種顏色的衣服"這種說法。

6. 竹馬,是兒童騎著玩的、一端有馬頭模型的竹竿。坐下,指跨上竹竿。兩《孝子傳》提到了竹馬,但其他中國資料中關於老萊之故事的叙述並未出現"竹馬",而是有若干對於玩鳥的記載,如"或弄烏鳥於其親側"(敦煌本《勵忠節鈔》)、"弄雛鳥於親側"(《初學記》所引《孝子傳》)、"或弄烏鳥於親側"(《藝文類聚》所引《列女傳》)。另外,明尼阿波利斯藝術博物館藏北魏石棺的老萊之圖所描繪的也是在父母面前玩一隻玩具鳥。

7. 漿,比較濃的液體。指粟米等熬出的湯汁,相當於現在的米湯。《後宮職員令·水司》中有"尚水一人,掌進漿水雜粥之事",《令集解》同一條有"古記云,漿水,以粟米飯漬水汁,名爲漿也"。關於去堂上給父母送湯、裝作摔倒的描述,也是指模仿幼兒的動作,類似的描述有師覺授《孝子傳》中的"爲親取飲,上堂腳跌"、《藝文類聚》所引《列女傳》中的"嘗取漿上堂,跌僕"。

8. 關於跌倒後像幼童一樣哭泣,其描寫見於多種資料,如師覺授《孝子傳》有"僵僕爲嬰兒之啼"、《藝文類聚》所引《列女傳》有"因卧地爲小兒啼"、敦煌本《事森》有"腳跌僕地,作嬰兒之啼"、敦煌本《勵忠節鈔》有"徘徊卧地上,爲小兒啼聲"等。

9. 師覺授《孝子傳》:"孔子曰,父母老,常言不稱老,爲其傷老也。"《禮記·曲禮上》:"夫爲人子者,出必告,反必面……恒言不稱老。""爲人子者,父母存,冠衣不純素。"陽明本大概是綜合了兩者的説法。關於"不稱老",孔穎達疏云:"老是尊稱,若其稱老,乃是已自尊大,非是孝子卑退之情。"也就是説,在父母面前稱自己"老"是不孝的行爲,因此即使到了高齡,在父母面前仍然模仿幼兒的老萊之是至孝之人,符合《禮記》的記述。

10. 純素,指冠或衣的邊緣用没有顔色的白絹絲(素)織成。純素的衣冠只有父母去世了的遺孤才穿,父母在世的人不能用。可參考注5。

11. 贊的押韻是親、懃、身、仁,懃是上平聲文韻,其他是上平聲真韻。

12. 奉事,指侍候、侍奉。

13. 日夜陪伴在父母身旁,觀察父母的狀態是否安好。已見於"3 邢渠"。

14. 高道,指崇高的道德。

14　宋勝之

【陽明本】

宋①勝之¹者南陽²人也。少孤,十五年,並喪父母。少有禮儀。每見老者擔負,便爲之³。常獵得禽獸,完⁴分與鄉親⁵。如此非一。貧依婦居⁶。乃通明五經②⁷。鄉人稱其孝,感共記之⁸也。

【譯文】

宋勝之是南陽人。年少便成了孤兒,十五歲時父母雙亡。雖然年少但是已懂禮儀。每當見到老人挑著擔子,總是接過來替老人挑。獵到禽、獸時也把肉分給同鄉的人。這樣的事情他經常做。家裏貧窮,生活主要依賴妻子。通曉五經。村人稱贊他的孝行,都非常感動并記住了他。

【船橋本】

宋勝之③者南陽人也。年十五,時父母共沒,孤露⁹無婦。悲戀父母,片時¹⁰無已。爾乃見老者則禮敬宛如父母。隨堪力¹¹則有供養¹²之情。鄉人見之,無不嘆惜也。

【譯文】

宋勝之是南陽人。十五歲時父母雙亡,只剩他一人,也沒有娶妻。他的悲傷和對父母的思念一刻也沒有停止過。因此每當見到老人,都像對父母一樣尊敬,想要傾盡自己之力照顧老人。村人看到後,沒有不感動的。

【校勘】

① "宋",底本作"宗",據船橋本改。

② "經",底本作"注",并有刪除標記。左旁注"經歟",據此改。

③ "之",底本無。據陽明本補。

文獻資料

皇甫謐《高士傳》(《太平御覽》卷五〇八)。

【注】

1. 據《高士傳》,字即子,漢元始三年(3)卒於太原。

2. 今河南南陽。《高士傳》作"南陽安衆人也"。

3. 《高士傳》作"勝之每行見擔負,輒以身代之",更加明白易懂。

4. 肉。參考"11 蔡順"注 9。

5. 同鄉的人。

6. 依靠妻子生活。《高士傳》作"姐姐"。此外,船橋本作"無婦"。

7. 《易》《書》《詩》《禮》《春秋》這五種經書。《高士傳》中說的是《易》。

8. 記住。

9. 孤獨一人,無人庇護。

10. 《名義抄》注爲"シバラク"("短暫"之義)。南朝陳江總《閨怨篇》(《全陳詩》卷三)中有"願君關山及早度,念妾桃李片時妍"的用例。

11. 傾盡自己之力的意思。

12. 參考"1 舜"注 4。

15　陳寔[1]

【陽明本】

陳寔至孝。養父母,其①年八十[2]。乃葬送之,海内奔赴三千人,議郎蔡邕②[3] 製碑文[4]也。

【譯文】

陳寔是至孝之人。贍養父母,直到父母八十歲去世。因而,舉行葬禮時,有三千人從全國各地趕來,議郎蔡邕爲其製作了碑文。

【船橋本】

陳寔者至孝,孝養蒸蒸。父母各八十,亦共命終③。海内哀之[5],三千之人,各争立碑,顯孝之美。與代不朽也。

【譯文】

陳寔是至孝之人,他勤勤恳恳盡孝,父母都活到了八十歲,均天壽而終。天下之人因其去世而悲傷,三千人争著立碑,贊揚孝的美德。其美德與時代一同延續,永不磨滅。

【校勘】

① "其",底本作"某"。據文義改。
② "邕",底本作"邑"。據文義改。
③ "終",底本有描寫訂正的痕迹。

> 文獻資料

《後漢書》卷六二《陳寔傳》，《蒙求》420 注。

《金玉要集》卷三。

【注】

1.《後漢書》將陳寔視作賢能官吏的代表，但沒有記載他作爲孝子的事迹，關於陳寔去世時的情況，其云："中平四年(187)，年八十四卒於家。何進遣使弔祭。海内赴者三萬餘人，制衰麻者以百數。共刊石立碑。謚爲文範先生。"《蒙求》也沿襲了這一内容。本故事看起來是在上述傳記的基礎上賦予了陳寔孝子的一面，但行文過於簡潔，文意略微有些不夠明確。所以，西野貞治氏認爲："參考《後漢書·陳寔傳》及蔡邕《文範先生陳仲弓銘》《陳太丘碑》(《蔡中郎文集》卷二)等可以發現，《孝子傳》的記述似乎將陳寔的葬禮與其父母的混同了，這種疏漏應該是起因於選擇性讀書。"(《關於陽明本孝子傳的特徵及其與清家本的關係》)關於這一點，請參考注2。

2. 如果理解爲父母的年齡，可以認爲由於陳寔的孝養，父母才有八十歲的長壽。但也不是不能理解爲陳寔的年齡，這樣就是陳寔一直到去世前都在向父母盡孝的意思。接下來的"葬送"，據《後漢書》等，是葬送陳寔，但是從此處行文來看，也可以理解爲陳寔葬送父母。注1中西野氏的觀點是對這些不明確之處的一種解釋。只是，如果將"其年八十"理解爲陳寔的年齡，那麼其父母的年齡就更大了，而且，現存文獻中未見有將葬送陳寔和陳寔葬送父母相混淆的記載，因此將"八十"理解爲其父母的年齡應當更爲穩妥。另外，船橋本明確指出八十是父母的年齡，這可能是對陽明本中不明確之處的修正。

3. 蔡邕(133—192)，字伯喈，東漢文人。出生於河南陳留。歷任郎中、議郎，校勘經書，並參與書寫著名的《熹平石經》。東漢末年，被董卓强召出仕。董死後，蔡邕死於獄中。他因孝養母親而知名。議郎是掌管顧問應對的職務,蔡邕被任命爲議郎,見於《後漢書》卷六〇下本傳建寧三年(170)條。

4. 蔡邕爲陳寔撰寫的碑文收錄在《文選》卷五八(《陳太丘碑文》),此外,《蔡中郎文集》中可見另一文。這些文獻均記載陳寔享年八十三歲,比《後漢書》可信度更高。《三教指歸》成安注上末尾有有注云:"采伯喈之法制造八分。是時,陳寔稱碑,蔡邕爲文,鍾繇書之。號爲三絶。"

5. 意爲天下人悼念陳寔之死。

16 陽威

【陽明本】

陽威[1]者,會稽[2]人也。少喪父[3],共母入山采薪[4]。忽爲虎所迫,遂抱母而啼。虎即去。孝者其心也[5]。

【譯文】

陽威是會稽人。幼而喪父,與母親一起到山中砍柴爲生。一次老虎突然逼到近前,陽威抱母親而泣,老虎立刻就離開了。陽威的孝心感動了老虎。

【船橋本】

楊威者,會稽人也。少年父没,與母共居。於時入山采薪,忽爾[6]逢虎。威跪虎前泣啼云:"我有老母,亦無養子。只以我獨怙仰衣食。若無我者,必致餓死[7]。"時虎閉目低頭,棄而却去也。

【譯文】

楊威是會稽人。很小的時候父親就去世了,和母親一起生活。一次進山砍柴,忽然遇到了老虎。楊威跪在老虎的面前,哭著說:"我的母親已經年老了,在我之外没有人扶養她。母親的衣食只能依靠我一個人。如果我不在了,母親一定會餓死的。"這時,老虎閉上眼睛,低下頭,放棄楊威而離開了。

文獻資料

《水經注》卷四〇漸江水注。

金澤文庫本《孝子傳》,《普通唱導集》下末(以上爲陽明本系),《注好選》上60、《今昔物語集》卷九5、《內外因緣集》（以上爲船橋本系）、《童子教》、《童子教並抄》、《童子教諺解》末、《十王贊嘆抄》。

此外，二十四孝系的楊香故事（《詩選》12［草子11］、《日記故事》14、《孝行錄》24）與本故事非常相似。但是，與本故事描寫兒子保護母親不同，楊香傳說的是女兒（楊香）保護父親的故事（可見於逸名《孝子傳》［《太平御覽》卷八九二所引，茆泮林《古孝子傳》所收］以及《異苑》卷一〇［也見於《太平御覽》卷四一五等］、《日記故事》卷三、《三綱行實》卷一、東大本《孝行傳》等），必須承認，這是考慮二十四孝與《孝子傳》的關係，特別是研究二十四孝如何成立時非常值得關注的例子。另外，本故事與"26孟仁""27王祥"一樣，被視作《宇津保物語》卷一《俊蔭卷》仲忠孝養故事的藍本（今野達《關於兩種參與了古代・中世文學形成的古孝子傳——〈今昔物語集〉以下諸書所收中國孝養故事典故考》，《國語國文》27－7，1958年），同時需要關注的是二十四孝系的剡子故事（《詩選》18［草子17］、《日記故事》7、《孝行錄》23。關於剡子故事，參考坪井直子《睒子探源——爲了二十四孝成立史》［《愛知縣立大學大學院國際文化研究科論集》1，2000年］、《睒子序說》［《愛知縣立大學大學院國際文化研究科論集》2，2001年］、《二十四孝成立論——圍繞睒子》［《京都語文》7，2001年］），以及敦煌本《妙法蓮華經講經文》（所謂法華經變文）等也被認爲是仲忠孝養故事的藍本之一（林實《〈宇津保物語〉的超自然》，《國文學考》3－1，1937年；笹淵友一《〈宇津保物語・俊蔭卷〉與佛教》，《比較文化》4，1958年）。論述《宇津保物語》與《孝子傳》關係的有：笹淵友一《〈宇津保物語〉作者的思想》（《國語國文》6－4，1936年），阿部惠子《關於仲忠孝養故事——其出典以及在〈俊蔭卷〉構想上的位置》（《實踐國文學》3，1973年），山本登朗《父母與子女——〈宇津保物語〉的方法》（《森重先生喜壽紀念：語言與言語》，和泉書院，1999年）等。

圖像資料

管見所及,未見有關陽威的圖像。二十四孝系的楊香圖,可見於河南林縣城關宋墓、遼寧遼陽金廠遼畫像石墓等多處。

【注】

1. 《水經注》、船橋本作"楊威"。本故事在《水經注》中記載爲:"威少失父,事母至孝。常與母入山采薪。爲虎所逼,自計不能禦。於是抱母,且號且行。虎見其情,遂弭耳而去。自非誠貫精微,孰能理感於英獸矣。"

2. 會稽,今浙江紹興。《水經注》:"(上虞)縣東北上,亦有孝子楊威母墓。"上虞縣今屬浙江。

3. "十歲而失父。"(《內外因緣集》)

4. 船橋本講的是陽威一個人進了山,因此也是他一個人遇到老虎,並且,因需要扶養母親最終虎口脫險。與陽明本相比,船橋本與《水經注》的差別更大。

5. "逃離虎難之事,只因孝養之心深厚而得天助也。"(《今昔物語集》)

6. 忽爾,忽然的意思。

7. "汝害吾者,母子二人忽可成害。更非惜吾命云云。"(《內外因緣集》)"(陽威)說道:'現在我若被你吃掉,我的母親怎麼辦呢?'"(《童子教諺解》)

17 曹娥[1]

【陽明本】

孝女曹娥會稽[2]人也,其父盱①能弦歌,爲巫婆[3]神[4]溺死,不得父尸骸。娥年十四[5],乃緣江[6]號泣,哭聲晝夜不絕,旬有七日[7]。遂解衣投水呪曰:"若值父尸骸,衣当沉。"衣即便沉,娥即赴水而死,縣[8]②令聞之,爲娥立碑[9],顯其孝名也。

【譯文】

孝女曹娥是會稽人,她的父親盱是彈弦唱歌的名家,因爲巫婆召喚出的神而溺死,(曹娥)找不到父親的屍體。曹娥當時十四歲,在江邊號哭,哭聲晝夜不斷,延續了十七天。最終她解衣投入水中並禱祝:"假使父親的屍體在此,(這件)衣服就一定下沉。"衣服果然立刻下沉,於是曹娥投水而死。縣令聽說後,爲曹娥立碑,以傳揚她的孝名。

【船橋本】

孝女曹娥者會稽人也。其父盱③能事弦歌。於時所引巫婆,乘艇浮江,船覆没江。曹娥時年十四,臨江匍匐[10],匍匐泣哭七日七夜,不斷其聲。至其七日,脱衣呪曰:"若值父尸骸,衣當沉④。"爲衣即沉⑤,娥投身江中也。女人悲父,不惜身命[11]。縣令⑥聞之,爲⑦娥立碑,表其孝也。

【譯文】

孝女曹娥是會稽人。她的父親盱善於彈弦歌唱。一天,曹娥的父親受巫婆邀請乘船浮於江上,船翻沉入江中。曹娥當時十四歲，匍匐於江邊號哭了七天七夜，哭聲沒有中斷過。到了第七天，她脫下衣服禱祝："假使父親的屍骸在此，衣服一定下沉。"因爲衣服立刻下沉了，於是曹娥投身江中。女兒因思父悲傷，不惜自己的生命。縣令聽説了此事，爲曹娥立碑，以表彰其孝行。

【校勘】

① ③ "盱"，底本作"肝"，據《會稽典録》改。
② "縣"，底本作"懸"，有訂正符號，據左旁書改。
④ "沉"，底本作"沉之"，"之"爲衍字，刪除。
⑤ "沉"，底本作"沉者"，"者"爲衍字，刪除。
⑥ "縣令"，底本作"懸命"，據陽明本改。
⑦ "爲"，底本作"俄"，據陽明本改。

文獻資料

虞預《會稽典録》(《三國志》卷五七《吴書十二・虞翻傳》注，《藝文類聚》卷四，《世説新語》卷一一劉孝標注，《太平御覽》卷三一、卷四一五，《後漢書》卷八四李賢注)，《後漢書》卷八四，《水經注》卷四〇漸江水注，項原《列女後傳》(《後漢書》李賢補注)，劉義慶《幽明録》(《藝文類聚》卷八七)，夏侯曾先《會稽記》(《太平御覽》卷九七八)，《異苑》卷一〇(《白氏六帖》卷一)，《琱玉集》卷一二，《白氏六帖》卷八，敦煌本《類林》，《類林雜説》卷七，《日記故事》卷三。二十四孝系(《孝行録》14)。

《東大寺諷誦文稿》88行，《注好選》上61，《今昔物語集》卷九7，《言泉集・亡父帖》，《普通唱導集》下末，《内外因緣集》，《孝行録》37，《金玉要集》卷二，《類雜集》卷五36(《廿四孝録》)，《源平盛衰記》卷一九(作曹公)，《太平記》卷三四，《壒囊鈔》卷一一8(《塵添壒囊鈔》卷一六8)。

研究本故事的論文有：柳瀨喜代志《曹娥没水獲翁故事與求屍故事》(《日中古典文學論考》，汲古書院，1999年。初版於1981年)，下見隆雄

《關於曹娥的傳記故事》(《中國研究集刊》25,1999年)。柳瀨氏的論文很好地網羅了先行研究和有關資料。關於曹娥碑的論考有:福本雅一《圍繞孝女曹娥碑》(《學林》28、29合併號,1998年),阪田新《曹娥碑(上)》(《愛知縣立大學文學部論集》29,1980年)等。關於曹娥碑正文及其注釋,福本雅一編《中國碑帖選譯注》上(玉林堂,1984年)記錄的非常詳細。

[圖像資料]

曹娥故事是一個毀傷自己身體的故事。或許因爲這一點與漢魏時期的孝觀念不合,管見所及,未見漢魏時期的圖像。作爲二十四孝圖之一的曹娥圖,自洛陽出土北宋畫像石棺("曹娥")、錦西大卧鋪遼金時代畫像石墓以下,多有所見。

【注】

1. 本故事中有與"29 叔先雄"相類似的內容,其特殊之處在於即使犧牲自己的生命也要保存親人的屍骸以完成孝道。有研究指出,這一點與通常的孝觀念有所不同(參考"文獻資料"欄目所記柳瀨氏論文)。最初的故事形態大概就像《會稽典録》(《世說新語》劉孝標注)所記載的"孝女曹娥者,上虞人。父盱,能撫節按歌,婆娑樂神。漢安二年,迎伍君神,泝濤而上,爲水所淹,不得其屍。娥年十四,號慕思盱,乃投瓜於江,存其父屍曰:'父在此,瓜當沉。'旬有七日,瓜偶沉,遂自投於江而死。縣長度尚,悲憐其義,爲之改葬,命其弟子邯鄲子禮,爲之作碑",或者如《後漢書》所記載:"孝女曹娥者,會稽上虞人也。父盱,能弦歌,爲巫祝。漢安二年五月五日,於縣江泝濤婆娑迎神,溺死,不得屍骸。娥年十四,乃沿江號哭,晝夜不絕聲,旬有七日,遂投江而死。至元嘉元年,縣長度尚改葬娥於江南道傍,爲立碑焉。"曹娥故事既有如兩《孝子傳》所記,投"衣"尋找水底屍骸之說,也有《會稽典録》中的投"瓜"之說,但都以曹娥投江結束。另外,因爲哀傷和思念而投江與孝的觀念相去甚遠,得到屍骸並厚葬祭奠才是孝行，所以也有像《會稽記》或《幽明錄》那樣，在以瓜求屍之處就結束故事的。

2. 會稽，參考"16 陽威"注 2。在兩《孝子傳》中出現中國南方地名的例子比較少。

3. 陽明本作"爲巫婆神溺死"（《言泉集》同），可解釋爲因爲巫婆（或意爲年老的巫女）召喚出的神而溺死（船橋本也記作受巫婆所引而乘船，翻船而身死）。若依據《後漢書》及《會稽典錄》，在"巫"後補"祝於縣江泝濤"六字，再在"婆"後補上"娑迎"二字，將正文改爲"爲巫祝於縣江泝濤，婆娑迎神，溺死"的話，可以理解爲父親盱作爲巫祝，爲了迎接水神，在逆江而上時溺水而死。《會稽典錄》的"迎伍君神，泝濤而上"，是江南舉行的一種在江河里衝浪的活動，有學者認爲或許是"弄潮"習俗的原型（稻畑耕一郎《"嫁與弄潮兒"與"休嫁弄潮兒"——關於弄潮詩與其民俗起源》，《中國詩文論叢》1，1982 年）。這裏的"伍君神"，指的是因爲讒言被吳王夫差所殺、屍體被投入江中的伍子胥。民間有伍子胥的怨靈驅使水形成大浪的傳說，因此伍君神被認爲是潮神，這樣才有了端午時祭奠潮神的習俗。乘濤迎接伍君神，可能是指以歌舞鎮壓水浪的巫祝行爲。

4. 如前注所云，底本所取之意爲老巫婆召喚水神。《後漢書》"婆娑迎神"的"婆娑"指舞動的樣子、衣服飄動的樣子。《毛詩·陳風·東門之枌》云："東門之枌，宛丘之栩，子仲之子，婆娑其下。"《毛詩傳》："婆娑，舞也。"守屋美都雄《校注荊楚歲時記》（帝國書院，1950 年。後收錄於東洋文庫［守屋美都雄校注，布目潮渢、中村裕一補訂《荊楚歲時記》，平凡社，1978 年］）介紹了關於江南在五月五日行巫祝之舞的各種研究及觀點。

5. 二十四孝系的《孝行錄》等文獻中也有將曹娥的年齡記作二十四歲的。

6. 因爲這個故事而聞名的曹娥江，是一条流入浙江杭州灣的河流。會稽今屬紹興，上虞在其東，位於曹娥江河口，上虞南郊今天仍保留有"曹娥"的地名。

7. 多數文獻與《後漢書》一樣作"旬有七日",但也有像船橋本那樣作"七日七夜"的,如敦煌本《類林》、《類林雜説》等。由此看來,存在著兩個傳承脈絡。

8. 縣令,有縣人、鄉人、吏民等異文。

9. 據《後漢書》李賢注所引《會稽典錄》,上虞太守度尚最初讓魏朗作碑文,弟子邯鄲淳恰好也在,讓其嘗試後,邯鄲淳馬上執筆寫出了碑文,魏朗就廢棄了自己作的碑文。碑文,《後漢書》作順帝漢安二年(143),《類林》作桓帝元嘉二年(152。《後漢書》提到了元嘉元年改葬一事),《孝行錄》作獻帝建安二年(197)。《古文苑》卷一九所收《孝女曹娥碑》是小楷碑文,相傳是魏時邯鄲淳撰文、王羲之所書(一説是宋人的贗作)。因《世説新語·捷悟》及《蒙求》219"楊脩捷對"而聞名的蔡邕"黃娟幼婦外孫齏臼"字謎(黃絹,色絲,即絕;幼婦,少女,即妙;外孫,女子,即好;齏臼,受辛,即辭。這八個字是"絕妙好辭"的析字隱語)亦載入曹娥碑,使之名聲大噪。其碑文有:"時娥年十四,號慕思盱,哀吟澤畔,旬有七日,遂自投江死,經五日,抱父屍出。"講到曹娥投江五日後,又抱著父親的屍體浮出河面。

10. 匍匐,這裏是因爲極度悲傷而跌倒在地的意思。《禮記·問喪》:"孝子親死,悲哀志懣,故匍匐而哭之。"鄭玄注:"匍匐,猶顛蹶。"

11. "不惜身命",見於《法華經·譬喻品》《勸持品》。

18　毛義

【陽明本】

毛義¹者至孝也。家貧。郡舉孝廉²,便大①歡喜。鄉人聞之³,感曰:"毛義平生立行⁴,以不受天子之位⁵。今舉孝廉,仍大歡悦。如此不足重也。"及至母亡⁶,州郡⁷以公車⁸迎之。義曰:"我昔應孝廉之命,只爲家貧無可供養母⁹。母命既亡,復更仕?"於是鄉人感稱其孝也。

【譯文】

毛義是至孝之人。家裏很窮。郡守推舉他爲孝廉,毛義非常高興。同鄉的人聽説了這件事,感慨地説:"從毛義平常的行爲來看,即使授予他天子之位應該也不會接受,非常高尚純潔。可是,現在被推舉爲孝廉,却因此非常高興。這種人不值得看重。"母親去世後,州郡派公車來接毛義。毛義説:"我以前接受被推舉爲孝廉,是因爲家裏貧窮,奉養不了母親。現在,母親已經亡故,我怎麽會再去爲官呢?"於是,同鄉的人都很感動,并贊賞他的孝心。

【船橋本】

毛義②者至孝。貧家慕欲孝廉,不欲世榮¹⁰。爰鄉人聞云:"毛義貧而不受天子之位¹¹。孝廉之聲,不足爲重③。"母没之後,州縣迎車。於時義曰:"我昔欣孝廉之名,如今載公家車?"遂不乘也。

【譯文】

毛義是至孝之人。他家裏貧窮,想要被推舉爲孝廉,但並不想要世間的榮譽。於是同鄉的人聽了之後説道:"毛義是個雖然貧窮但連天子之位也不會接受的人物。被推舉爲孝廉的名聲,一定不足爲重。"母親去世後,州縣派車來迎接。這時,毛義説:"雖然我以前希望得到孝廉之名,但是,現在母親已經過世的,我怎麼還能乘坐公車呢?"最後也沒有乘車。

【校勘】

① "大",底本作"人大","人"爲衍字,删除。

② 底本"毛義"上部有朱筆批注"漢人",右旁有注云:"後漢列傳廿九載之。但目録不載。"

③ "重"字左邊標有"進"字。

【文獻資料】

《東觀漢記》卷一八(《李嶠百二十詠注》橄[有現行《東觀漢記》未見的記述])。《蒙求》57 古注,《後漢書》卷三九,《白氏六帖》卷八,《書言故事》卷一,《日記故事》卷二。

《合璧集》上 34,《類雜集》卷五 22。

【注】

1. 關於毛義,《東觀漢記》中有"廬江毛義"、《後漢書》中有"中興廬江毛義",《後漢書》所説的中興多指光武帝時代,據此,毛義應當是光武帝時期的廬江(今屬安徽)人。

2. 孝廉是始於漢代的官吏察舉制度,將因爲孝行、清廉等特別優秀的德行而被民間認可的人推薦爲郎。東漢制度,郡太守可以根據轄區内人口數向中央推舉孝廉,這導致了一些弊端,比如有些人爲當官而刻意宣揚自己的德行等。魏以後有了九品官人法,即分九個等級選拔官吏的制度,它成爲了選任官員的主要途徑,但同時舉孝廉之法也延續實施(參考宫崎市定《九品官人法研究》[中公文庫])。《東觀漢記》記載毛義"少時家貧,以孝行稱,爲安陽尉……府檄到當守令"。毛義家貧,因孝行被稱贊,當上了安陽(今河南安陽,離廬江比較近)尉(掌管軍事、刑罰的官)。另外,龜田鵬齋校閲的《舊注蒙求》云"座定府檄適至,以爲義安陽令",也説毛義被任命爲安陽令(或許也是依據《東觀漢記》)。《百二十詠注》《古注蒙求》所引的《東觀漢記》以及《後漢書》中没有"爲安陽尉"的記載,但是其他記述以及注3提到的關於南陽張奉的記載之後,都有關於毛義接到官府的任命檄文(寫有徵召通知的木簡,即任命通知)之後非常高興的記載。《百詠》《蒙求》等文獻中的毛義故事因提到檄文而被關注。雖然毛義因爲孝而被招募爲官的情節大致是相同的,但《東觀漢記》與《後漢書》關注的是府檄的到來以及被任命爲安陽令,而兩《孝子傳》提到了"孝廉"與"公車"(船橋本作"公家車"。參考注8),可見二者在記述毛義故事時態度上的差別。

3. 兩《孝子傳》描述了同鄉敬慕毛義平素的德行和人品,但對其被舉薦爲孝廉時歡喜的態度和積極接受的作爲感到失望,《東觀漢記》等則記載爲"南陽張奉,慕其名往候之。坐定而府檄適至,以義守令。義捧檄而入,喜動顔色,張奉薄之"(《百二十詠注》所引《東觀漢記》),讓張奉這一具體人物登場,描述了這個人物本來敬慕毛義,但是因爲毛義捧著府檄非常高興的樣子而鄙視他的情節。

4. 立行,行爲、舉動的意思。

5. 即使授予天子之位也不會接受的意思。

6. 《東觀漢記》中只有"義母亡遂不仕",《後漢書》記載有"後舉賢良,公車征,遂不至"。不同於孝廉由郡定期推舉,賢良由州臨時招募。

7. 船橋本中"州郡"作"州縣",參考"7魏陽"注8。

8. 公車,公家的車輛。也是位於宫殿司馬門、負責接待各地前來上書或受天子徵召而來的人的官署的名稱,這是因爲司馬門是這些上書之人和他們乘坐的公車的聚集之地。關於這一點,雖然《後漢書》中有"後舉賢良,公車徵,遂不至"之語,似乎可以從官署之公車的意義上理解爲天子的徵召,但是陽明本中的公車應當還是用作本義,指"公家的車輛"。船橋本中換成了"公家車",有"州縣迎車"之説。

9. 以下,《孝子傳》中以毛義自己的回應説明了接受孝廉是爲孝養母親不得已而爲之,而《東觀漢記》則是用一度鄙視他的張奉之語"居禄者爲親"來説明的。《後漢書》中有張奉所言"賢者固不可測,往日之喜,乃爲親屈也。斯蓋所謂家貧親老,不擇官而仕者也",進一步作了解釋,"所謂"之後的言辞(《韓詩外傳》卷一作爲曾子之語引用,《孔子家語·致思篇》作爲子路之語引用)很好地表達了《孝子傳》中毛義孝行故事的主題。

10. 此句以下的意思有些難理解,參考陽明本的正文,可理解爲想要成爲孝廉但不期待世俗的榮譽。另外,船橋本也沒有陽明本記載的被郡守推舉爲孝廉而非常高興的情節,船橋本可能是當作母親活著時沒有被選爲孝廉來處理了,那麼,在故事情節上就與陽明本有所不同(故事就變成了母親活著時想當孝廉但沒有實現,母親死後州縣來迎也就沒有意義,所以拒絶了)。

11. 意思或爲:毛義雖然貧窮,但是,即使給予其天子之位,他也不會接受。然而今日却爲孝廉之名這種不足爲重之事……。如果取"重"字旁邊標注的"進"字之意,文意則爲:(就他的人品)即使有孝廉的名氣,也達不到被推薦到郡的程度。

19 歐尚

【陽明本】

歐尚[1]者至孝也。父没,居喪在廬[2],鄉人逐①虎。虎急,投尚廬内。尚以衣覆之。鄉人執戟,欲入廬。尚曰:"虎是惡獸,當共除剪。尚[3]實不見,君可他尋。"虎後得出,日夕將死鹿來報[4]。因此乃得大富也[5]。

【譯文】

歐尚是至孝之人。父親去世後他居住在茅廬服喪,村人追趕老虎。老虎被迫逃入了歐尚的茅廬。歐尚用衣服將其遮蓋。村人手中拿著戟想要進到茅廬裏,歐尚説:"老虎是惡獸,應當共同鏟除。(但是)我真的沒有看見,你去别處找找吧。"老虎後來得以從(茅廬)出來,黃昏時送來死鹿報恩。因此,(歐尚)變得非常富有。

【船橋本】

歐尚者至孝。父没居喪。於時,鄉人逐虎。虎迫走,入尚廬。尚以衣覆虎。鄉人以戟欲突。尚曰:"虎是惡獸,尚當共可殺,豈敢匿哉?不見不來。"確争不出。鄉人皆退。日暮出虎。爰虎知其恩,恒送死鹿。遂得大富也。

【譯文】

歐尚是至孝之人。父親去世後他在家服喪,恰好此時村人追趕老虎。老虎逃竄之際,闖入了歐尚的茅廬。歐尚用衣服將老虎覆蓋。村人要用戟刺衣服。歐尚説:"老虎是惡獸。我應當和你們一起鏟除,怎會隱藏呢?沒有看見,老虎沒有來呀。"他堅持説沒有見到老虎,也沒有交出(老虎)。村人都回去了。到了傍晚,歐尚放出了老虎。老虎感念他的恩情,經常送來死鹿。於是,(歐尚)變得非常富有。

【校勘】

① 逐,底本原作"遂",旁加圈,并在欄尾訂正爲"逐",從之。

文獻資料

王孚《安成記》(《太平御覽》卷八九2),敦煌本《語對》卷二○11。金澤文庫本《孝子傳》,《今昔物語集》卷九8。

【注】

1. 關於歐尚,不詳。《安成記》作"區寶",東漢平都(今江西安福)人。《語對》作"區尚"。《安成記》是劉宋時期王孚的作品。王孚與沈邵(407—449)有過交集,據此可以推測出此故事成立的大致時期。

2. 廬,爲了服喪臨時在墓旁搭建的小屋。

3. 稱呼自己的名字,有自謙之義,指"我"。船橋本同。

4. 獲救的老虎送死鹿報恩的情節亦見於"11 蔡順"。另,《安成記》不作"鹿",而作"禽獸"。

5.《安成記》中,歐尚用老虎送來的禽獸祭奠了父親,是一個首尾呼應的孝子故事。《語對》與兩《孝子傳》一樣,情節與《安成記》的記載不同,收錄於"報恩"部。

20　仲由

【陽明本】

衛[1]國仲由[2]，字子路。爲姊著服[3]，數三年[4]。孔子問曰："何不除[5]之？"對曰："吾寡①兄弟，不忍除也。"孔子曰："先王制禮，日月有限[6]。期可已矣。"因即除之也。

【譯文】

衛國的仲由，字子路。他爲姐姐穿喪服已經三年。孔子問道："爲什麼不脫掉喪服呢？"子路回答說："我的兄弟姊妹少，所以捨不得脫下。"孔子說："先王制定了禮法，限制了服喪的日月，期限到了就可以結束了。"因此，子路才脫了喪服。

【船橋本】

仲由，字子路。姊亡著服三年。孔子問曰："何故不脫？"子路對曰："吾寡兄弟，不忍除也。"孔子曰："先王制禮，日月有限。從制可而已。"因則除之②。

【譯文】

仲由，字子路。姐姐去世後，子路著喪服三年。孔子問："爲什麼不脫掉喪服？"子路答道："我的兄弟姊妹少，所以捨不得脫下喪服。"孔子說："先王制定了禮法，（服喪的）的日月是有期限的。按照制度結束服喪爲好。"因此，子路才脫掉了喪服。

【校勘】

①"寡"，底本作"冥"，據船橋本改。

注解

② "之"下,底本有"母喪晝夜悲哭未嘗齒露菜蔬不食不布衣"十七字。應是混入了下一條"21 劉敬宣"的事迹,因而删去該十七字。

【文獻資料】

《禮記·檀弓上》,梁武帝《孝思賦》。

東大寺北林院本《言泉集·兄弟姐妹帖》,仁和寺本《釋門秘鑰》(均爲船橋本系)。

本故事似乎流傳不廣,作爲仲由的孝行故事,自己吃粗糧野菜却背米運往遠方,用挣來的工錢奉養父母的故事則廣爲流傳(《蒙求》58"子路負米"注,敦煌本《事森》,敦煌本《語對》卷二五 1,敦煌本《籯金》卷二 29,《類雜集》卷五 25,二十四孝系[《日記故事》5、《孝行録》27],《三綱行實》卷一等)。此外,《孝思賦》中所云"仲由念枯魚而永慕",或許是依據已經失傳的文獻。見於寶龜十年(779)書寫的《大般若經》卷一七六(唐招提寺藏)跋文的"已盡曾參之侍奉,極仲申之孝養",從對句中有同是孔門的曾參來看,其中的"仲申"應是"仲由"之誤。參考東野治之《那須國造碑與律令制——關於孝子故事的受容》(池田温編《律令制諸相》,東方書店,2002年)。

【注】

1. 衛,春秋战國時的諸侯國,範围大概在今河南淇縣。這一點與把仲由視作魯國卞人的文獻(《史記》卷六七《仲尼弟子列傳》等)有所不同。

2. 仲由(子路),著名的孔子弟子,孔門十哲之一。描繪其作爲孔子弟子的圖像可見於 1 東漢武氏祠畫像石、12 和林格爾東漢壁畫墓等,但未見其作爲孝子的圖像。

3. 服,服喪中穿的衣服,喪服。

4. 服喪期限以《儀禮·喪服》的規定爲基礎,可參考以《儀禮·喪服》爲基礎的《大唐開元禮》卷一三二《五服制度》。一般來講,爲兄弟服喪的期限是齊衰一年,三年是對父母的禮。另外,陽明本、船橋本在後面的劉敬宣故事、謝弘微故事中都有關於服喪的情節。關於喪服與孝的關係,參考木島史雄《六朝前期的孝與喪服》(小南一郎編《中國古代禮制研究》,京都大學人文科學研究所,1995年)。

5. 除,船橋本中也有同樣的表達,是"脱"的意思。

6. 服喪是有期限的。意思是應該結束服喪了。

21　劉敬宣

【陽明本】

劉①敬宣②1 年八歲，喪③母晝夜悲哭。賴是人士2 莫不異之也。

【譯文】

劉敬宣八歲時失去母親，他不分晝夜地悲痛號哭。所以，沒有人不認爲劉敬宣是個非同一般的孝子。

【船橋本】

劉敬宣者，年八歲而母喪，晝夜悲哭④。未嘗齒露3，菜蔬4 不飱。其⑤衣不布衣5 不服，荒薦6 居。

【譯文】

劉敬宣八歲時失去母親，晝夜悲痛號哭。絕不露齒而笑，連菜蔬也不吃，只穿粗布衣裳，一直坐草席。

【校勘】

① "劉"，底本作"劉"，據船橋本改。
② "宣"，底本作"寅"，據船橋本改。
③ "喪"，底本將原來的"區"字刪除，并在左側旁書"喪"字，據此改。
④ "母喪……布衣"，底本位於前條末尾。當是誤寫，移至此。
⑤ "其衣不布衣"，底本作"不布衣其衣"，據文義改。

> 文獻資料

《宋書》卷四七,《南史》卷一七。

《內外因緣集》(船橋本系)。

【注】

1. 劉敬宣是劉宋彭城(今江蘇徐州銅山)人。字萬壽,牢之之子,從小就表現出了孝行,《宋書》:"劉敬宣……八歲喪母,晝夜號泣,中表異之。"(亦見於《南史》)陽明本或是基於《宋書》。本書後文接著有三個南北朝劉宋時代的孝子故事。

2. 《宋書》中作"中表"(堂、表兄弟姐妹)。

3. 在《宋書》、陽明本中未見,或許是船橋本系的潤色。"未嘗齒露"是絕不笑的意思。《禮記·檀弓上》描寫高子皋有"未嘗露齒"(參考"24 高柴"注 3)。《內外因緣集》:"未齒露,服布衣,食菜蔬,每不安身,如居塗炭。"(塗炭,困苦的境遇。)

4. 菜蔬,服喪時的一种食物,可能是指菜食。通過連菜蔬也不吃這樣有些過度的服喪的表現來強調孝。參考"22 謝弘微"。

5. 布衣,簡陋的衣服。

6. 荒薦,草席。《舊唐書》卷一九〇下《元德秀傳》:"母亡,廬於墓所,食無鹽酪,籍無茵席。"

22 謝弘微

【陽明本】

謝弘微¹ 遭①兄² 喪,服³ 已除,猶蔬食⁴。有人⁵ 問之曰:"汝服已訖,今將⁶ 如此?"微答曰:"衣冠之變,禮不可踰。生心之哀,實未能已也⁷。"

【譯文】

謝弘微爲去世的哥哥服喪,雖然喪期已經結束,但依然堅持菜食。有人問他:"你服喪已經結束了,現在爲什麼還要這樣?"謝弘微回答説:"變換衣冠的顔色,是因爲不能逾越禮法的規矩。可是心中的悲哀,還尚未真正消除。"

【船橋本】

謝弘微者,遭兄喪,除服已,猶食菜蔬。有人問云:"汝除服已,何食菜蔬?"微答曰:"衣冠之變②,禮不可踰。骨肉之哀,猶未能已也。"

【譯文】

謝弘微爲去世的哥哥服喪,但在結束後他依然堅持菜食。有人問他:"你已經服完喪了,爲什麼還是只吃菜蔬?"謝弘微答道:"變換衣冠的顔色,是因爲不能逾越禮法,而失去哥哥的悲哀,還尚未真正消除。"

【校勘】

① "遭",底本作"曹",據船橋本改。

② "變",底本作"爱",據陽明本改。

文獻資料

《宋書》卷五八,《南史》卷二〇。

【注】

1. 陽明本所據應該是《宋書》。謝弘微,陳郡陽夏(今河南太康)人,東晋名臣謝安弟弟謝萬之子謝韶的曾孫,本名密,弘微是字。

2. 其兄名曜。如"弘微少孤,事兄如父。兄弟友穆之至,舉世莫及也"(《宋書》)描寫的那樣,謝弘微幼小喪父,敬慕其兄。母親去世時,也"居喪以孝,服闋,逾年菜蔬不改"。謝曜死於文帝元嘉四年(427),謝弘微死於元嘉十年(433),年四十二歲。

3. 服,參考"20 仲由"注 3。

4. 蔬食,參考"21 劉敬宣"注 4。

5. 據《宋書》:"弘微蔬食積時,哀戚過禮,服雖除,猶不噉魚肉。沙門釋慧琳詣弘微,弘微與之共食,猶獨蔬食。慧琳曰:'檀越素既多疾。頃者肌色微損,即吉之後,猶未復膳。若以無益傷生,豈所望於得理。'"兩《孝子傳》中所說的"人",即沙門釋慧琳(與唐代因《一切經音義》而知名的慧琳不是同一人)。

6. 將,裴學海《古書虛字集釋》(中華書局,1954 年[商務印書館,1934 年第一版]):"將,猶何也。"可訓讀爲"ナンゾ"。

7. 《宋書》記載謝弘微回答慧琳:"衣冠之變,禮不可踰。在心之哀,實未能已。""遂廢食感咽,歔欷不自勝。"陽明本大概來源於此。"生心"的"生"或是《宋書》"在心"的"在"字之誤。

23 朱百年

【陽明本】

朱百年¹者至孝也。家貧²,母以冬月衣常無絮³,百年身亦無之。共同⁴。孔顗爲友⁵。天時⁶大寒,同往顗家,顗設酒,醉留之宿,以臥具覆之。眠覺除去⁷。謂顗曰⁸:"棉絮定暖,因憶母寒⁹,淚涕①悲慟也¹⁰。"

【譯文】

朱百年是至孝之人。家裏很窮,母親冬天穿的衣服裏常無棉絮,朱百年身上的也沒有,兩個人都一樣。孔顗是其朋友。正是大寒時節,朱百年隨孔顗一同去他家,孔顗設酒款待,并留喝醉的朱百年住下,(孔顗)給朱百年蓋上被子。朱百年從睡眠中醒來拿掉了被子。對孔顗說:"這個棉被非常暖和,而一想到母親正在受凍,我就淚流滿面,悲痛不已。"

【船橋本】

朱百年者至孝也。貧家困苦。於時百年詣朋友¹¹之家,友饗之,年醉而不還。時大寒也,友以衾覆¹²。年驚覺而知被覆也,即脫却不覆。友問脫由。年答曰:"阿母寒宿也¹³,我何得暖乎¹⁴。"聞之流涕悲慟也¹⁵。

【譯文】

朱百年是至孝之人。家裏十分貧窮。一次,朱百年去朋友家,朋友招待了他。朱百年喝醉了沒有回家。正是大寒時節,朋友給朱百年蓋上了被子。朱百年驚醒,知道朋友給他蓋了被子,他馬上拿掉,再也不蓋了。朋友問拿掉被子的理由,朱百年回答説:"母親正在寒冷中熬夜,我哪能獨自温暖呢?"朋友聽了朱百年的話,也爲之悲傷流涙。

【校勘】

① "涕",底本作"悌",據船橋本改。

文獻資料

蕭廣濟《孝子傳》(《太平御覽》卷四一三),《宋書》卷九三,《南史》卷七五,《世説新語補》卷二。

《注好選》上 62,《今昔物語集》卷九 12(以上是船橋本系),金澤文庫本《孝子傳》,《普通唱導集》下末(以上是陽明本系),《寶物集》卷一。

【注】

1. 據《宋書·朱百年傳》,朱百年是劉宋時期會稽山陰(今浙江紹興)人。祖父是晋朝的右衛將軍朱愷之,父親朱濤是當過揚州主簿。朱百年和妻子孔氏一起到會稽南山以砍柴爲生。朱百年雖然窮,但喜歡喝酒,能解玄奥之理,還喜歡作詩。郡守任命他爲功曹,州牧推薦他爲秀才,但是他都没有接受,度過了隱逸的一生。他只和住在同縣的好喝酒的孔凱交友,兩人經常共飲盡歡。本故事在《宋書》中也是與孔凱交友故事的一部分。孝建元年(454)去世,時年八十七歲。芳賀矢一《今昔物語考證》將本故事視爲《世説》中的故事引用,但是本故事不見於六朝時期宋人劉義慶的《世説新語》,而存於明王世貞校、張文桂注的《世説新語補》中。《世説新語補》被認爲是選編《語林》和《世説》中的故事而成,近代流傳甚廣。另外,《注好選》《寶物集》等書没有記載其姓"朱",只稱爲"白年"。《寶物集》有"白年拿開被子……""白年拿開被子,説:'母親一定很冷。'"

2. 蕭廣濟《孝子傳》《世説新語補》有"家貧"一語,《宋書》有"百年家素貧"。

3. 蕭廣濟《孝子傳》有"母以冬月亡,無絮,自此不依綿帛",到《宋書》《世說新語補》等書,也描述母親冬天沒有穿過絮有棉花的衣服就死了,百年想到這些,後來就不穿棉衣。但是,兩《孝子傳》中没有提到母親的死。只是,從全書故事的編排看,前面幾個故事都是以已故者爲對象的孝養故事,那麽可以認爲本故事原本也是作爲對已故者的孝養故事而被編排進來的。只是,因雪中笋而聞名的孟宗孝養故事,也是由原本講孝養亡母的故事轉變成了講孝養生者的故事,由此趨勢來看,本故事的發展,特別是到了船橋本,可以說已經轉變爲對生者的孝養(參考注13)。"衣常",《普通唱導集》作"衣裳"。

4. "共同",《普通唱導集》作"同郡"。這與蕭廣濟《孝子傳》等文辞相近(參考注5)。加上友人的名字作孔覬(參見注5),《普通唱導集》這部分文本應該是保留了陽明本系統的早期形態。

5. 孔覬(416—466),蕭廣濟《孝子傳》、《宋書》卷八四本傳作"孔凱"。字思遠,與朱百年同是會稽人,被推薦爲揚州秀才,當過同州主簿,歷任臨海太守、御史中丞等。以下的部分,蕭廣濟《孝子傳》作"與同縣孔凱善,時寒月就孔宿,飲酒醉眠",《宋書》作"與同縣孔凱友善,嘗寒時就孔宿,衣悉袷布,飲酒醉眠"。《世說新語補》作"嘗寒時就孔思遠宿,衣悉袷布,飲酒醉眠",未提及百年是孔覬的朋友,而且用其字,作孔思遠。《普通唱導集》所引是陽明本系的文本,友人的名字作"孔凱",與《宋書》本傳用字一樣,值得注意。另外,船橋本沒有提及孔覬的名字,只說是"朋友""友人"。

6. 天時,這裏是天氣、氣候的意思。

7. 這部分,蕭廣濟《孝子傳》有"孔以臥具覆之,百年覺引去",《宋書》中有"凱以臥具覆之,百年不覺也,既覺引臥具去體",《世說新語補》中有"思遠以臥具覆之,百年初不知,既覺引去",都是同樣的記述。臥具指覆蓋床鋪的褥子,是各種鋪墊物的總稱。

8. 以下的部分,蕭廣濟《孝子傳》有"謂孔子曰:綿定意温,因流涕悲慟",《宋書》有"謂凱曰:綿定奇温。因流涕悲慟。凱亦爲之傷感"(《世說新語補》除了最後部分是"思遠亦爲感泣"外,其餘部分基本相同)。綿定指寢具的棉花都絮好了,很合身。

9. 陽明本中"因憶母寒"的部分,蕭廣濟《孝子傳》以下未見。這一點,或許與注3提到的内容相關,即爲了讓讀者也可以理解爲是母親活著時的事情,兩《孝子傳》没有明確説明母親去世。

10. 相對於陽明本(及金澤文庫本《孝子傳》)作"涙涕悲慟",《普通唱導集》所引的陽明本系文本及船橋本則與蕭廣濟《孝子傳》相同,作"流涕悲慟"。《注好選》作"流淚如雨"。

11. 陽明本有人名孔顗。

12. 陽明本作"卧具",與蕭廣濟《孝子傳》之後的表述相同。

13. 如注3所提到的,在船橋本中,因爲這句話的存在,更加明確了該故事的背景是其母仍活著的時候。阿母,參考"4 韓伯瑜"注6。

14. 《注好選》此處之後有"仍不著"之語。

15. 在蕭廣濟《孝子傳》以後的文本中,"流涕悲慟"的是朱百年自己,陽明本亦同。但是,船橋本中"流涕悲慟"的是聽了朱百年的話的友人,其繼承者《注好選》也作"友聞之流淚如雨"。《宋書》作"爲之傷感",《世説新語補》作"亦爲感泣",也有朱百年之友聽了朱百年的話而感動的記載。從《世説新語補》的"感泣"一詞,或可看出其與船橋本及《注好選》的關聯。

注解

24　高柴[1]

【陽明本】

高柴者魯[2]人也。父死泣流血三年,未嘗見齒[3]。故禮曰[4]:居父母之喪,言不反義[5],笑不哂也[6]。

【譯文】

高柴是魯國人。父親去世後的三年裏,他哭泣時一直流著血淚,也從未露出過牙齒。《禮記》中説:爲父母服喪時,言語不能違反義理,可以微笑但不能大笑。

【船橋本】

高柴者魯①人也。父死泣血[7]三年,未嘗露齒。見父母之恩,皆人同蒙,悲傷之禮[8],唯②此高柴也。

【譯文】

高柴是魯國人。父親去世後三年,他流的眼淚裏一直有血,也從未露出過牙齒。人皆承蒙父母之恩,但是表示出如此強烈的悲傷之情的,只有這個高柴。

【校勘】

① "魯",底本可見刪除痕迹,右邊標有"衛又齊"。
② "唯",底本原作"准",又在"丷"上改寫爲口字旁。

文獻資料

《禮記·檀弓上》,《孔子家語》卷三,陶潛《孝傳》,敦煌本《勵忠節鈔》

卷四10,《語對》卷二四3,《籢金》卷二29,《古賢集》。

《令集解·賦役令》第17條《令釋》以及旁注,紅葉山文庫本《令義解》同條反面的記載,《三教指歸》成安注上末、覺明注卷二,《言泉集·亡父帖》,龍谷大學本《言泉集·亡父帖》,《普通唱導集》下末,《太子傳玉林抄》卷六,《内外因緣集》。

關於本故事的研究有:小島憲之《萬葉以前——上代人的表現》(岩波書店,1986年)第六章"上代官人的'上代官人的妙語'之一——以外來故事類爲中心",高橋伸幸《宗教與説話——關於安居院流表白》(《説話·傳承學92》,櫻楓社,1992年),東野治之《律令與孝子傳——漢籍的直接引用和間接引用》(《萬葉集研究》24,塙書房,2000年)。

【注】

1. 本故事應當是本於《禮記》。《禮記》云:"高子皋之執親之喪也,流血三年,未嘗見齒。君子以爲難。"高柴是孔子的弟子。據《史記》卷六七《仲尼弟子列傳》,高柴,字子羔,當過費地的宰(地方長官)。《論語·先進》中,孔子對其的評價爲"愚"(憨直)。

2. 船橋本有旁注"衛、又齊",《史記·仲尼弟子列傳》的《集解》作"鄭玄曰,衛人",陶潛《孝傳》作"衛人也",《孔子家語》卷九有"齊人"的記載。

3. 見"21 劉敬宣"注3。關於"不見齒",《禮記正義》:"凡人大笑則露齒本,中笑則露齒,微笑則不見齒。"《内外因緣集》更有"三年後,不出聲"的記述。

4. 以下句子或與其類似的句子未見於《禮記》《儀禮》《周禮》。

5. 意爲不説與道理相背離的話。

6. 依據前文《禮記正義》的解釋,意思是稍有微笑,未至露齒之笑。

7. 陽明本的"泣流血"指流出帶血的眼淚。在紅葉山文庫本《令義解·賦役令》第17條紙背的記載中寫作"泣血出從目(痛哭的淚從血紅的眼中流出)",更容易理解。參考"文獻資料"欄目所記東野氏論文。

8. 意爲:表示出如此强烈的悲傷之情的。

25 張敷

【陽明本】

張敷[1]者,年一歲而母亡。至十歲,問覓母。家人[2]云:"已死。"仍求覓母生時遺物。乃得一畫扇[3]。乃藏之玉匣[4],每憶母,開匣看之,便①流涕悲慟,竟日[5]不已。終如此也。

【譯文】

張敷一歲時母親就去世了。到了十歲,他詢問母親在哪裏。家人(家臣)說:"已經去世了"。張敷就尋求母親的遺物,得到了一把有繪畫的扇子。於是,他將扇子放在玉匣中,每到思念母親時,就打開匣子看著畫扇,淚流滿面,悲痛之情終日不已。終其一生皆如此。

【船橋本】

張敷②者,生一歲而母沒也。至十歲,覓見母。家人云:"早死無也。"於時,敷悲痛云:"阿母[6]存生之時,若爲吾有遺財乎?"家人云:"有一畫扇。"敷得之,彌以泣血,戀慕無已。每日見扇,每見斷腸。見後,收置於玉匣中。其兒不見母顏,亦不知恩義[7],然而自知戀悲。見聞之者,亦莫不痛也。

【譯文】

張敷生下來一歲時母親就去世了。到了十歲,要求見母親。家人說:"很早就已經去世了。"這時,張敷忍著悲痛說:"母親活著時,是不是給我留下了遺物?"家人答道:"有一把畫扇。"張敷得到扇子,更加悲傷,泣血慟哭,思母之情不能自已。他每天都看扇子,每次看到都悲傷不已。看完扇子後就重新放入玉匣收好。這個孩子沒有見過母親，也不了解母親的養育之恩，但是天然就知道思念母親且爲其悲痛。聽說或看見這件事的人，沒有不心疼他的。

【校勘】

① "便"，底本作"使"，據《普通唱導集》改。
② "張敷"，底本天頭處有朱筆批注"宋人"。

文獻資料

敦煌本《籯金》卷二、卷二九15，敦煌本《語對》卷二五2，《宋書》卷六二，《南史》卷三二，《宋略》(《太平御覽》卷一五七)，《册府元龜》卷七五二，《事類賦》卷一四，《純正蒙求》上。

《東大寺諷誦文稿》91行，《今昔物語集》卷九6，《内外因緣集》，《注好選》上63，金澤文庫本《悲母事》卷一《張敷留扇事》(以上船橋本系)，東大寺北林院本以及龍谷大學本《言泉集・亡母帖》，《普通唱導集》下末(以上陽明本系)，《表白集》，《孝行集》9，《金玉要集》卷三，真名本《曾我物語》卷四，真福寺本《法華經勸進抄》。

【注】

1. 張敷，字景胤，吴興太守張邵之子。年輕時就因通老莊之學而廣爲人知，文名頗盛，劉宋高祖、太祖時出仕。父親去世後，就連水、鹽、菜也極度節制，四十一歲時就因衰弱死亡。追贈侍中，居地改名爲孝張里(事見《宋書》)。
2. 家人有家族和家臣兩種意思，這裏指哪種不明確。
3. 畫扇指上面繪有圖畫的扇子。扇子分團扇和摺扇兩種，一説摺扇是日本的發明(中村清兄《扇與扇繪》，河原書店，1969年)。正倉院寶物唐墨繪彈弓上，有與平成宮出土的檜扇樣扇子相同的扇子，因此摺扇是否是日本的發明,還需要進一步探討,本故事所説的到底是哪種扇子,不好輕易判斷。只是,過去的美術資料中普遍是團扇(參考吉村憐《論仙人的圖形》,《天人誕生圖之研究》,東方書店,1999年),《萬葉集》卷九(1628)中的扇子被認爲是仙人所持的麈尾扇(小學館《新編日本古典文學全集》7),因此,暫且認爲本文中的扇子是團扇。

4. 玉匣指有裝飾的精美匣子。《宋書》等提到的"笥"指用竹子等編的箱子。

5. 竟日,一整天。

6. 阿母,指母親。用於口語。參考"4 韓伯瑜"注6。

7. 恩義,指養育之恩。

26　孟仁

【陽明本】

孟仁[1]字恭武[2],江夏[3]人也。事母至孝。母好食笋[4],仁常懃采笋供之。冬月[5]笋未抽,仁執竹[6]而泣。精靈[7]有感,笋爲之生[8]。乃足供母。可謂孝動神靈感斯瑞也[9]。

【譯文】

孟仁,字恭武,是江夏人。他侍奉母親,是最孝的孝子。母親喜好吃竹笋,孟仁總是采來竹笋給母親。冬天的時候,竹笋還沒有長出來,孟仁手執竹子而哭。神靈感應到了(他的精誠),竹笋爲了孟仁而長了出來,於是,能够供給母親充足的竹笋。可以説,是孟仁的孝心感動了神靈,引發了奇迹。

【船橋本】

孟仁①者江夏人也。事母至孝。母好食笋,仁常②勤供養。冬月無笋。仁至竹園[10],執竹泣。而精誠[11]有感,笋爲之生。仁采供之也。

【譯文】

孟仁是江夏人。他侍奉母親,非常孝順。母親喜好吃竹笋,孟仁就總是去給母親采竹笋。冬天的時候,没有竹笋。孟仁到竹園中,手執竹而哭泣。神靈感念他的精誠,竹笋爲了孟仁長了出來。孟仁就采了竹笋送給母親。

【校勘】

① 底本"仁"字右側有朱筆批注"宗歟"。
② "常",底本作"當"(有蟲損),據陽明本改。

文獻資料

孟宗生笋故事,似乎早在晉張芳《楚國先賢傳》(散逸。較早見於《三國志·吳書·孫皓傳》裴松之注所引)中就有記載,但目前可見的逸文並不完全相同。比如,《令集解·賦役令》第 17 條的注中引有三種《楚國先賢傳》(《古記》中一種、《令釋》中兩種),雖然都是生笋的故事,但各有不同。有 a 沒有記載時間(《三國志·吳書》裴注及《古記》)、b 時間記作母親去世後的(《藝文類聚》卷八九及《令釋》所引的一種)、c 時間記作母親生前的(《稽瑞》、《太平御覽》卷九六三[《事類賦》卷二四、《重較説郛》卷五八]及《令釋》所引的一種),等等。《古記》所引的實際是 b(母親去世後),裴注所引的是其省略型,而且 c 説(生前)應該是從省略型衍生出來的。a 可見於《蒙求》204 徐注(準古注緒言)、《合璧集》上 33 等。b 可見於《三教指歸》敦光注卷二,覺明注卷二,《幼學指南鈔》卷二七,《童子教諺解》末等。值得注意的是,上溯至《三教指歸》成安注上末所引的《典言》逸文也屬於 b 系統。屬於 b 系統的資料還有敦煌本《事森》、《白氏六帖》卷七(記爲"後母"。《廣事類賦》卷一六、《淵鑒類函》卷二七一中也有引用)、《氏族大全》卷一九("一云。"也載有 a 系統的內容)等,似乎也有記載此系統生笋故事的《孝子傳》(《祖庭事苑》卷五)。c 也可見於《事類賦》《重較説郛》等,兩《孝子傳》屬於 c 系統。引用 c 系統《孝子傳》的有敦煌本《語對》卷二六 5,《陳檢討集》卷四《續腥菴集序》注(茆泮林《古孝子傳》),《三教指歸》成安注上末、覺明注卷二等。兩《孝子傳》特別是陽明本,與成安注及《令釋》所引的《楚國先賢傳》(即 c)非常相似,從中可以窺見陽明本文本的成立過程,這一點值得關注。孟宗生笋故事,包括《故圓鑑大師二十四孝押座文》以及二十四孝系(《詩選》4[草子 4]、《日記故事》18、《孝行錄》

7)等,屬於c系統的很多。以下都是c系統的資料。

敦煌本《籯金》卷二29,《新集文詞九經抄》,《古賢集》,《日記故事》卷三,《金璧故事》卷一,《君臣故事》卷二,《孝經列傳・志庶人孝傳》,《大明仁孝皇后勸善書》卷三,戲曲《孟宗泣竹》《孟宗哭竹》(均散逸)。

《三綱行實》卷一。

《東大寺諷誦文稿》91行,《新撰萬葉集》上冬,《注好選》上50,《今昔物語集》卷九2,《筆海要津》,《澄憲作文集》33,《言泉集》亡母帖、孝養因緣帖(陽明本系),《普通唱導集》下末(陽明本系),《内外因緣集》,小林文庫本《因緣集》,《寶物集》卷一,《金玉要集》卷三(據《寶物集》),《法華草案抄》卷二(據《寶物集》),中山法華經寺本《三教指歸注》,《延命地藏菩薩經直談鈔》卷二30,《詩學大成抄》卷一,《類雜集》卷五19,《童子教諺解》末,《源平盛衰記》卷一七,民間故事《孟宗竹》(《日本民間故事大成》十,補遺4)等。

此外,關於孟宗還有厚褥大被故事(遊學時,母親準備了厚厚的褥子、大大的被子,讓其與志同道合的貧友交往)、寄鮓故事(看守魚的孟宗將魚做成魚飯送給母親,母親發火並將魚飯送回)等,皆因《蒙求》204而廣爲人知(其出處是《三國志・吳書》裴注所引的《吳錄》。敦煌本《事森》,《類林雜説》卷二6、10,《日記故事》卷七,《廣事類賦》卷一六,《語園》上〔《事文》〕等亦同),但是也有記載了寄鮓故事的《孝子傳》(《太平御覽》卷六五)。敦煌本《籯金》卷二29還引了講述花梓故事(作爲墳墓標志的梓樹的枯枝開花的故事)的《搜神記》。關於《令集解》所引的《楚國先賢傳》及《孝子傳》,參見黑田彰《孝子傳的研究》Ⅰ三"關於《令集解》所引孝子傳"。母利司朗《竹子三本雪之中——孝子孟宗故事的日本傳播》(《國文學研究資料館紀要》12,1986年)討論了孟宗生笋故事在日本的接受、傳播情況。

[圖像資料]

筆者未見東漢、南北朝時期的文物。二十四孝圖中的孟宗圖,有洛陽出土的北宋畫像石棺、山西絳縣裴家堡金墓等,數量很多。

【注】

1. 孟仁,三國時吳人,字恭武,本名宗,爲避吳氏四世孫吳皓的字元宗,改名爲仁。建衡三年(271)卒(《三國志·吳書》等)。下一條王祥的開頭有"吳時人,司空公"(船橋本作"爲吳時司空也"),讓人想起"司空孟仁卒"(《三國志·吳書》)。《晉書》卷九八、卷九四所載孟嘉、孟陋兄弟是其曾孫。生筍故事之例,有《令釋》所引《楚國先賢傳》云:"孟仁字恭武,江夏人也。事母至孝。常嗜筍子。冬月未抽,仁執竹泣。明察神精,急抽筍子。故曰,冬竹雪穿,應至誠而秀質。"《三教指歸》成安注(覺明注)所引《孝子傳》云:"孟仁字恭武,江夏人也。事母至孝。母好食筍,仁常勤供之。冬月未抽,仁執竹泣。精靈有感,爲筍之生出也。"酷似陽明本。

2. 也有作字"子恭"的(準古注《蒙求》[國會本、林述齊校本等]、《氏族大全》卷一九、《日記故事》卷三[包括《小學日記》卷二]、《合璧集》上32)。敦煌本《新集文詞九經抄》中可見"孟宗,志恭"。還有作"公武"的(《陳檢討集》注)。

3. 江夏,郡名,位於今湖北武昌。

4. 《太平御覽》所引《楚國先賢傳》中有"母好食竹筍"。

5. 也有作"及母亡,冬節將至"(《藝文類聚》所引《楚國先賢傳》)、"及母亡之後,冬節將至"(《令釋》同)、"母沒之後,冬節將至"(成安注所引《典言》)的。此外,關於母親,也有作"後母"的(《白氏六帖》以及《祖庭事苑》所引《孝子傳》)。參見文獻資料。

6. 雖然二十四孝系古資料中沒有作"執竹"的,但二十四孝圖如洛陽出土北宋畫像石棺等,有許多孟宗手握竹子的圖像,作爲《孝子傳》與二十四孝的交匯點,這些圖像頗受關注(《令釋》所引《楚國先賢傳》[c]做"執竹")。

7. 精靈,指神,與後文的神靈相同。
8. 《三國志》裴注所引《楚國先賢傳》中有"筍爲之出,得以供母"。
9. 感斯瑞,被感動而降下這一奇迹。
10. 《令釋》所引《楚國先賢傳》、成安注所引《典言》有"入竹園"。
11. 參考"3 邢渠"注8。

27　王祥

【陽明本】

吴時人司空公[1] 王祥[2]者至孝也。母[3]好食魚,其恒供足[4]。忽遇冰結,祥乃扠冰[5]而泣,魚[6]便自出躍冰上。故曰:孝感天地[7],通於神明[8]也。

【譯文】

吴時的司空公王祥是至孝之人。母親喜歡吃魚,他就一直不間斷地供給。河水忽然結冰,王祥敲打著冰面哭泣,魚便自己躍於冰上。因此人們説,孝能感動天地,通達於神明。

【船橋本】

王祥者至孝也。爲吴時司空也。其母好生魚,祥常憼仕。至于冬節,池悉凍,不得要魚。祥臨池扣冰泣,而冰碎魚踊出。祥採之供母。

【譯文】

王祥是至孝之人,是吴時的司空。母親喜歡吃活魚,王祥就一直努力給母親供魚。到了冬天,池水全部結了冰,也得不到魚了。王祥來到水池,敲打著冰面哭泣,於是,冰碎魚躍出。王祥捕到了魚並供給母親。

文獻資料

就日本的文獻資料來看,王祥故事在二十四孝系中也是很著名的,常和前一個故事即"26孟仁"被成對看待,文獻資料中所見王祥故事可分爲

a求魚故事、b黃雀炙故事、c守柰故事、d後母持刀故事四種。這四個故事是：a求魚故事（本故事），b黃雀炙故事（繼母想要烤黃雀，就有數十隻黃雀飛進帳來。《世説新語》卷一《德行篇》劉孝標注，蕭廣濟《孝子傳》[《世説新語》卷一劉孝標注、《北堂書鈔》卷一四五、《藝文類聚》卷九二、《太平御覽》卷九二二]，梁武帝《孝思賦》，《晋書》卷三三，敦煌本《語對》卷二六等），c守柰故事（因爲繼母喜歡紅蘋果，王祥就看守蘋果樹，白天防鳥，晚上防鼠，颳風下雨的時候抱著樹防止落果。《世説新語》卷一《德行篇》劉孝標注，蕭廣濟《孝子傳》[《藝文類聚》卷八六]，逸名《孝子傳》[《事類賦》卷二六、《太平御覽》卷九七〇]，《晋書》卷三三，敦煌本《語對》卷二三 2，敦煌本《事森》，西夏本《類林》卷一三，《蒙求》443注，《語園》上[《晋書》]，《類雜集》卷五 24等），d後母持刀故事（夜裏，後母欲用刀砍王祥，由於事前發現，王祥躲過一難，後來又自己請死。《世説新語》卷一《德行篇》劉孝標注、敦煌本《事森》、西夏本《類林》卷一三等），《世説新語》及劉孝標注，對這些主題的相關性進行了合理的闡述。

以下是關於a求魚故事的文獻資料。《搜神記》卷一一，臧榮緒《晋書》(《初學記》卷七)，師覺授《孝子傳》(《初學記》卷三、《太平御覽》卷二六)，逸名《孝子傳》(《事類賦》卷五、敦煌本《籯金》卷二 29、敦煌本《新集文詞九經抄》、《陳檢討集》卷二《憺園賦》程師恭注)，《晋陽秋》(《世説新語》卷一《德行篇》劉孝標注)，《晋書》卷三三，《典言》(《三教指歸》成安注上末)，孫盛《雜話》(《藝文類聚》卷九)，敦煌本不知名類書甲，《目連緣起》("王祥卧冰、寒溪躍魚")，《王梵志詩》("你若是好兒，王祥敬母恩")，《二十四孝押座文》，《祖庭事苑》卷五，《純正蒙求》上，《明仁孝皇后勸善書》卷二，戲曲《王祥卧冰》，二十四孝系(《詩選》7[草子7]，《日記故事》20，《孝行錄》9)。

《三綱行實》卷一。

《注好選》上51(不是母親而是父親)，《三教指歸》成安注上末、敦光注二、覺明注二，《言泉集・亡母帖》，《寶物集》卷一，《普通唱導集》下末，

注解

小林文庫本《因緣集》，《內外因緣集》（據《典言》），中山法華經寺本《三教指歸注》，《詩學大成抄》卷一，《童子教諺解》末，《源平盛衰記》卷一七，《曾我物語》卷七，民間故事《繼子捕鯉》（《日本民間故事通觀》26 冲繩，民間傳說第 212）等。

　　此外，《三教指歸》成安注、覺明注依據《典言》作"王祥"，敦光注、覺明注（別傳）則依據《典言》亦作"王延"。《內外因緣集》的"王祥躍魚（又名王延）"（據《典言》）作"王延的故事"。或許是屬於同一類故事的王祥與王延（《搜神記》、臧榮緒《晉書》、《十六國春秋前趙錄》、《晉書》卷八八）的故事被混在一起了。另外，關於本故事是《宇津保物語・俊蔭卷》仲忠孝養故事的底本，請參考"16 陽威"的文獻資料。

圖像資料

　　筆者未見東漢、南北朝時代的王祥圖。二十四孝圖中的王祥圖，可見於洛陽出土的北宋畫像石棺、山西垣曲東鋪村金墓等處，數量很多。

【注】

　　1. 漢代始將御史大夫改稱大司空，吳、魏直接沿用了漢代制度。司空被尊稱爲司空公，與大司徒、大司馬一起位列三公。此外，也有稱作"太保"（《晉書》）或"太傅"（敦煌本《事森》、《語對》）的文本。漢制，太師、太傅、太保爲上公，下設三公，即大司徒、大司空、大司馬。

　　2. 王祥，《晉書》有傳，字休徵，繼母是朱氏。琅琊郡臨沂（今山東臨沂）人，與王羲之系出同門，泰始五年（269）卒。兩《孝子傳》記爲吳人，此外也有據《魏志》記爲魏時人的文獻（西夏本《類林》等）。

　　3. 兩《孝子傳》不作後母，師覺授《孝子傳》、蕭廣濟《孝子傳》作後母，描寫的是王祥忍耐虐待而感動上天、引起奇瑞的故事。《注好選》作侍奉父親，值得關注。

　　4. 供足，充足供應之意。

5. 其它文獻中有描寫"解褐"(師覺授《孝子傳》)、"解衣"(《搜神記》)融冰的,兩《孝子傳》未見。二十四孝系的圖像資料也有很多圖描繪"解褐""解衣"的場面。

6. 對魚的描述,諸文獻都不同。有作三尺魚(《注好選》、中山法華經寺本《三教指歸注》)的、作五尺魚(《三教指歸》敦光注、《內外因緣集》)的、作雙鯉(《搜神記》、臧榮緒《晉書》、師覺授《孝子傳》[作"雙魚"]、《晉書》)的。

7. 《晉書》及《搜神記》結尾有"鄉里驚嘆,以爲孝感所致",師覺授《孝子傳》有"於時人謂至孝所致也"。

8. 神明,參見"2 董永"注12。

28　姜詩

【陽明本】

姜詩者廣漢人也[1]。事母至孝[2]。母好飲江水[3]，江水去家六十里[4]，便其妻常汲行，負水供之。母又嗜魚膾[5]，夫妻恒求覓供給之。精誠[6]有感，天乃令其舍忽生涌泉，味如江水[7]，每旦輒出双鯉魚[8]，常供其母之膳也[9]。爲江陽令死，民爲立祠也[10]。

【譯文】

姜詩是廣漢人，侍奉母親非常孝順。母親喜歡飲用江水，江水離他家有六十里遠，姜詩的妻子總是去江邊打水，背水回來給母親喝。母親還喜歡吃魚膾，夫妻常常尋求魚膾供給母親。上天感應到他們的誠心，讓他們家突然涌出了泉水，泉水的味道就像江水一樣，泉中每天早上還會出現兩條鯉魚。他們便一直將這些供母親飲食。後來，姜詩當了江陽縣縣令，在他去世後，縣民爲他建了祠堂。

【船橋本】

姜詩者廣漢人也。事母至孝也。母好飲江水，江去家六十里，婦常汲供之。又耆[11]魚膾，夫婦恒求供之。於時精誠有感，其家庭中[12]，自然出泉，鯉魚一雙，日日出之。即以此常供。天下聞之。孝敬所致，天則降恩，甘泉涌庭，生魚化出[13]也。人之爲子者，以明鑒之也。

【譯文】

姜詩是廣漢人。侍奉母親非常孝順。母親喜歡飲用江水，而江水距他家有六十里，姜詩的妻子總是去江边打水回來給母親喝。母親還喜歡吃魚膾，夫妻總是尋來供給母親。他們的誠心感動了上天，在姜詩家的院子裏泉水自然涌出，每天還有兩條鯉魚從泉中出現。於是，他們一直以此供給母親。這個故事全天下的人都知道。對長輩極盡孝心、恭敬，所以才天降其恩，庭院中涌出甘泉，泉水裏出現活魚。作爲人子，應以此故事爲鑒。

文獻資料

《東觀漢記》卷一七，《華陽國志》卷一〇，《水經注》卷三三，《後漢書》卷八四，《宋書》卷九一，《藝文類聚》卷八，敦煌本《事森》，敦煌本《語對》卷二七1，《類林雜說》卷一（《藝文類聚》以下，出自《列女傳》），《法苑珠林》卷六二，《典言》（《三教指歸》成安注上末），《蒙求》注544，《太平御覽》卷四一一（均引用《東觀漢記》），敦煌本《籯金》卷二29（出自《漢書》），《純正蒙求》上，《廣事類賦》卷一六，二十四孝系（《詩選》9[草子9]、《日記故事》19、《孝行錄》10）。

《童子教》，《仲文章》（作"姜臣"），《注好選》上49，《言泉集・亡母帖》，《普通唱導集》下末，金澤文庫本《孝子傳》（《言泉集》以下，陽明本系），《内外因緣集》，《類雜集》卷五27。

關於本故事，大澤顯浩在《姜詩——出妻的故事及其演變》（《東洋史研究》60－1，2001年）一文中，對《東觀漢記》《後漢書》《華陽國志》等文獻中所見的幾個故事原型的相互差異，以及二十四孝的故事的展開，列舉大量資料進行了詳細的敘述。根據他的描述，姜詩的故事中，爲了給母親盡孝把妻子趕出家去的孝子姜詩形象，與雖然被休却依然對婆婆盡孝的孝婦妻子形象相互交錯，由於資料性質不同或者時代的變遷，故事的側重點也發生了變化，表現出複雜的演進過程。兩《孝子傳》沒有提休妻的事情，其特點是描寫夫妻共同孝順母親，這點被後來的二十四孝系繼承。關於二十四孝系的姜詩故事的種種問題，黑田彰《孝子傳的研究》Ⅲ四"二十四孝原編:關於趙子固二十四孝書畫合璧"也有涉及。

圖像資料

筆者未見東漢、南北朝期的姜詩圖。二十四孝系的姜詩圖可見於洛陽出土的北宋畫像石棺、遼寧遼陽金廠遼畫像石墓等處,宋遼後亦多見。

【注】

1. 關於姜詩,《東觀漢記》有"姜詩,字子遊,廣漢雒人也",《華陽國志》作"姜詩,字士遊,雒人也",《後漢書》作"廣漢姜詩,妻者同郡龐盛之女也"。東漢廣漢郡雒縣(今四川廣漢)人。《東觀漢記》記載,姜詩至孝,夫妻辛勤侍奉母親,因母親愛喝江水而讓孩子去取水,導致孩子溺死,夫妻擔心母親知道,就僞稱孩子去上學,每年向江中投入小孩的衣服來供養孩子。有一天,房子旁邊忽然出現與江水味道一樣的泉水,每天還出現一雙鯉魚。《東觀漢記》中還寫到赤眉賊沒有進姜詩的村子,因爲驚嘆於姜詩的孝行,送來了米肉,但是姜詩沒吃,給埋進了地裏(《華陽國志》中也有此故事,但是,沒有母親一個人吃不完魚膾,叫來鄰家母親一起吃,以及往江水裏投衣服供養孩子等情節,除了這些與《後漢書》一致以外,內容基本與此相同)。《後漢書》在孩子去取江水而溺死的情節之前有如下描寫:姜詩妻平時一直去取江水,但某日因爲颱風,妻子無法回家,導致母親口渴難耐,因此姜詩怒而休妻。但是姜詩妻沒有回娘家,而是住在了鄰居家裏,晝夜紡紗織布,從市場換來珍寶,讓鄰家母親送給姜母,但不說是自己給的。時間長了,姜母感到奇怪,詢問鄰家母親後知道了真相,姜詩非常後悔,將妻子叫了回來。《後漢書》中的這段描寫以及《後漢書》中沒有《東觀漢記》所記載的孩子死後每年往河中投衣服的內容,這兩點是與《東觀漢記》最大的區別。姜詩的妻子在被休以後留在鄰家繼續孝敬姜詩母親的故事,也出現在《蒙求》古注、敦煌本《事森》、《語對》、《類林雜說》等類書中。就日本的資料看,《童子教》中有"姜詩去自婦,汲水得庭泉",但《孝子傳》中没有，其與《後漢書》以及類書引用的《列女傳》系文獻中出現的休妻之事（但是今本《古列女傳》中没有關於姜詩妻子的記述）的關係值得關注。《注好選》對妻子的處理，與《後漢書》之後的中國作品都不同，講的是妻子因已經不能堅持去取水請求丈夫休掉自己的故事，這或許是在《童子教》章句的基礎上，形成於日本的一種理解。此外，《幼學指南鈔》卷五《江部》有"姜詩母飲之"，該文之下作爲"列女傳曰"的内容而引用的"楚昭王姜齊女"的記述，與此姜詩故事並無關係。

2.《東觀漢記》云"詩性至孝"，《後漢書》《華陽國志》云"事母至孝"。

3."母好飲江水"，《東觀漢記》《後漢書》同（《華陽國志》作"母欲江水及鯉魚膾"）。

4. 一里約400米。《後漢書》中有"水去舍六七里"（二十四孝系亦同），《注好選》中有"八里"。基於《後漢書》的《蒙求》徐子光注中，有作"六十里"的（文禄五年版本），可能是因爲"七"和"十"的字形類似造成的訛傳。

5. 因爲母親喜歡魚膾，因此夫妻努力求得並供應的故事，《後漢書》中有"姑嗜魚膾，又不能獨食，夫婦常力作供膾，呼鄰母共之"，《華陽國志》中有"母欲江水及鯉魚膾，又不能獨食，須鄰母共之"，兩書都記載了因爲母親一個人吃不了而請鄰家母親一起吃，後來有了"一雙鯉魚"供給二母（姜詩的母親與鄰家的母親）的情節。《東觀漢記》中没有這樣的記載。

6. 參考"3 邢渠"注8。

7.《東觀漢記》作"俄而涌泉出舍側，味如江水"，《後漢書》作"舍側忽有涌泉，味如江水"，《華陽國志》作"於是有涌泉出於舍側，有江水之香"。船橋本没有"味如江水"的記述。

8. 關於每天早上出現一雙鯉魚的事情，《東觀漢記》作"日生鯉一雙"，《後漢書》作"每旦輒出雙鯉魚"，《華陽國志》作"朝朝出鯉魚二頭"。請參考注5。

9.《後漢書》："常以供二母之膳。"《華陽國志》："供二母之膳。"

10.《後漢書》:"詩尋除江陽令,卒於官。所居治鄉人爲立祀。"《華陽國志》:"除江陽符長,所居鄉皆爲之立祠。"

11. 耆,通"嗜"。

12. 陽明本作"天乃令其舍忽生涌泉",其他資料也多將泉水涌出的地方記作"舍側""舍傍"。《蒙求》古注(真福寺本)作"中庭忽有涌泉",敦煌本《籯金》作"庭前涌泉出",與船橋本的"庭中"接近,值得關注。此外,請參考前出黑田彰《孝子傳的研究》Ⅲ四"二十四孝原編:關於趙子固二十四孝書畫合璧"。

13. 化出,與佛教用語"化生"相同,指由於不可思議的力量而忽然出現。

29　叔先雄[1]

【陽明本】

孝女叔光雄者至孝也。父[2]墮水死，失尸骸。感憶其父，常自號泣，晝夜不已。乃乘船，於海父堕处，投水而死。見夢，與[3]弟[4]曰："却後六日[5]，當共父出。"至期，果與父相見，持於水上。郡縣①[6]令爲之立碑文也。

【譯文】

孝女叔光雄是至孝之人。父親落水而死，屍體沒有找到。每想起父親，她總是嚎啕大哭，晝夜不停。於是，她坐船來到父親落水的地方，投水而死。她給弟弟託夢說："六天後一定與父親一起出現。"到了那一天，叔光雄果然和父親一起出現了，她在水面上抱著父親的屍體。官府給叔光雄立了碑。

【船橋本】

孝女②叔先雄者至孝也。其父墮水死也，不得尸骸。雄常悲哭，乘船求之。乃見水底有尸，雄投身入。其當死也，於時，夢中告弟云："却後六日，與父出見。"至期，果出。親戚相哀，郡縣痛之，爲之立碑也。

【譯文】

孝女叔先雄是至孝之人。其父落水而死，屍體也找不到。叔先雄總是悲傷地哭泣。她乘船去尋找，發現水底有屍體。叔先雄跳進水中。她死後，有一次託夢給弟弟說："六天後我會與父親一起出現。"到了那一天，叔先雄果然出現了。親戚都很悲傷，官府的人也爲她的遭遇心痛並爲其立了碑。

【校勘】

① "縣",底本作"懸",根據涂改及眉批的"縣"修改。
② 有朱筆眉批"後漢列女傳"。

文獻資料

《後漢書》卷八四,《水經注》卷三〇江水注,《華陽國志》卷三,《益部耆舊傳》(《太平御覽》卷六九、卷三九六、卷四一五),《搜神記》卷一一(包括《法苑珠林》卷四九),《白氏六帖》卷八,《通志》卷一八五,《大明仁孝皇后勸善書》卷三,《金玉要集》卷二。

下見隆雄《儒教社會與母性》(研文出版,1994年)第八章對本故事也有所涉及。

【注】

1. 本文是女兒爲了找到掉進河裏死亡的父親的屍體,自己投水的故事,與"17 曹娥"非常相似。船橋本中女兒的名字作叔先雄,與陽明本有區別。"光"與"先"形似,容易混淆,《益部耆舊傳》與陽明本一致,《後漢書》《白氏六帖》與船橋本同,作"叔先雄"。如果父親的名字是先尼和(參見注2)的話,叔先雄應當是對的。叔先是姓(複姓)。另外,《水經注》《華陽國志》中名作絡,絡與雒有時同義,所以,將絡寫作雒時容易誤爲雄。關於出生地,《後漢書》《益部耆舊傳》《搜神記》中有"犍爲人"。犍爲,今四川宜賓。

2. 《白氏六帖》以外的各書都寫了父親之名,《後漢書》《益部耆舊傳》《搜神記》寫作"泥和",《水經注》《華陽國志》寫作先泥和(先是叔先的省略)。據《後漢書》,叔先雄之父永建初年(約120)任縣功曹,在去迎接巴郡太守的途中落水而死。

3. 清王引之《經傳釋詞》："與,猶謂。"

4. 各書中弟名皆作"賢"。

5. 經過六天,第六天時。"却後"是口語,之後、今後的意思。漢譯佛典中經常出現,亦見於敦煌變文。

6. "郡縣"概念的使用,參考黑田彰《孝子傳的研究》Ⅰ四"船橋本孝子傳的成書——圍繞其修改時間"。郡縣爲了表彰投水女兒的孝行而立碑的情節與曹娥故事完全相同。

30 顏烏

【陽明本】

　　顏烏者東陽人也[1]。父死葬送，躬自負土成墳，不拘他力。精誠[2]有感，天①乃使烏鳥助[3]，銜[4]土成墳。烏口皆流血。遂取縣名烏傷縣。秦時立②也。王莽篡③位，改爲烏孝縣也[5]。

【譯文】

　　顏烏是東陽人。父親去世後爲了安葬父親，他自己背土做墳，沒有借助他人之力。他的誠心感動了上天，上天就讓烏鴉幫他，銜來泥土把墳築好。烏鴉的喙部都在流血。因此縣名取爲烏傷縣。此縣建於秦時。王莽篡位後，改爲烏孝縣。

【船橋本】

　　顏烏者東陽人也。父死葬送，躬自負，直[6]築墓，不加他力。於時其功難成。精信有感，烏鳥數千，銜塊[7]加塡，墓忽成。爾乃烏口流血，塊皆染血。以是爲縣名，曰烏傷④縣[8]。王莽之時，改爲烏孝⑤縣也。

【譯文】

　　顏烏是東陽人。父親去世後爲了安葬父親，他自己背土做墳，不藉助他人之力。墳墓遲遲未能建成。他的誠心感動了上天，數千隻烏鴉口含土塊來幫助他，墳一下子就建好了。但是，因烏鴉的喙部流血，土塊皆被染紅。因此，定縣名爲烏傷縣。王莽時代改爲烏孝縣。

【校勘】

① "天",底本作"夫",據眉批改。
② "立",底本蟲損,據《普通唱導集》補。
③ "簒",底本作"募",據文義改。
④ "傷",底本作"陽",據陽明本改。
⑤ "孝",底本作"者",據陽明本改。

文獻資料

《異苑》卷一〇,《異苑》(《太平御覽》卷九二〇、《水經注》卷四〇所引等),《水經注》卷四〇漸江水注,《元和郡縣圖志》卷二六,《太平寰宇記》卷九七。

《今昔物語集》卷九10,《普通唱導集》下末,《內外因緣集》,《孝行集》10,《金玉要集》卷三,《童子教諺解》末。

圖像資料

有人認爲1東漢武氏祠畫像石("孝烏")與本故事有關(參考長廣敏雄編《漢代畫像研究》,中央公論美術出版,1965年),但筆者認爲該圖像反映的應是慈烏。12和林格爾東漢壁畫墓、14泰安大汶口東漢畫像石墓的圖像亦同。參見"45慈烏"。

【注】

1. 東陽,今浙江金華。唐李吉甫《元和郡縣圖志》卷二六《江南道二·婺州》的"義烏縣"條提到了本故事,曰:"本秦烏傷縣也。孝子顏烏將葬,群烏銜土塊助之,烏口皆傷。時以爲純孝所感,乃於其處立縣曰烏傷。武德四年(621),於縣置綢州,縣屬焉。又改烏傷爲義烏。"本故事講的是給父親修墳墓,這一點與後"31許孜"的主題類似。

2. 關於這一表述,請參考"3邢渠"注8。

3. 李陶(王韶之《孝子傳》,《令集解·賦役令》第 17 條所引《古記》等)、文壤(徐廣《孝子傳》)的孝子故事中也可見類似情節。

4. 底本原作"衍",《類聚名義抄》訓讀作"フクム"。

5. 王莽篡漢後,建立了新朝(9—23)。關於烏傷縣、烏孝縣,《漢書·地理志》(會稽郡)中有"烏傷(莽曰烏孝)",東漢又恢復爲烏傷縣,唐代初期改稱義烏縣,參考注 1。此外,《太平御覽》卷九二〇所引《異苑》同樣提到了烏傷縣的建置,但主人公的名字是陽顏(可能是東陽的顏烏之意),講述群烏以嘴啄鼓,將顏的純孝廣爲傳播的故事。單行本《異苑》與之雖然沒有大的差別(如中華書局古小説叢刊本等),但與缺少了這些要素的《水經注》所引《異苑》大爲不同。《水經注》所引《異苑》的記載流傳較早,兩《孝子傳》中的內容應該也屬於這一流傳系統。

6. 京都大學圖書館刊船橋本《孝子傳》(1959)的釋文認爲"直"爲"土"之誤。

7. "塊"在《類聚名義抄》中訓讀爲"ツチクレ"。

8. 如校勘所示,底本誤作"烏陽縣",同樣的錯誤亦見於《今昔物語集》,所以該底本的來源應該是較早期形成的版本。而且,兩者此處文字表述一致,由此看來,《今昔物語集》似乎是依據了船橋本系統的文本。

31 許孜

【陽明本】

許牧[1]者吳寧[2]人也。父母亡没。躬自負土，常宿墓下[3]。栽松柏[4]八行[5]，造立大墳。州郡[6]感其孝，名其鄉曰孝順里。鄉人爲之立廟，至今在焉也[7]。

【譯文】

許牧是吳寧人。父母雙亡。許牧自己背土（建墓），總是睡在墓的旁邊。在墓的周圍種了八列松柏，造了一個大大的墳墓。州、郡的長官爲此而感動，將其家鄉命名爲孝順里。鄉裏的人們爲許牧立廟，這座廟至今仍在。

【船橋本】

許牧①吳寧人也。父母滅亡。收[8]自負土作墳，墳下栽松柏八行，遂成大墳②。爰州縣感之，其至孝鄉名曰孝順里。里人爲之立廟，于今猶存也。

【譯文】

許牧是吳寧人。父母雙亡。他自己背土建墓埋葬了父母，在墓的周圍種了八列松柏，建成了一座大的墳墓。州、縣的長官爲此而感動，將至孝之人許牧的家鄉命名爲孝順里。鄉人爲許牧立廟，其廟至今尚存。

【校勘】

① 牧，底本此處右側有朱笔批注"孜歟"。

注解

② 墳,底本作"填",據陽明本改。

文獻資料

《晋書》卷八八,鄭緝之《東陽記》(《太平御覽》卷五五九。參考注4),《白氏六帖》卷七,林同《孝詩》,《氏族大全》卷一四,《純正蒙求》上,《大明仁孝皇后勸善書》卷三,《淵鑒類函》卷二七一。

《孝行錄》後章44,《三綱行實》卷一。

《注好選》上64(船橋本系),《言泉集・亡父帖》,《普通唱導集》下末(均爲陽明本系),《内外因緣集》,《童子教諺解》末。

【注】

1. 許牧,如《童子教諺解》所云:"許孜在世間流傳的版本中寫作許牧,爲誤傳","許牧"應作"許孜"(船橋本在"牧"的右側有朱筆批注"孜歟"。參見校勘①)。許孜是晋朝人,字季義(《晋書》)。日本的《童子教》《注好選》以下文獻多數作許牧,是受兩《孝子傳》的影響(《孝行集》11"許敬")。

2. 吳寧即當時的東陽郡吳寧縣,今浙江東陽。《晋書》作"東陽吳寧人"。

3. "負土"一詞在前一個故事中也出現過。松柏在古代似乎被作爲祭奠社神(土地之神)的神木,見《論語・八佾》("哀公問社於宰我。宰我對曰:'夏後氏以松,殷人以柏,周人以栗。'"爲主建社,主即宗廟的排位)。據《孔子家語》卷九,孔子的墳墓旁種有松柏(《終記解》"樹松柏爲志")。東漢永興二年(154)的薌他君石祠堂題字:"兄弟暴露在塚,不辟晨夏,負土成墳(墓),列種松柏,起立石祠堂。冀二親魂零(靈),有所依止。"(羅福頤《薌他君石祠堂題字》,《故宫博物院院刊》總第2期,1960年)負土成墓、列種松柏與當時的墓葬制度密切相關,而且在墓葬制度中,有關孝道的表述常常使用較爲固定的詞語進行搭配。"宿墓下"是指在建墓時住在墳墓附近的廬中。參考"19歐尚"注2。與"19歐尚"一樣,該記載未見於船橋本。

4. 關於陽明本的"栽松柏八行"及後文"鄉人爲之立廟,至今在焉也"的原出處,西野貞治認爲,"由於只有許孜一條不能夠從唐代編撰的《晋書》以外找到出處,或許可以懷疑是唐代以後所作。但是,此《孝子傳》的'栽松柏八行'與《晋書》的'列植松柏,互五六里'不符,此《孝子傳》的'鄉人爲之立祠[廟],至今在焉也'的記敘在《晋書》中也未見。編撰於唐代的《晋書》,不僅借助了六朝時撰述的諸家晋書資料,《晋書》的《許孜傳》還將劉宋之人鄭緝之的《東陽記》(《御覽》卷五五九)同樣作爲資料利用。《御覽》中没有引用與此《孝子傳》相合的部分,或許可以推測此《孝子傳》依據的是《東陽記》或是見於《隋志》的鄭緝之《孝子傳》的記載"(《關於陽明本孝子傳的特徵及其與清家本的關係》)。《太平御覽》卷五五九所引鄭緝之《東陽記》中,吃掉了許孜父墳墓上松樹的鹿最後自己選擇了死亡(在《晋書》中,此鹿爲猛獸所殺。猛獸"自撲而死"),另外,現存的鄭緝之《孝子傳》逸文中亦不見關於許孜的記載。

5. 八行,即八列。該描述未見於《晋書》(參考注4)。

6. 船橋本作"州縣"。參考"7魏陽"注8或黑田彰《孝子傳的研究》Ⅰ四。

7. 《晋書》:"元康中,郡察孝廉,不起,巾褐終身。年八十余,卒於家,邑人號其居爲孝順里。咸康中,太守張虞上疏曰……疏奏,詔旌表門閭,蠲復子孫。其子生亦有孝行,圖孜像於堂,朝夕拜焉。"(參考注5)"里人作碑文立也。"(《内外因緣集》)

8. 埋葬其遺骸。"收"或許是牧(孜)的誤寫(《注好選》中"收"作"許牧")。

注解

32　魯義士[1]

【陽明本】

魯國義士兄弟二人。少失父,以與後母居。兄弟孝①順,懃於供養。鄰人酒醉,罵辱其母。兄弟聞之,更於慚耻。遂往殺之。官知覬[2]死。開門不避。使到其家,問曰:"誰是凶身[3]?"兄曰:"吾殺。非弟。"弟曰:"吾殺。非兄。"使不能法,改還白王。王召其母,問之,母曰:"咎在妾身。訓道[4]不明,致兒爲罪。罪在老妾。非關子也。"王曰:"罪法當行。母有二子,何憎②何愛,任母所言③。"母曰:"願殺小兒。"王曰:"少者人之所重。如何殺之?"母曰:"小者自妾之子,大者前母之子。其父臨亡之時曰:此兒小孤,任妾撫育。今不負亡夫之言。"魯王聞之,仰天嘆曰:"一門之中而有三賢,一室之內復有三義[5]。"即併放之。故《論語》云:"父爲子隱,子爲父隱[6]。"用譬此也[7]。

【譯文】

魯國的義士是兄弟二人。很小就失去了父親,和繼母一起生活。兄弟二人很孝順,殷勤侍奉母親。鄰人醉酒後辱罵其母。兄弟聽到後羞愧難當,於是出去殺了對方。官人知道後欲處罰示衆。兄弟打開房門,沒有躲避官差。官差來到他們家,問道:"誰是凶手?"哥哥說:"是我殺的,不是弟弟。"弟弟說:"是我殺的,不是我兄長。"官差無法處罰,遂回去向魯王報告。魯王召來了他們母親詢問。母親說:"錯在我身。因爲我沒有教育引導好孩子們,孩子們才犯了罪。所以是我這個老人的錯。與孩子們無關。"王說:"必須處以刑罰。你有兩個兒子。你憎恨哪一個?喜歡哪一個?按你說的辦。"母親說:"那請殺死弟弟吧。"王說:"人們都愛護幼小者,爲什麽殺他?"母親說:"小的是我生的。大的是前妻的孩子。他父親臨終時說:這孩子從小就成了孤兒,託你撫養了。我現在不能辜負了亡夫的遺言。"魯王聽後,仰天嘆息:"一門之中有三賢,一室之內有三義。"當即釋放了所有的人。因此,《論語》云:"父爲子隱,子爲父隱。"可用這個故事來說明。

【船橋本】

魯有義士。兄弟二人。幼時父母没,與後母居。兄弟懃懃[8]孝順不懈。於時鄰人醉來,詈耻其母。兩男聞之,往殺詈人。爰自知犯罪,開門不避。遂官使來,推鞫[9]殺由。兄曰:"吾殺。"弟曰:"不兄當,吾殺之。"彼此互讓,不得決罪。使者還白王。王召其母問,依實申之。母④申云:"過在妾身。不能孝順,令子犯罪,猶在妾。不在子咎。"王曰:"罪法有限,不得代罪。其子二人,斬以一人。何愛,以不孝斬。"母申云:"望也殺少者。"王曰:"少子者汝所愛也[10],何故然申?"母申云:"少者妾子,長者前母子也。其父命終之時,語妾云:'此子無母,我亦死也,孤露[11]無歸,我死而念之不安。'於時妾語其父云:'妾受養此子,以莫爲思。'父諾,歡喜即命終也。其言不忘,所以白。"王仰天嘆云:"一門有三賢,一室有三義哉!"即皆從恩赦也。

【譯文】

魯國有義士,是兄弟二人。很小就失去了父親,和繼母一起生活。兄弟二人很孝順,侍奉母親從不懈怠。有一次,鄰人喝醉了酒,辱罵他們的母親。兄弟聽到後,出去把辱罵者殺了。他們知道犯了殺人罪,就打開房門,沒有躲避官差。官差來到他們家,調查殺人的經過。哥哥說:"是我殺的。"弟弟說:"與我兄長無關,是我殺的。"雙方互相袒護，無法判斷是誰的罪。官差回去向王如實做了彙報。王召來了他們母親詢問，讓她如實敍述。母親説："過錯在我。没有能夠讓孩子們盡孝，讓孩子們犯了罪，責任是我的，與孩子們無關。"王説："必須處以刑罰。不得代其受罰。你有兩個兒子，有一個人要處以斬刑。你喜歡哪一個？就把另一個不孝的兒子處以斬刑吧。"母親説："那就請殺小兒子吧。"王説："小兒子不是你非常愛護的嗎？爲什麽這樣説？"母親説："小兒子是我生的。大的是前妻的孩子。他們爸爸臨終時對我説：'這孩子没有親娘，我也很快要死了，他成了孤兒就没有人疼愛了。想到這我死不瞑目。'當時我對他父親説：'我會繼續撫養這個孩子的，不必擔心。'他父親聽後欣慰地死去了。我不能忘記這個約定，所以才這麽説。"王仰天嘆息道："一門有三賢，一室有三義啊！"當即恩赦了所有人。

【校勘】

① "孝"，據底本眉批補。

② "憎"，底本作"增"，據眉批改。

③ "母所言"，據底本行間小字補。

④ "母"，底本作"世母"，"世"爲衍字，宜删。

【文獻資料】

《注好選》上65，《今昔物語集》卷九4，《内外因緣集》(以上爲船橋本系)，《發心集》卷六4，《私聚百因緣集》卷九9，《三國傳記》卷一30，《沙石集》卷三6，《孝行集》12。

【注】

1. 原故事不詳。類似的故事有《列女傳》卷五《節義傳》的"齊義繼母"(《藝文類聚》卷二一、《太平御覽》卷四二二、《温公家範》卷三），被認爲是齊宣王田辟疆時代發生的事情。《列女傳》"齊義繼母"的畫像，有東漢武氏祠畫像石的第二石。或許是因爲魯（今山東曲阜）與齊在地理上臨近，以及是孔子的誕生地，而被誤認爲是魯國發生的事情。《齊義繼母》的故事如下：齊宣王時期，山東有一位母親，撫養前妻之子和親生之子。某時，有人在道邊被殺，官吏審問了在屍體旁邊的兄弟二人。兄弟争相認罪受罰，使官吏無法作出判决。官吏上報給了宰相，宰相也不能决斷，就請宣王裁斷。王説，母親是最瞭解兒子的善惡的，把母親叫來，問她認爲哪個兒子該殺。宰相叫來母親詢問，母親哭著祈求殺了親生兒子，理由是不能違背了亡夫的信賴。宰相將這番話告訴了宣王，宣王敬重繼母的品行，赦免了兄弟，並表彰其母爲"義母"。類似的故事有同見於《列女傳》卷五的魯義姑姊、梁節姑姊等。

2. 覿，是炫耀的意思，與"武不可覿，文不可匿。覿武無烈，匿文不昭"（《國語・周語中》）中"覿"的意思一樣。這裏是作爲預防犯罪的儆戒手段而公開執行死刑的意思。

3. 凶身，這裏是行凶之人的意思。

4. 訓道與訓導意思相同，是教訓開導的意思。律令用語。

5. 此故事之後講述的也是在孝子與繼母之間展開的孝行，本故事則是同父異母兄弟爲母親復仇之孝。母親遵守亡夫的遺言，爲了保全繼子而犧牲親生兒子。同父異母的兄弟之間，繼母與繼子之間，亡夫與寡婦之間，相互堅持守義，因此被稱爲"三義"。在日本的故事中，"三義"的含義已經喪失，僅將兄弟定位爲義士，如"義士過赦"（《注好選》）、"義士三賢事"（《内外因緣集》）。另外，《發心集》的"母子三人賢者逃避罪業之事"不知是哪個國家的故事，但其末尾有"這與所謂晉之三賢的故事相似"，至於《三國傳記》的"母子三人賢人之事"則直接以"和云"標記爲日本的故事。

6. 基於《論語・子路》："葉公語……孔子曰：'吾黨之直者異於是，父爲子隱，子爲父隱，直在其中矣。'"對此，桑原隲藏《中國的孝道》（講談社學術文庫,1977年)認爲,"儒教把孝悌爲中心的親情主義視爲其教義的基礎。因此,父子兄弟間的包庇被認爲是理所當然的人之常情。《論語》(《子路第十三》)寫道,一個叫直躬的人向官府告發其父偷竊別人家的羊,孔子批判直躬的行爲違背人之常情,説'父親爲兒子隱瞞,兒子爲父親隱瞞,正直就在其中了'(父爲子隱,子爲父隱,直在其中矣)。同一件事亦見於《韓非子》(《五蠹篇》),韓非認爲直躬的行爲公正無私,對其大加贊賞。孔子和韓非見解的不同,只能歸結於儒家與法家因立場不同而導致的必然結果。與儒家主張親情主義、以人之常情爲出發點不同,法家主張非親情主義,要在法律面前排除一切人情世故",這是儒家與法家的不同之處。本故事中也存在法律與人之常情的矛盾,是依據儒家的理論赦免了罪行。唐律將告發父母的行爲視爲八虐之一,依據《論語》的思想將其列入法律條文。

7. 意爲以這個故事來解釋《論語》中的這句話。

8. "懃懃",殷勤、周到的樣子。

9. 鞠,是審訊的意思,"推鞠"指查證罪行。律令語。

10. 在類似的故事《列女傳》"齊義繼母"中有"夫少子者,人之所愛也"一説。

11. 孤露,參考"14 宋勝之"注9。

33　閔子騫

【陽明本】

閔子騫[1]魯人也。事後母,[2]後母無道[3],子騫事之無有怨色。時子騫爲父御[4]失轡[5]。父乃怪之,仍使後母子御車[6]。父罵之,騫終不自現[7]。父後悟,仍持①其手,手冷[8]。看衣,衣薄[9],不如晚子[10]純衣新綿[11]。父乃悽愴[12],因欲追其後母。騫涕泣,諫曰[13]:"母在一子單,去二子寒②[14]。"父③遂止。母亦悔也[15]。故《論語》云:"孝哉閔子騫!人不④得間於⑤其母又昆弟之言[16]。"此之謂也。孔子飲酒有少過[17],而欲改之。騫曰:"酒者禮也。君子飲酒通顏色[18],小人飲酒益氣力。如何改之?"孔子曰:"善哉!將如⑥子之言也。"

【譯文】

閔子騫是魯國人。一直侍奉後母。後母邪惡,但子騫侍奉她沒有任何不滿的樣子。有一次,他爲父親駕馬車而馬轡脫手。父親覺得不可思議,就把馬車交給後母的兒子駕馭。父親罵子騫,但子騫沒有爲自己辯解。父親後來醒悟了,握著子騫的手,發覺手很涼。一看子騫穿的衣服也很薄,不像其繼母之子那樣穿的是乾凈的内有棉絮的衣服。父親很傷心地嘆息著要將繼母趕走。子騫流著淚勸道:"有母親在,只有我一個孩子穿單衣。如果母親走了,我和繼弟兩個人都要受凍。"父親最終沒有將後母趕走。後母也悔改了。所以《論語》說:"閔子騫真是孝順呀!從沒有人聽到他非議他的繼母和兄弟。"指的就是這件事。孔子喝酒後犯了一個小錯誤,因此想要改掉喝酒的習慣。子騫說:"酒相當於禮。君子飲酒顏色更好,小人飲酒增加氣力。哪裏有改掉的必要呢?"孔子說:"說得好！正如你所言。"

【船橋本】

閔子騫魯人也。事後母蒸蒸[19]。其母無道惡騫,然而無怨色。於時父載車出行,子騫御車,數[20]落其轡。父怪,執騫手⑦,寒如凝冰,已知衣薄。父大悁⑧悁[21],欲逐⑨後母。騫涕諫曰:"母有一子苦⑩,母去者二子寒也。"父遂留之。母無怨心也。

【譯文】

閔子騫是魯國人。一直孝順地侍奉繼母。繼母心地邪惡,厭惡子騫。即便如此,子騫也從沒有表現出不滿的樣子。有一次,父親乘馬車外出。子騫駕車,但是馬轡再三脫手。父親感到奇怪,拿起了子騫的手,發現子騫的手像冰一樣涼。然後,又看到子騫的衣服很薄。父親非常憂傷,想要把繼母趕出去。子騫哭著勸父親:"母親在,只有我一個人苦。假如母親走了,我和弟弟兩個人都要受凍了。"父親最終將繼母留在了家裏。繼母也不再怨恨子騫了。

【校勘】

①"持",底本作"投",據《類說》所引《韓詩外傳》改。

②"寒",底本作"騫",據文義改。

③"父",底本作"又",據文義改。

④"不",底本無,據《論語》補。

⑤"於",底本作"於是",據《論語》刪"是"字。

⑥"如",底本作"如下","下"爲衍字,刪。

⑦"手",底本無,據文義補。

⑧"悁",底本作"悀",據文義改。

⑨"逐",底本原作"遂",上有描改訂正。

⑩ "苦",底本作"若",據文義改。

文獻資料

《韓詩外傳》(《類說》所引。今本《韓詩外傳》中無)、《説苑》(《藝文類聚》卷二〇。今本《説苑》中無)、師覺授《孝子傳》(《太平御覽》卷四一三)、逸名《孝子傳》(《太平御覽》卷三四、《太平御覽》卷八一九)、《蒙求》296注,敦煌本《勵忠節鈔》、敦煌本《事森》、《事文類聚後集》卷五(可能是依據《太平御覽》卷八一九所引逸名《孝子傳》),明曲《蘆花記》,二十四孝系(《詩選》5[草子5]、《日記故事4》、《孝行錄》5)等。

圖像資料

1 東漢武氏祠畫像石("子騫後母弟,子騫父""閔子騫與假母居,愛有偏移,子騫衣寒,御車失棰")。

2 開封白沙鎮出土東漢畫像石("後母身""敏子關父""敏子關""後母子御""子關車馬")。

6 明尼阿波利斯藝術博物館藏北魏石棺("孝子閔子騫")。

12 和林格爾東漢壁畫墓("騫父""閔子騫")。

21 村上英二氏藏東漢孝子傳圖畫像鏡("閔騫父")。

【注】

1. 閔子騫是戰國時代的魯國人,孔子的高徒之一。名損,字子騫。《史記·仲尼弟子列傳》:"閔損,字子騫。[鄭玄曰:'孔子弟子目錄云,魯人。']少孔子十五歲。"《孔子家語》卷七二:"閔損,魯人,字子騫。少孔子十五歲,以德行著名,孔子稱其孝焉。"晚年,閔子騫離開魯國到齊國(《論語·雍也》)。現在,山東濟南等地有被稱爲子騫墓的遺迹。

2. 在此句之前,《類說》所引《韓詩外傳》和《藝文類聚》所引《説苑》有"母死"、師覺授《孝子傳》有"早失母"等,是記載親生母親死亡的資料。另外,《類説》所引《韓詩外傳》有"父更娶"、《藝文類聚》所引《説苑》有"其父更娶,復有二子"、敦煌本《勵忠節鈔》有"父更娶後妻,又生一子"、敦煌本《事森》有"父取後妻,生二子"、古注《蒙求》有"《史記》:閔損,字子騫,早喪母,父娶後妻生二字(子)",都記載了其父再婚以及後母生子數量,只有《勵忠節鈔》中的"生一子"與兩《孝子傳》一致(師覺授《孝子傳》後文也有"若遣母有二寒子也"［參考注 13］,與兩《孝子傳》作後母生一子相同)。《注好選》作"父娶後妻,時於母生二子"。《孝行録》以及《全相二十四孝詩選》等二十四孝系文獻一般都説是生了兩個孩子。子騫即使被後母虐待也没有露出怨色的記載,也見於船橋本,此外只有師覺授《孝子傳》中可見"後母遇之甚酷,損事之彌謹",這也顯示了陽明本、船橋本之間的聯繫。

3. "无(無)道",亦見於船橋本,不行正道、奸邪的意思。談及後母這種性格的有師覺授《孝子傳》"後母遇之甚酷"、《太平御覽》卷八一九所引《孝子傳》"閔子騫幼時爲後母所苦"等,但稱其"無道"的只有兩《孝子傳》。

4. 御,即御者。又可釋爲"爲父親駕車"。

5. 船橋本作"落其轡"。此處相關資料總體上有兩種傾向,作"失轡"的有《類説》所引《韓詩外傳》、《藝文類聚》所引《説苑》、師覺授《孝子傳》、敦煌本《勵忠節鈔》;與此不同,作"失紖(靷)"的有《太平御覽》卷三四所引《孝子傳》、《太平御覽》卷八一九所引《孝子傳》、古注《蒙求》、敦煌本《事森》("失䡎靷")以及除了御伽草子《二十四孝》以外的二十四孝系資料。另外,《注好選》雖然不作"失",即子騫直接放手,但有"後母藏牛紖"之語,可以想像其與作"失紖"的資料之間的關聯。

6. 東漢武氏祠畫像石、開封白沙鎮出土東漢畫像石所描繪的均爲失去馬轡從馬車上掉落、被父親照顧的閔子騫和繼母兒子代替執轡的場面,白沙鎮出土東漢畫像石的榜題中有"後母子御"。在現存資料中,記載後母之子執轡的只有陽明本與師覺授《孝子傳》,反映了漢代《孝子傳》的影響。亦可參考山川誠治《曾參與閔損——關於村上英二氏藏漢代孝子傳圖像鏡》(《佛教大學大學院紀要》31,2003 年)。

7. 船橋本中没有關於子騫被父親責罵却没有辯解的記載，但是師覺授《孝子傳》中有"損默然而已"、古注《蒙求》中有"騫不自理"、敦煌本《事森》中也有"騫終不自理"，可以看出，陽明本在這裏與古注《蒙求》及敦煌本《事森》相通。"現"字，或許原本是"理（回絶、訂正的意思）"字。

8. 船橋本作"執騫（手）"。《類説》所引《韓詩外傳》、《藝文類聚》所引《説苑》、敦煌本《勵忠節鈔》中有"父持其手"，敦煌本《事森》中有"父以手撫之"，陽明本同。另外，如陽明本的"手冷"、船橋本的"寒如凝水"，清晰記載手冰凉是兩《孝子傳》的特點。又，在《太平御覽》所引師覺授《孝子傳》和逸名《孝子傳》中没有父親拿起閔子騫的手之後才注意到後母的所作所爲這一情節，而是後來才知道繼母給繼子和親子的衣服是有所區別的。

9. 船橋本此處也作"衣薄"。在其他資料中，敦煌本《事森》中有"衣甚薄"，敦煌本《勵忠節鈔》中有"衣甚單薄"，《類説》所引《韓詩外傳》和《藝文類聚》所引《説苑》中有"衣甚單"。《太平御覽》所引逸名《孝子傳》、古注《蒙求》、敦煌本《事森》中提到給子騫穿的是"蘆花"（蘆葦的花絮，棉花的替代品），此"蘆花"正是明曲《蘆花記》曲名的由來。

10. 晚子或許是繼母之子的意思。元代小説中可見將繼母稱作晚母的例子。亦是幼子的意思，終歸應該是指繼母的孩子。

11. 純衣原本指《儀禮・士冠禮》中出現的士的祭服，鄭玄注"純衣，絲衣也"。在這裏應該是指乾净的衣服。另外，記載有繼母給孩子穿棉衣的還有敦煌本《事森》中的"後妻二子，純衣以棉"，與此相近，值得關注。其他有師覺授《孝子傳》"其子則棉纊重厚"，古注《蒙求》"所生子以棉絮衣之"，敦煌本《事森》"所生親子，衣加棉絮"等。除以上資料外，《藝文類聚》所引《説苑》中有"衣甚厚温"。

12. 悽愴，指凄惨悲傷的樣子。船橋本也有"父大愽愽"（參考注2），都是描寫父親受到很大的精神打擊。其他資料中描寫了父親知道真相後樣子的，有敦煌本《勵忠節鈔》"責之曰"，敦煌本《事森》"父乃悲嘆"等。

13. 對子騫"哭著"勸阻父親的描述,船橋本也有"騫涕諫曰"。此外,古注《蒙求》中有"騫跪泣白父曰"、敦煌本《勵忠節鈔》中有"騫乃於父前泣悲曰"、敦煌本《事森》有"子騫雨淚前白父曰"、《注好選》有"時閔騫泣曰",等等。

14. 關於子騫的諫言,不同資料間有微妙的差異。船橋本作"母有一子苦,母去者二子寒",敦煌本《勵忠節鈔》則作"母在一子單,母去二子寒",與陽明本非常接近。師覺授《孝子傳》中有"大人有一寒子,尤尚垂心。若遣母,有二寒子也",也與兩《孝子傳》相同,寫到了剩下自己和後母所生的孩子兩人。《類説》所引《韓詩外傳》、《太平御覽》卷三四所引逸名《孝子傳》、《太平御覽》卷八一九所引逸名《孝子傳》、古注《蒙求》、敦煌本《事森》有"母在一子單,母去三子寒"(《御覽》卷三四所引逸名《孝子傳》"單"作"寒",古注《蒙求》"寒"作"單")。《藝文類聚》所引《説苑》寫作"母在一子單,母去四子寒",這與文章開頭記載的"閔子騫兄弟二人"、子騫還有一個親兄弟有關。另外,《注好選》有"母在一子,又在二子。若母去,三子寒死,大人思之",與師覺授《孝子傳》相同,對父親的稱呼用"大人"一詞,值得關注。

15. 記載了子騫諫言後父母作爲的文獻,可以分爲兩種:①像兩《孝子傳》那樣記載了父母親雙方的行爲;②像《類説》所引《韓詩外傳》那樣只記載了父親的行爲。①有陽明本"父遂止,母亦悔也"、船橋本"父遂留之,母無怨心"、古注《蒙求》"父善之而止。母悔改之後,三子均平,遂成慈母也"、敦煌本《事森》"父慚而止,後母悔過。遂以三子均平,衣食如一"等。②有《類説》所引《韓詩外傳》"父曰孝哉"、《藝文類聚》所引《説苑》"其父默然"、師覺授《孝子傳》"父感其言,乃止"、《太平御覽》卷八一九所引《孝子傳》"父遂止"、敦煌本《勵忠節鈔》"父遂不遣"等。

16. 基於《論語・先進》中的"孝哉閔子騫,人不間於其父母昆弟之言"。《白氏六帖》卷八亦有"孝哉[閔子騫]"之語。

17. 以下內容出處不詳。

18. 通顏色，應當是讓顏色變好的意思。《樂府詩集》卷四七古樂府《聖郎曲》中有"酒無沙糖味，爲他通顏色"。

19. 蒸蒸，請參考"2 董永"注6。

20. 數，這裏是常常的意思。敦煌本《事森》用了"數"，作"數失韁紖"，值得注意。

21. 愽，底本作"愽"，"愽"是"博"的俗字，"博博"，意難通。船橋本《孝子傳》京都大學圖書館刊本(1959)的釋文認爲，"愽"是"慎"的誤寫，並將該句解釋爲"父大慎，慎欲逐後母"。然而，"慎"沒有"生氣、憤怒"的意思，故存疑。此處應是《毛詩·檜風·素冠》之句"庶見素冠兮，棘人欒欒兮，勞心慱慱兮"之"慱慱"的誤寫，據此改正。慱慱，毛傳云："慱慱，憂勞也。"即憂慮痛苦的樣子。關於《素冠》，朱熹及之前解釋都認爲它是一篇諷刺人們失去父母後不再服喪三年的詩。慱慱，被解釋爲爲父母服喪三年之人的憔悴的樣子，或者是感嘆"真希望看到有服喪三年而十分衰弱的人"那種憂慮的樣子，是與孝相關的詩歌用詞，這點值得關注。另外，該詩之毛傳又云："子夏三年之喪畢，見於夫子。援琴而弦，衎衎而樂，作而曰：'先王制禮，不敢不及。'夫子曰：'君子也。'閔子騫三年之喪畢，見於夫子。援琴而弦，切切而哀，作而曰：'先王制禮，不敢過。'夫子曰：'君子也。'子路曰：'敢問何謂也？'夫子曰：'子夏哀已盡，能引而致禮，故曰君子也。閔子騫哀未盡，能自割以禮，故曰君子也。'"毛傳此處記載了閔子騫與服喪相關的孝行，不可忽略。

34　蔣詡

【陽明本】

蔣詡[1],字券卿,與後母居。孝敬蒸蒸,未嘗有懈。後母無道[2]憎詡,詡①日深孝敬之。父亡葬送,留詡置墓所,詡爲乃草舍以哭其父。又多栽松柏[3],用作陰凉。鄉人嘗往來,車馬不絶。後母嫉之更甚,乃密以毒藥飲詡。詡食之不死。又欲持刀殺之。詡夜夢驚起曰:"有人殺我。"乃避眠處。母果持刀②斫之,乃著空地。母後悔悟,退而責嘆曰:"此子天所生,如何欲害?是吾之罪。"便欲自殺。詡曰:"爲孝不致。不令致,母恐罪猶子也[4]。"母子便相謝遜,因遂和睦。乃居貧舍,不復出入[5]也。

【譯文】

蔣詡,字券卿,與繼母一起生活。他一心一意孝敬繼母,從來也没有懈怠過。繼母不近情理,憎恨蔣詡,但蔣詡每天都十分敬重母親。父親去世安葬後,蔣詡被留在了墓地,他在草舍中思念父親而哭泣。蔣詡還種了許多松樹和柏樹,形成了凉爽的樹蔭。村裏人經常往來,車馬不絶。繼母對此更加嫉恨,秘密地讓蔣詡喝下了毒藥。蔣詡喝了但没有死。後來繼母又準備用刀殺他。蔣詡晚上做夢醒來,說:"有人想殺我。"於是避開了睡覺的地方。繼母果然拿刀來砍蔣詡,可是只是打在了没有人的地方。繼母後來悔悟,責備自己,嘆息道:"此子是上天所生,爲什麽會想要殺他呢?這是我的罪過。"然後便要自殺。蔣詡説:"是我的孝行還不夠。因爲不夠,所以母親是要降罪於繼子我。"母子二人相互道歉、謙讓,終於重歸於好。他們就住在貧窮的家中,再也没有從那裏離開。

【船橋本】

蔣章訓,字元卿,與後母居。孝敬烝烝,未嘗有緩。後母無道,恒訓爲憎。訓悉⁶之,父墓邊造草舍居。多栽松柏,其蔭茂盛。鄉里之人爲休息,往還車馬亦爲息所。於是,後母嫉妒甚於前。時以毒入酒,將來令飲訓。飲不死。或夜,持刀欲殺。訓驚不害。如之數度,遂不得害。爰後母嘆曰:"是有天③護。吾欲加害,此吾過也。"便欲自殺。訓諫不已。還後母懷仁,遂爲母子之義也云云⁷。

【譯文】

蔣章訓,字元卿,與繼母一起生活。他一心一意盡孝,從來没有敷衍了事。繼母不近情理,總是憎恨他。蔣章訓知道後,在父親的墓旁造了草屋住下,種了許多的松柏。這些樹很茂密,形成了大片樹蔭。鄉里的人都來休息,來往的車馬也把這裏當作休息的場所。爲此繼母比以前更加嫉妒他。有一次,繼母將毒药放入酒中,拿來給蔣章訓喝,蔣章訓喝了但没有死。一天夜裏,繼母想要拿刀殺了他,因爲蔣章訓醒了而没有殺成。這樣的事情發生了幾次,但都没有加害成功。於是繼母嘆息道:"這是有上天的保佑啊。我想要加害於他,這是我的錯誤。"然後便要自殺。蔣章訓拼命勸阻。繼母擁有了仁慈之心,實現了真正的母子之義。

【校勘】

① "烝",底本在"日"字下,又以訂正符號移前。

② "刀",底本原作"力",旁加圈,在天頭寫"刀"字。

③ "天",是底本後補入的文字。

> 文獻資料

《東觀漢記》卷二一。

【注】

1. 關於本故事，《東觀漢記》中可見"蔣翊字元卿。後母憎之，伺翊寢，操斧斫之，值翊如廁"，情節非常簡單，只記載了兩《孝子傳》的後半部分，即繼母想要殺死睡眠中的蔣翊之事，情節也與兩《孝子傳》有些許差異。兩《孝子傳》中沒有《東觀漢記》中蔣翊恰好去廁所而躲過了災難之處，只寫到他在夢中感覺到了危難。另外，根據《蒙求》"蔣翊三逕"故事，一般認爲蔣翊爲隱逸之人，其原型見於《漢書》卷七二，即"杜陵蔣翊元卿，爲兗州刺史，亦以廉直爲名。王莽居攝，(郭)欽翊皆以病免官。歸鄉里，臥不出户，卒於家"。

2. 參考"33 閔子騫"注 3。

3. 關於墓周圍種植松柏之事，請參考"31 許孜"注 3。

4. 意思是：大概是由於我沒有對母親盡孝，因此母親要懲罰作爲繼子的我。猶子，出自《論語·先進》"回也視予猶父也。予不得視猶子"，是與親生子同樣的存在。繼子。

5. 意思是從没有離開過家。注 1 引用的《漢書》本傳雖然意思與此有差異，但亦有"臥不出户"之語。

6. 悉，完全知道的意思。

7. 請參考"44 眉間尺"注 33。

35　伯奇

【陽明本】

　　伯奇者,周丞相伊尹吉甫之子也[1]。爲人慈孝。而後母[2]生一男,仍憎嫉伯奇。乃取毒蛇納瓶中,呼伯奇,將殺小兒戲[3]。少兒畏蛇,便大驚叫。母語吉甫曰:"伯奇常欲殺我小兒。君若不信,試往其所看之。"果見之,伯奇在瓶蛇焉。又讒言:"伯奇乃欲非法於我。"父云:"吾子爲人慈孝,豈有如此事乎[4]?"母曰:"君若不信,令伯奇向後園取菜,君可密窺之。"母先齎蜂置衣袖中。母至伯奇邊白:"蜂蜇我[5]。"即倒地,令伯奇爲除。奇即低頭捨之。母即還白吉甫:"君伺見否?"父因信之。乃呼伯奇曰:"爲汝父,上不慚天,娶後母[6]如此。"伯奇聞之,嘿然無氣。因欲自殞。有人勸之,乃奔他國。父後審定,知母奸詐,即以素車[7]白馬追伯奇,至津所向,曰津吏曰[8]:"向見童子赤白[9]美兒,至津所不?"吏曰:"童子向者而度至河中,仰天嘆曰:'飄風起兮①吹素衣,遭世亂兮無所歸,心鬱結兮屈不申,爲蜂厄即滅我身[10]。'歌訖乃投水而死。"父聞之,遂悲泣曰:"吾子枉②[11]哉!"即於河上祭之,有飛鳥來。父曰:"若是我子伯奇者,入吾懷。"鳥即飛上其手,入懷中,從袖出。父之曰:"是伯奇者,當上吾③車,隨吾還也。"鳥即上車,隨還到家。母便出迎曰:"向見君車,上有惡鳥。何不射殺之?"父即張弓取矢,便射其後母,中腹而死。父罵曰:"誰殺我子乎?"鳥即飛上後母頭啄其目。今世鵚梟[12]是也,一名欐鶹[13],其生兒還食母。《詩》云:"知我者,謂我心憂。不知我者,謂我何求[14]。悠悠蒼④天,此⑤何人哉。"此之謂也。其弟名西奇[15]。

【譯文】

　　伯奇是周丞相伊尹吉甫的兒子。爲人非常善良，很有孝心。可是，繼母生了一個兒子後，開始憎恨、嫉妒伯奇。有一次繼母把毒蛇放入瓶中，叫伯奇過來，像馬上就要殺死小兒子那樣地玩耍。小兒子怕蛇，大聲哭叫。繼母對吉甫説："伯奇總是想要殺死我的小兒子。你如果不相信，就試著去伯奇和小孩玩耍的地方看看。"吉甫一看，和繼母説的一樣，伯奇手中拿著裝了蛇的瓶子。繼母又誹謗伯奇："伯奇想要非禮我。"伯奇的父親説："我的兒子爲人慈孝。怎麼會有這樣的事情？"繼母説："如果你不相信，可以讓伯奇去地裏取菜，你可以悄悄地觀察。"繼母先把蜜蜂放在自己的衣袖裏，然後走到伯奇跟前説："蜜蜂要蜇我。"説完就倒在地上，讓伯奇拿掉蜜蜂。伯奇馬上低下頭將蜜蜂扔掉。繼母回到家對吉甫説："你難道沒有看見？"伯奇的父親相信了繼母的話，馬上叫來伯奇説了下面的話："對於你的父親你無愧於天，却非禮你的繼母。"伯奇聽了，大受刺激，話也説不出來。因此想要自殺。有人勸他去別的國家，於是伯奇逃往他國。父親後來仔細調查，知道了繼母的欺騙行爲，馬上給素車套上白馬去追伯奇。到了渡口，對渡口的官吏説："你有沒有看到有一個漂亮的童子來到渡口？"官吏説："童子先前來渡河，到了河的中間，仰天長嘆道：'飄風起兮吹素衣，遭世亂兮無所歸，心鬱結兮屈不申，爲蜂厄即滅我身。'唱完後投身入水死了。"父親聽後，悲泣著説："是我殺死了我無罪的孩子。"於是在河邊祭奠伯奇，這時有鳥飛來。父親説："假如這只鳥是我子伯奇，那就進入我的懷中。"鳥馬上飛到父親手上，進入懷中，又從袖口出來。父親説："假如這只鳥是伯奇，那一定會乘我的車，跟我一起回去。"鳥馬上上了車，和父親一起回到了家裏。繼母出來迎接父親説："我看到你的車上停着一隻惡鳥，爲什麼不射死它呢？"父親馬上張弓搭箭，射向繼母，中腹部而死。父親罵繼母說："到底是誰殺了我的孩子？"這時，鳥飛到繼母頭上，啄食繼母的眼睛。這個鳥就是現在世上的鴟梟，也叫檽鶊。此鳥生的小鳥，長大後會吃母鳥。《詩經》說："瞭解我的人，說我憂傷惆悵；不瞭解我的人，說我在追求什麼。悠悠蒼天啊，這個人是誰呢？"說的正是這樣的事。伯奇的弟弟，名字叫西奇。

【船橋本】

　　伯奇者，周丞相尹吉甫之子也。爲人孝慈，未嘗有惡。於時後母生一男，始而憎伯奇。或取蛇入瓶，令賫伯奇，遣小兒所。小兒見之，畏怖泣叫。後母語父曰："伯奇常欲殺吾子，若君不知乎，往見畏物。"父見瓶中果而有蛇。父曰："吾子爲人一無惡，豈有之哉？"母曰："若不信者，妾與伯奇往後⑥園采菜。君窺可見。"於時母密⑦16取蜂，置袖中至園。乃母倒地云："吾懷入蜂。"伯奇走寄，探懷掃蜂。於時母還問："君見以不⑧？"父曰："信之。"父召伯奇曰："汝我子也。上恐乎天，下恥乎地。何汝犯後母耶⑨？"伯奇聞之，五內17無主⑩。既而知之後母讒謀也，雖諍難信，不如自殺。有人誨云："無罪徒死，不若奔逃他國。"伯奇遂逃。於時父知後母之讒，馳車逐⑪行至河津，問津史18。吏曰："可愛童子，渡至河中，仰天嘆曰：'我不計之外，忽遭蜂難，離家浮蕩無所歸，心不知所向。'歌已即身投河中，沒死也。"父聞之，悶絕悲痛無限。爾乃曰："吾子伯奇，含怨投身，嗟嗟焉，悔悔哉！"於時飛鳥來至吉甫之前。甫曰："我子若化鳥歟？若有然者，當入我懷。"鳥即居甫手，亦入其懷，從袖⑫出也。又父曰："吾子伯奇之化，而居吾車上，順吾還家。"鳥居車上，還到於家。後母出見曰："噫，惡鳥也。何不射殺？"父張弓射，箭不中鳥，當後母腹，忽然死亡。鳥則居其頭，啄⑬穿面目，爾乃高飛也。死而報敵,所謂飛鳥是也。鷍而不眷養[19]母,長而還食母也。

【譯文】

伯奇是周丞相尹吉甫的兒子。爲人非常善良,很有孝心。從來沒有做過壞事。可是,繼母生了一個男孩後,開始憎恨伯奇。一次,繼母把蛇裝入瓶中,讓伯奇拿著去弟弟那裏。弟弟害怕,大聲哭泣。然後,繼母對父親說道:"伯奇總是想要殺我的孩子。莫非你不知道?你去看看那有多可怕。"父親看見瓶裏果然有蛇。父親說:"我的孩子伯奇人品沒有一點不好。爲什麽會做這樣的事情呢?"繼母說:"如果你不相信我說的事情,那麽我就和伯奇去地裏摘菜。你好好觀察。"去摘菜時,繼母偷偷把蜜蜂放入自己的袖中,然後進了園地。於是,繼母倒在地上說:"我懷裏進了蜜蜂。"伯奇跑過去,從繼母懷中取出蜜蜂扔掉。之後,繼母回到家中問道:"你看到當時的情形了嗎?"父親說:"我相信你說的事情。"父親把伯奇叫來說道:"你是我的兒子。我對天有恐懼,對地有羞恥,爲什麽你會非禮繼母?"伯奇聽後呆住了,馬上意識到是繼母的陰謀,他知道即使爭辯也不會被相信,除非自殺。有人勸伯奇說:"自己沒罪,與其白白死掉,不如逃往別國。"伯奇最後逃走了。這時,父親知道了是繼母在挑撥離間,便趕快駕車去追伯奇,來到了河的渡口,詢問渡口的官吏。官吏說:"一個很可愛的少年要渡河,到了河中間,仰天長嘆道:'我怎麽也沒有想到,突遭蜂難,離家漂泊,無處可歸。心不知所向。'唱完立即投水溺亡。"父親聽了,極度痛苦悲傷。然後說:"我兒子伯奇,抱恨投身水中。可悲!可悔!"這時,一隻鳥飛到了吉甫面前。吉甫說:"我子伯奇變成鳥了?如果是這樣,一定會飛入我的懷中。"鳥馬上停在甫的手上,並且飛進懷中,再從袖子飛出。父親接著說道:"如果你是我兒子伯奇的化身,就停在我的車上,和我一起回家。"鳥落在車上,回了家。繼母出來看到後説:"啊,這是惡鳥,爲什麽不射死?"父親張弓射去,箭没有射中鳥,反而射中繼母的腹部,繼母就這樣死了。鳥馬上停在繼母的頭上,啄其臉和眼,然後高高地飛走了。所謂死了也要向敵人報仇的飛鳥就是這樣。雛時没有被母鳥悉心養育,長大後會吃掉母親。

【校勘】

① "兮",底本作"號",據文義改,下同。
② "枉",底本作"狂",據文義改。
③ "吾",底本作"五",據文義改。
④ "蒼",底本作"倉",據《毛詩》改。
⑤ "此",底本作"如",據《毛詩》改。
⑥ "後",底本作"收",據陽明本改。
⑦ "密",底本作"蜜",據文義改。
⑧ "不",底本作"乎",據文義改。
⑨ "耶",底本作"砌",據文義改。
⑩ "主",底本作"至",據《注好選》改。
⑪ "逐",底本作"遂",據文義改。
⑫ "袖",底本作"莆",據文義改。
⑬ "啄",底本作"喙",據文義改。

文獻資料

《説苑》(向宗魯《説苑校證》本、《世俗諺文》),《列女傳》(《太平御覽》卷九五〇"蜂"、《事類賦》卷三〇"蜂"、《事文類聚後集》卷五、《韻府群玉》卷一、《太平記鈔》、《碧山日録》應仁二年三月二十二日條),《琴清英》(《水經注》卷三三江水注),《琴操》(孫星衍輯校本。醍醐寺本《白氏新樂府略意》下及真福寺本《白氏新樂府略意》卷七),《古列女傳》卷七7,《漢書》卷

五三、卷六三、卷七七、卷七九,荀悦《前漢紀》卷一五,《焦氏易林》卷一·五、卷三·三十七、卷四·五十五、卷四·五十六、卷四·六十一,《後漢書》卷一五、卷九一,曹植《令禽惡鳥論》(《藝文類聚》卷二四)、《貪惡鳥論》(《太平御覽》卷九二三、《太平廣記》卷四六二)、《嵇中散集》卷五,《世説新語·言語篇》,《顏氏家訓》卷一,《孔子家語》卷九,《抱朴子》内篇二、外篇十六,《魏書》卷一九中,《群書治要》卷一九,釋彥琮《通極論》(《廣弘明集》卷四),《史通》卷一八,《兼名苑》(《塵袋》卷三、《塵添壒囊鈔》卷八),《白氏文集》新樂府、天可度,《元和姓纂》卷二,《酉陽雜俎》卷一六,《樂府詩集》卷五七,《琴曲歌辭一》,《孝子傳》(西夏本《類林》卷二、《類林雜説》卷一),敦煌本《北堂書鈔體甲》,敦煌本《古賢集》,《太平寰宇記》卷八八《劍南東道瀘州瀘川縣》,《韻府群玉》卷一、卷三、卷五、卷六、卷一〇等。

《輔仁本草》下,《注好選》上 66,《今昔物語集》九 20,《内外因緣集》(以上三書爲船橋本系),《金玉要集》卷二。流布本系《仲文章·吏民篇》,《日蓮遺文》上野殿御返事,西源院本《太平記》卷一二,《玉塵》卷五、卷四五,《語園》上(《事文》),《新語園》卷七 18(《太平廣記》)、23(劉向《列女傳》、曹植《惡鳥論》),《本朝二十不孝》卷四 3,民間故事《繼子與王位》(《日本民間故事通觀》26 沖繩,民間傳説第 333。還有《南島民間故事叢書》七,19《繼子與蜻蛉》[參考"1 舜"注 5]等)。

本故事由 a 用蛇來嚇小孩、b 用蜂來冤枉人、c 流離投身、d 化成鳥報復後母、e 鴟梟、f 引用詩《黍離》(僅限陽明本)六要素構成。a 主要見於《類林雜説》等,b 主要見於《説苑》《列女傳》等,c 主要見於《琴清英》《琴操》等,d、e 主要見於《令禽惡鳥論》等,f 主要見於《論衡》等。從下文將要提到的圖像資料可知,a 可見於六世紀前期的北魏石刻,d 可見於東漢武氏祠畫像石、嘉祥南武山畫像石、寧夏固原北魏墓漆棺畫等,那麼可以推定此故事總體上成立於漢朝以前。從西漢中期就言及作爲孝子的伯奇的作品(《漢書》卷五三《中山靖王勝傳》等),也應該是緣於這樣的背景。另外,關於本故事的諸要素以及其淵源、與圖像之關係的詳細情況,請參考黑田彰《伯奇贅語——孝子傳圖與孝子傳》(説話與説話文學會《説話論集》12,清文堂,2003年)。

圖像資料

1 東漢武氏祠畫像石(左石室第七石)。

6 明尼阿波利斯藝術博物館藏北魏石棺("孝子伯奇母赫兒""孝子伯奇耶[爺]父")。

14 嘉祥南武山東漢畫像石墓(第二石三層)、嘉祥宋山一號墓(第四石中層、第八石二層)。

19 寧夏固原北魏墓漆棺畫("尹吉符詣聞□喚伯奇化作非鳥""上肩上""將仮□□□樹上射入□")。

22 洛陽北魏石棺床。

【注】

1. 伊尹、吉甫(尹吉甫)不是同一個人。伊尹是殷時丞相,尹吉甫是周宣王時的重臣,兩人常被混同。尹是官名,吉甫是字。宣王征討北方的獫狁時(宣王五年[前823])從軍,可見於《毛詩·小雅·六月》中。即使在日本,也有《注好選》作"伊尹吉補"、《今昔物語集》作"伊尹"等,可見兩人被混同的情況。

2. 繼母。如在"36曾參"以及《孔子家語》《世説新語》《顔氏家訓》中所提及,本故事常被當作對娶後妻的告誡,有學者指出,已經散佚的《私教類聚》(傳吉備真備撰)中,曾有被認爲基於《顔氏家訓》的"莫娶兩妻"(《拾芥鈔》下,教誡部)之條目(瀧川政次郎《私教類聚的構成及其思想》,《日本法制史研究》,有斐閣,1941年),可見在古代日本此故事的受容與中國的情況十分相似。

3. "將殺小兒"一句,難以理解,或許是由於看竄了行,把本應該接在"憎嫉伯奇"後邊的"將殺"二字放在了這裏。關於後母欲殺伯奇,《類林雜説》所引的《孝子傳》云:"後母嫉之,欲殺奇。""戲",或許意爲演技,表達的是計劃假裝要殺了小兒。

4.《琴操》:"吉甫曰,伯奇爲人慈仁,豈有此也。"

5.《説苑》:"往過伯奇邊曰:蜂螫我。"

6."娶後母"是非禮後母的意思。

7. 指不加裝飾的白車,與白馬一起用於喪葬。《後漢書》(《獨行傳·范式傳》)中有"乃見有素車白馬,號哭而來"。

8. 此處前後或許有字句錯誤。

9."赤白",表述不詳。

10. 以上歌詞中,衣—歸(上平聲微韻)、申—身(上平聲真韻)是押韻的。歌的出處不明。《琴清英》中有"尹吉甫子伯奇至孝。後母譖之,自投江中,衣苔帶藻。忽夢見水仙賜其美藥,思惟養親,揚聲悲歌。船人聞而學之。吉甫聞船人之聲,疑似伯奇,援琴作子安之操",講的是投江的伯奇在水中因思念親人而悲歌,船夫聽了也學著唱,被尹吉甫聽到,感覺與伯奇唱的相似,就捧琴來做了仙人子安之曲。此外,作爲樂府琴曲歌辭之一,《履霜操》被認爲是伯奇的作品,内容與這裏的歌詞不同,其云:"履朝霜兮采晨寒,考不明其心兮聽讒言。孤恩別離兮摧肺肝,何辜皇天兮遭斯愆。痛殁不同兮恩有偏,誰説顧兮知我冤。"(《樂府詩集》卷五七)。

11. 柱,指無罪而死。敦煌本《北堂書鈔體甲》亦同。

12. 鵋(䳢),鴟的别字,鵋鴞即鴟鴞(貓頭鷹)。鴟鴞是惡鳥,《説苑》及《令禽惡鳥論》(《藝文類聚》卷二四)提到其叫聲令人討厭。另外,關於食母,本書"36 曾參"(陽明本)也提到,《漢書·郊祀志》孟康注:"梟,鳥名,食母。"《桓譚新論》(《太平御覽》卷九二七):"梟生子長,旦食其母。"陸璣《毛詩草木鳥獸蟲魚疏》下:"流離,梟也……其子適長大,還食其母。故張奠云,鶹鷅食母。"《後漢書》卷三三《朱浮傳》注:"鴟鴞……其子適大,還食其母。"《和名鈔》卷一八(十卷本之七):"梟,古堯反,《説文》云,食父母不孝鳥也。"《塵袋》卷三(伯勞鳥):"兼名苑云,服鳥,一名伯趙,一名鵙,伯勞也。其生長大，便反食其母。一名梟，即不孝鳥。尹吉甫，前婦子伯奇，爲繼母所讒，遂身投律河。其靈爲惡鳥。今伯勞鳥之云。"還有，關於鴟梟高飛啄食母親眼睛，《禽經》(《説郛》卷一五。西野貞治《關於陽明本孝子傳的特徵及其與清家本的關係》指出過)、曹植《貪惡鳥論》(《太平廣記》卷四六二)中也可見。這些文章中的多數都被《令禽惡鳥(論)》所引用(參見"文獻資料"欄目所記黑田彰論文)。而且，船橋本的"飛鳥"也是因其能高飛而產生的稱呼，《今昔物語集》卷九 20 也有"高飛"一詞。圖像資料 19 的榜題中所見"非鳥"的"非"字，應與"飛"相通，這個稱呼在中國很早就有。

13. 此字訓詁不詳。或許是《貪惡鳥論》以及前注《塵袋》中所見的伯勞(博勞)。伯勞通常對應鵙。《貪惡鳥論》把《毛詩·豳風·七月》中的"鵙"釋爲"伯勞也"，《爾雅·釋鳥》中也有"鵙，伯勞也"。關於伯勞與鴟梟的關係，參見"文獻資料"欄目所記黑田彰論文。

14. 引用《毛詩·王風·黍離》的詩句。《太平御覽》卷四六九所引《韓詩》提到，此詩是伯封(伯奇的弟弟，參考注 15)所作，表達了對逝去之人的哀傷。

15. 其他所傳，弟弟的名字作"伯邦"(《琴操》)、"伯封"(《韓詩》《說苑》《貪惡鳥論》)、"圭"(《類林雜説》)、"子圭"(敦煌本《北堂書鈔體甲》)等。"圭"可能是"封"的誤寫。

16. 底本作"蜜"，這種用字也被《今昔物語集》繼承。

17. 五內是五臟或心中的意思。"無主"指衝擊太大，無所適從。

18. 此處訓讀根據底本的旁訓。"史"看上去像是"吏"的誤寫，但《注好選》也作"史"，從語義看也沒有不妥，因此取"史"。

19. 眷養，指精心撫養。

36　曾參

【陽明本】

曾參[1]魯人也。其有五孝[2]之行，能感通靈聖。何謂爲五孝？與父母[3]共鋤苽[4]，誤①傷株②[5]一株。父③叩其頭見血，恐[6]父憂悔，乃彈琴[7]自悅之。是一孝也。父使入山采薪[8]，經停未還。時有樂成子[9]來覓之，參母乃嚙④腳指[10]。參在山中，心痛恐母乃不和。即歸問母曰："太安善不？"母曰："無他。"遂具如向所說。參乃尺然[11]，所謂孝[12]感心神，是二孝也。母患[13]，參駕車往迎。歸中途渴之，遇見枯井，猶來無水。參以瓶臨，水爲之出，所謂孝感靈泉[14]，是三孝也。時有鄰境兄弟二[15]。人更曰："食母不令飴肥。"參聞之，乃迴車而避，不經其境[16]，恐傷母心。是四孝也。魯有鴆梟[17]之鳥[18]。反食其母，恒鳴於樹。曾子語此鳥曰："可吞音[19]，去勿更來此。"鳥即不敢來。所謂孝伏禽鳥，是五孝也。孔子[20]使參往齊[21]，過期不至。有人妄言，語其母曰："曾參殺人[22]。"須臾[23]又有人云："曾參殺人。"如是至三，母猶不信。便曰："我子之至孝，踐地[24]恐痛，言恐傷人。豈有如此耶？"猶織⑤如故。須臾參還至，了無此事。所謂讒⑥言至此，慈母[25]不投杼[26]，此之謂也。父亡七日[27]，漿水[28]不歷口。孝切於心，遂忘飢渴也。妻死[29]，不更求妻[30]。有人謂參曰[31]："婦死已久，何不更娶？"曾子曰[32]："昔吉甫⑦[33]用後婦之言，喪其孝子。吾非吉甫，豈更娶也。"

【譯文】

曾參是魯國人。他有五種孝行，能使精靈感通。那麼何謂五孝？曾參與父母一起在瓜田鋤地時，不小心弄傷了一株。父親打了曾參，曾參頭上流血，父親害怕又後悔。於是曾參彈琴取悦父親。這是第一孝。父親讓曾參去山中砍柴，他尚在山中沒有回來時，樂成子來了，説想見曾參，曾參的母親於是就咬了一下自己的腳趾。曾參在山上感到心口疼痛，擔心母親發生了什麽不好的事情。於是他馬上回家問母親："可還安好？"母親説："沒有什麽不妥。"仔細説明了緣由，曾參才明白。這就是孝感通心神，爲第二孝。母親生病，曾參駕車去接。回來途中口渴，恰好遇到一口乾枯的水井，到了跟前但沒有水。曾參持瓶面對水井，於是水爲曾參而出，這是孝心感動了靈泉，爲第三孝。曾經，相鄰的地方住著兄弟二人。人們説："那兩兄弟吃了母親，也沒有長肥。"曾參聽到這些話，讓車繞路避開那裏，不經過有這家的地界。這是因爲擔心引起母親傷心，爲第四孝。魯國有一種叫鴟梟的鳥。它們會反過來吃自己的母親，總是在樹上叫。曾參對此鳥説："莫要叫，離開這裏，再也不要回來。"於是，此鳥再也沒敢回來。這是孝心折服了鳥，爲第五孝。一次，孔子讓曾參去齊國，過了時間還沒有回來。有人胡説，告訴曾參的母親："曾參殺人了。"不久，又有人説："曾參殺人了。"這類事情發生了三次，曾參的母親依然不相信。並且説："我兒至孝，踩地唯恐大地疼痛，説話唯恐傷害他人。怎麽會做殺人這樣的事情呢？"她依然繼續織布。不久之後，曾參回來了，他並沒有殺人。即使有這樣的讒言，慈母也沒有停止織布，説的就是這件事。父親去世後，曾參七天沒有喝湯水。孝心到了極致，連飢餓都忘了。妻子去世後，曾參沒有再娶。有人對曾參説："你的妻子已經去世很久了，爲什麽不再娶？"曾參説："過去吉甫相信後妻的話，導致孝子伯奇死了。我不是吉甫，爲什麽要再娶呢？"

注解

【船橋本】

曾參者魯人也。性有五孝。鋤苽⑧草,誤損一株。父打其頭,頭破出血。父見憂傷,參彈琴。時令父心悅⑨,是一孝也。參往山採薪,時朋友來也。乃噛自指,參動心走還。問曰:"母有何患?"母曰:"吾無事,唯來汝友。因茲吾馳心耳。"是二孝也。行路之人渴而愁之,臨井無水。參見之,以瓶下井。水滿瓶出,以休其渴也。是三孝也。鄰境有兄弟二。或人曰,此人等,有饑饉之時,食己母。參聞之。乃迴車而避,不入其境。是四孝也。魯⑩有鴟梟,聞之聲者,莫不爲厭。參至前曰:"汝聲爲諸人厭,宜韜之勿出。"鳥乃聞之遠去,又不至其鄉。是五孝也。參父死也。七日之中漿不入口,日夜悲慟也。參妻死,守義不娶⑪。或人曰:"何娶⑫耶?"參曰:"昔者吉甫,誤信後婦言,滅其孝子。吾非吉甫,豈更娶⑬乎?"終身不娶云云³⁴。

【譯文】

曾參是魯國人。品格中有五孝。鋤瓜田中的草時,不小心傷了一株瓜。父親打曾參的頭,曾參受傷流血。父親看到了很後悔、傷心,曾參就彈琴,讓父親的心情好起來。這是一孝。曾參去山中砍柴時,朋友來訪。曾參的母親就咬了自己的指頭,曾參心中不安而跑回家中,問母親說:"母親哪裏不舒服?"母親說:"我没事。只是你的朋友來了,所以心中在想著你。"這是第二孝。行路之人因爲口渴來到井前,但是没有水。曾參見了,把瓶子放入井中。水瓶裝滿了水後將其取出來,給路人解渴。這是第三孝。附近有兄弟二人。有人說,他們在饑荒時吃了自己的母親。曾參聽說後,改變車行方向,再也没有經過那個地方。這是第四孝。魯國有種叫鴟梟的鳥。聽了這種鳥的叫聲,總是讓人心情變得不好。於是曾參走到鳥的跟前説道："大家討厭你的叫聲。不要再發出聲音。"鳥聽了後馬上遠離,再也沒有回到這裏。這是第五孝。曾參的父親死了。曾參七天時間沒有喝湯水,晝夜痛哭。妻子死了,曾參堅守道義沒有再婚。有人説："爲什麽不再娶妻?"曾參回答："過去吉甫誤信後妻之言,導致孝子死了。我不是吉甫,豈會再娶?"於是曾參終生都沒有娶後妻。

【校勘】

① "誤",底本作"設",據船橋本改。
② "株",底本作"林",據文義改。
③ "父叩其頭",底本作"叩其父頭",據船橋本（"父打其頭"）改。
④ "嚙",底本作"齒",據船橋本改。
⑤ "織",底本作"識",據文義改。
⑥ "讒",底本作"纔",據文義改。
⑦ "甫",底本作"補",旁有訂正符號,據眉批"甫"字改。
⑧ "苾",底本重描,據陽明本改。
⑨ "時令父心悦",底本作"之令父悦日心",據《注好選》（"時",底本的"之、日"或是"眐[時]"的誤寫）、《內外因緣集》（"令悦父心"）改。
⑩ "魯",底本作"曾",據陽明本改。
⑪⑫ "娶",底本作"嫁",據文義改。
⑬ "娶乎",底本作"聚子",據文義改。

【文獻資料】

以下分 a 彈琴故事、b 嚙指故事、c 感泉故事、d 避境故事、e 鴟梟故事、f 投杼故事、g 絕漿故事、h 不娶故事例舉。

a 彈琴故事——《韓詩外傳》卷八,《孔子家語》卷四（以及《司馬溫公家範》卷五）,《說苑》卷三（以及《北堂書鈔》卷一〇六,《藝文類聚》卷二〇,

《太平御覽》卷四一三、卷五七一,《事類賦》卷一一,《廣事類賦》卷一六),《注好選》上52(以及《體源鈔》卷八上),《十訓抄》卷六20,《古今著聞集》卷八10(根據《十訓抄》),《內外因緣集》(船橋本系。包含a—h,但與船橋本一樣,除了欠缺f投杼故事外,在g絕漿故事後有吏祿故事[見於《韓詩外傳》卷七,被《純正蒙求》上"曾參吏祿"等引用,在日本也很早就被《令集解‧賦役令》第17條所引古記引用]),《語園》上(《孝子傳》),《類雜集》卷五34(引用《十訓抄》。此外該書的卷五32引用了b嚙指故事["廿四孝行錄云"]、33引用了g絕漿故事[《言泉集》]、35引用了《論語‧泰伯》"注鄭玄")。

b嚙指故事——《論衡》卷五(只是"搤臂",《事文類聚後集》卷四及《廣博物志》卷一八),《搜神記》卷一一(以及《太平御覽》卷三七〇),《孝子傳》(《太平御覽》卷三七〇),敦煌本《籯金》卷二29,《鏡中釋靈實集》(聖武天皇《雜集》99),二十四孝系(《詩選》6[草子6]、《日記故事》3,《孝行錄》6[含f投杼故事]),《內外因緣集》(船橋本系),《雜類集》卷五32(據《孝行錄》)。

c感泉故事——原始依據不詳。《孝子傳》(敦煌本《新集文詞九經鈔》48),敦煌本《語對》卷二六3"日烏"注("日烏"出現在曾參三足烏故事中,曾參"鋤瓜"的時候,三足烏來萃其冠。東漢伏無忌撰《伏侯古今注》[《玉函山房輯佚書》所收。《初學記》卷二六、《藝文類聚》卷九二、《太平御覽》卷九二〇所引《抱朴子》等都有引用]記載了這個情節[《淵鑒類函》卷二七一人部孝三"烏棲冠上"歸爲《家語》],亦見於敦煌本《籯金》卷二29"烏冠"),《廣博物志》卷一〇、《曾子家語》卷六(《御覽》引《孝子傳》),陝西歷史博物館藏唐代三彩四孝塔式罐榜題(參考圖像資料),《內外因緣集》等。參考注13。

d避境故事——原始依據不詳,參考注15。《內外因緣集》。類似的勝母里故事(曾參避開以勝母爲名之地的故事)可見於《新序》卷七(袁族目因吃了孤父的盜丘人的食物而恥辱並自殺的故事。下文爲"縣名爲勝母,曾子不入"),其成句除《新序》卷三("里名勝母,而曾子不入")、《淮南子》卷一六("曾子立孝,不過勝母之閭")之外,還有《史記·鄒陽傳》("縣名勝母,而曾子不入")、《漢書·鄒陽傳》"里名勝母,曾子不入"、《鹽鐵論》卷二("曾子不入勝母之閭")、《説苑》卷一六("邑名勝母,曾子不入")、《論衡》卷九("曾子不入勝母之閭")、《劉子新論》卷三("里名勝母,曾子還軑")、《顔氏家訓》卷四("里名勝母,曾子斂襟")、《論語撰考讖》("里名勝母,曾子廉襟"、《太平御覽》卷一五七所引)等文獻中亦可見,日本的《海道記》、《十訓抄》卷六 29、《太平記》卷二九等也有引用。

e 鴟梟故事——《水經注》卷二五泗水注(參考注 15)、《内外因緣集》。類似的故事亦見於《説苑》卷一六、陳思王《令禽惡鳥論》(《藝文類聚》卷九二)等。

f 投杼故事——僅存於陽明本。《史記·甘茂傳》、《戰國策·秦策》(以及《廣事類賦》卷一六),敦煌本《春秋後語》、《新序》卷二,敦煌本《事森》("出《史記》"),林同《孝詩》閔子,二十四孝系(《孝行録》6)。

g 絶漿故事——《禮記·檀弓上》(《曾子家語》卷二、以及《曾子全書》周禮四),敦煌本《語對》二十四喪孝"絶漿"注。《言泉集·亡父帖》、《普通唱導集》下末(均爲陽明本系)、《内外因緣集》(船橋本系)、《類雜集》卷五 33(引用《言泉集》)。類似的羊棗故事(父親死後,曾參不吃父親生前喜好的羊、棗)可見於《孟子·盡心下》、《類林雜説》卷一五 98、《小學日記》卷二、《書言故事》卷一〇等也有引用。也有以羊棗故事爲内容的《孝子傳》版本(敦煌本《籑金》卷二 29"食棗"所引),《太平御覽》卷八六二中收的故事把父親、棗換成了母親、生魚。

h 不娶故事——《韓詩外傳》(《漢書·王吉傳》注。注意,與吉甫、伯奇無關)、《孔子家語》卷九(没有曾參與妻子死別的部分。同《司馬温公家範》卷三、《事文類聚後集》卷五)、《顔氏家訓》卷一、《内外因緣集》。曾參趕走没有將黎草蒸透的妻子的情節見於《孔子家語》的不娶故事前段、《白虎通》上等(以及《語園》上[《事文》]),虞盤佑《孝子傳》(《太平御覽》卷九九八)内容與此同。

┌─────┐
│圖像資料│
└─────┘

　　1 東漢武氏祠畫像石(f。"曾子質孝,以通神明,貫感神祇,著號來方,後世凱式,□□[以正]樞綱""讒言三至,慈母投杼")。

　　12 和林格爾東漢壁畫墓("曾子母""曾子")。

　　21 村上英二氏藏東漢孝子傳圖畫像鏡(f。"曾子母""曾子")。

　　陝西歷史博物館藏唐代三彩四孝塔式罐(a、c。"曾子父後薗鋤苽,悟[悞]傷一寧。曾子見父,愁憂不樂。曾子取琴撫,悦父之情。是爲孝也""曾子母患,將向師家。去之行次,母渴無水。遇逢一丘井,從來無水。曾子將瓶入井,化出水,濟其母渴。是爲孝也")。

　　二十四孝圖的曾參圖(b),自滎陽司村宋代壁畫墓以下多見。

【注】

　　1. 指曾子。曾子是魯國南武城(今山東費縣)人,名參,字子輿。孔子的弟子,通孝道,被認爲是《孝經》《曾子》的作者。

　　2. 五孝通常指天子、諸侯、卿大夫、士、庶人這五種身份的人所行的孝道,但這裏指關於曾參孝行的五個小故事。

　　3. 彈琴故事。"與父母"在《注好選》中作"與父"。曾子的父親是曾蒇(點),字晳。

　　4. 苽是菰的俗字,指瓜(《類聚名義抄》)。《伏侯古今注》作"鋤瓜"。船橋本"苽"字因描改而難以辨認,京都大學圖書館刊本(1959)的釋文認爲指"把草叢中的雜草除去"。《孔子家語》中有"耘瓜",《説苑》中有"芸瓜"。

　　5. 株,指根部。《説苑》作"誤斬其根"(《太平御覽》卷四一三所引作"誤斷其根")。

　　6. 底本中"父"字的位置可能是錯的。關於"叩"(船橋本作"打"),多數寫作以"杖"(《韓詩外傳》)、"大杖"(《説苑》等)打,《孔子家語》中有"建大杖擊其背"。

7. 曾參爲父母作的琴曲有《曾子歸耕》《梁山操》等(收在《琴操》下)。值得注意的是,關於彈琴故事,《孝子傳》省略了原故事(《韓詩外傳》《説苑》《孔子家語》)的結尾部分,即後來曾參並未試圖躲避父親的過度暴力,被孔子嚴厲斥責。類書的樂、歌中采用的《説苑》(《北堂書鈔》卷一〇六、《事類賦》卷一一、《太平御覽》卷五七一等)也采取了同樣形式。

8. 嚙指故事。《太平御覽》卷三七〇所引逸名《孝子傳》中有嚙指故事,這一點值得關注,二十四孝系使用了此故事。陽明本的"父",船橋本中未見。

9. 船橋本作"朋友"。樂成子指樂正子春(樂正是複姓),魯國人,曾子的弟子。《太平御覽》卷三七〇所引《孝子傳》中客人的名字也作"樂正"。

10. 船橋本等一般作"指",陽明本的"腳指"比較例外。

11. 尺然,指釋然,解開疑問的樣子。

12. 曾參的孝使他的心能感覺到母親的異常狀態。《論衡》云:"傳書言,曾子之孝,與母同氣……蓋以至孝,與父母同氣,體有疾病,精神輒感。"

13. 感泉故事。敦煌本《新集文詞九經鈔》48 中有"《孝子傳》云……曾參曰一於親,枯井涌其甘醴",《語對》卷二六 3 中有"曾參……又與母行,母渴。曾參悲向涸井,井爲之出",此外,明董斯張《廣博物志》卷一八中可見"曾參行孝,枯井涌泉"(出處可能是《本草》),清代王定安《曾子家語》卷六中可見"曾參行孝,枯井生泉"("右《御覽》引《孝子傳》")。船橋本没提到母親,施水故事中的對象成爲了"行路之人"(《内外因緣集》亦同),陝西歷史博物館藏唐代三彩四孝塔式罐(參考圖像資料)上描繪的故事以及敦煌本《語對》等記録,則與陽明本較爲接近。本故事的原始依據不詳,但是回溯晋時王嘉《拾遺記》中云:"曹曾,魯人也。本名平,慕曾參之行,改名爲曾……時亢旱,井池皆竭。母思甘清之水,曾跪而操瓶,則甘泉自涌,清美於常。"這段記載或許後來發展成了曾參故事。

14. 所謂孝超自然地感動了神明,令泉水自發涌出。

15. 避境故事。關於避境故事(d)和下鴟梟故事(e)的成立,西野貞治曾有論述:"需要指出,被認爲流傳於北朝的故事與此《孝子傳》的故事是相符的。北魏酈道元《水經注》(泗水注)中有'道西有道兒君碑,是魯相陳君立。昔曾參居此,梟不入郭'。曾參的這一奇跡在其他書中未見,讓人想起《新序》(雜事、節士)、《淮南子》(說山訓)等文獻中曾子不入勝母里之地的故事,以及《說苑》(談叢)中梟因爲叫聲被人厭惡而準備搬走時,被鳩說假如不改變難聽的叫聲,即使換了地方也沒用的寓言。只是,我們不知道如何從這兩條演變成《水經注》中可見的故事。也就是說,因爲有了此《孝子傳》中'時有隣境兄弟二人,更曰食母不令飴肥,參聞之乃,迴車而避,不經其境,恐傷母心,……魯有鴟梟之鳥,反食其母,恒鳴於樹,曾子語此鳥曰,可吞音,去勿更來,此鳥即不敢來,所謂孝,伏禽鳥……',《淮南子》中的'曾子立孝,不過勝母之閭'一句是如何被民間大衆理解的就清楚了,再通過《孝子傳》中曾子對梟說不要再來這樣的敘述,便能理解《水經注》所記載的曾子奇跡。也就是說,此《孝子傳》中存在與北朝民間傳說相符之處。"(《關於陽明本孝子傳的特徵及其與清家本的關係》)關於類似的故事勝母里故事,參考文獻資料 d。

16. 《劉子新論》中有"里名勝母,曾子還軔"(軔指車輪),《海道記》中有"把車掉頭不過",等等。

17. 鴟梟故事(參考注 15)。《水經注》:"昔曾參居此。梟不入郭。"(見泗水注。泗水是魯地的河流。)

18. 關於鴟梟,參考"35 伯奇"注 12。

19. 莫出聲。船橋本的"宜韜之勿出"也是不出聲的意思。

20. 投杼故事。不見於船橋本,只見於陽明本和二十四孝系的《孝行錄》。

21. 被認爲是曾參住在費時(《戰國策》《史記》)及住在鄭時(《新序》)的事情,但是,這些文獻中此處未提及曾參見孔子之事。

22. 這是與"同姓名者"(《史記》)即另一個曾參的所爲混淆了。

23. 不久後。

24. 輕輕踩地,即躇地(謹小慎微的樣子)的意思。

25. 武氏祠畫像石曾參圖榜題中有"讒言三至,慈母投杼"(《戰國策》中有"而三人疑之,則慈母不能信也"),如文獻資料f中所列《史記》以下的投杼故事中,都有參母聽了第三個人的誤報,態度終於動搖,扔下杼逃走了的情節。與此相反,陽明本作"如是至三,母猶不信……猶織如故……所謂讒言至此,慈母不投杼,此之謂也",提到即使聽到第三次讒言曾母依然泰然自若,可能是爲徹底表達曾參的至孝和母親對其的信賴而改寫。另外,雖然其内容與其他文獻相反,但詞句與武氏祠畫像石下部的銘文"讒言三至,慈母投杼"行文相似,這一點值得關注(下見隆雄氏認爲其下部的銘文等有後世加上的可能。請參考《儒教社會與母性——從母性威力的角度看漢魏晉中國女性史》Ⅱ卷五章一節之Ⅷ[研文出版,1994年])。

26. 杼,織機上牽引横綫的工具。

27. 絶漿故事。敦煌本《語對》中有"曾參母亡,絶漿七日(不飲)"。

28. 關於漿水,參考"13老萊之"注7。

29. 不娶故事。關於此不娶故事,西野貞治氏認爲,"另外,《孔子家語》(今本卷九《七十二弟子解》)中出現的曾子,因爲給母親的藜草没有煮熟而趕走了妻子,此故事也見於《白虎通·諫諍篇》,但有觀點認爲,就曾子其人看,這或許是荒誕不合理的(孫志祖《家語疏證》卷五),或者可能是由於某種原因,《白虎通》有所隱瞞(苑家相《家語證偽》卷九,陳立《白虎通疏證》),這種觀點都把《韓詩外傳》(《漢書·王吉傳》注)中的'曾子喪妻,不更娶,人問其故,曰,以華元善也'作爲證據之一。不過,就像《疏證》也指出的那樣,《顔氏家訓·後娶篇》也可見'曾參婦死,謂其子曰,吾不及吉甫，汝不及伯奇'，關於不娶的説法與《韓詩外傳》相同。然而，《家訓》中言及吉甫伯奇的部分不僅比《外傳》多，貶低自己的孩子不如伯奇的態度也與《外傳》中稱善的態度完全不同。從這一點看，很明顯《家訓》不可能是基於《外傳》的，但到底是基於什麽文獻，並不清楚。不過，此《孝子傳》中的'妻死不更求妻，有人謂參曰：婦死已久，何不更娶？曾子曰：昔吉甫用後婦之言，喪其孝子，吾非吉甫，豈更娶也'，這一説法或許與《家訓》有某種關聯。就如後面所説，伯奇在北朝的孝子傳畫像中也可見到，他的故事在北朝流行，而顔之推是長期生活在北朝、死於隋代的人，其《家訓》與其他書的記載不同，也許可以認爲是反映了北朝時期書籍甚或是民間的説法"（注15論文）。參考文獻資料f。

30.《韓詩外傳》（《漢書·王吉傳》注）中有"曾參喪妻不更娶"，《顔氏家訓》中有"曾參婦死……終身不娶"，等等。

31.《韓詩外傳》（《漢書·王吉傳》注）中有"人問其故"。

32. 與曾參的話類似的句子有《孔子家語》"尹吉甫以後妻放伯奇。吾……不比吉甫"。與後半部分類似的有《顔氏家訓》"吾不及吉甫，汝（指曾參的孩子華、元）不及伯奇"等。

33. 參考前一個故事"35伯奇"。

34. 參考"44眉間尺"注33。

37　董黯[1]

【陽明本】

　　董①黯家貧至孝。雖與王奇並居，二母[2] 不數② 相見。忽會籬邊。因語曰黯母："汝年過七十，家又貧。顏色乃得怡悦[3] 如此何？"答曰："我雖貧食完[4] 麁③衣薄，而我子與人無惡。不使吾憂故耳。"王奇母曰："吾家雖富，食魚又嗜饌，吾子不孝，多與人怨。懼罹④其罪。是以枯悴耳。"於是各還。奇從外歸。其母語奇曰："汝不孝也。吾問見董黯母，年過七十，顏色怡悦。猶其子與人⑤無惡故耳。"奇大怒。即往黯母家，罵云："何故譏言我不孝也？"又以腳蹴之。歸謂母曰："兒已問黯母。其云，日日食三斗。阿母自不能食，導兒不孝[5]。"黯在田中，忽然心痛[6]，馳奔而還。又見母顏色慘慘[7]，長跪問母曰："何所不和？"母曰："老人言多過矣[8]。"黯已知之。於是王奇日殺三牲[9]，且⑥起取肥牛一頭殺之，取佳完十斤，精米一斗，熟而薦之。日中又殺肥羊一頭，佳完十斤，精米一斗，熟而薦之。夕又殺肥豬一頭，佳完十斤，精米一斗，熟而薦之。便語母曰："食此令盡。若不盡者，我當用鉾刺母心，用⑦戟鈎母頭。"得此言，終不能食，推盤擲地。故《孝經》云：雖日用三牲養，猶爲不孝也[10]。黯母八十而亡。葬送禮畢，乃嘆曰："父母仇不共戴天[11]。"便至奇家斫奇頭，以祭母墓。須臾監司[12]到縛黯。黯乃請以向墓別母，監司許之。至墓啓母曰："王奇橫苦阿母[13]。黯承天土，忘行己力，既得傷仇身[14]。甘涫醢[15]，甘監司見縛。應當備死。"舉聲哭⑧，目中出血。飛鳥[16]翳日，禽鳥悲鳴。或上黯臂，或上頭邊。監司具如狀奏王[17]。王聞之嘆曰："敬謝[18]孝子董⑨黯！朕寡⑩德統荷萬機[19]，而今凶人勃逆,又應治剪[20],令勞孝子助朕除患。"賜金百斤,加其孝名也。

【譯文】

　　董黯家裏貧窮,但是個至孝之人。雖然他與王奇是鄰居,但兩人的母親並不經常見面。有一天,兩人的母親偶然在籬笆牆邊遇見,王奇之母對董黯的母親説:"你七十多了,家裏又窮,可爲什麼總是看到你愉悦、滿足的樣子?"董黯的母親回答説:"這是因爲我雖然窮,兒子却也給我食肉,即使衣服又舊又薄,但是我兒子不與人爲惡,不讓我操心。"王奇的母親説:"我家雖然富,既吃魚也有美食,可是,我兒子不孝,常與人結怨。我很擔心他什麽時候獲罪,因而很憔悴。"然後,各自回家了。王奇從外邊回來,他的母親説道,"你這個不孝之子。我見了董黯母親,她都七十多歲了,但總是一臉愉悦、滿足的樣子。説是因爲孩子不與人爲惡。"王奇聽後大怒。馬上去董黯的母親那裏,大駡:"爲什麽誹謗我不孝?"用脚踢了董黯之母。王奇回到家對母親説:"兒子我問過董黯的母親了。她説她每天能吃三斗。阿母你自己不能吃,却説兒子不孝。"董黯在地裏忽然胸疼,跑著回到家裏。看到母親很悲傷的樣子,便長跪母親面前問道:"哪裏不舒服嗎?"母親説:"老人話多就是過錯。"董黯都明白了。於是,王奇日殺三牲。早上起來抓一頭肥牛殺了,取好肉十斤、精米一斗做熟後拿給母親。中午又殺一頭肥羊,把好肉十斤、精米一斗做熟後拿給母親。晚上再殺肥猪一頭,把好肉十斤、精米一斗做熟後拿給母親。然後對母親説:"把這些全部都吃掉。如果吃不完,我一定用鋒刺你的心,用戟鉤你的頭。"母親聽了這些話,終究無法吃完,就推開盤子扔到了地上。所以《孝經》説:"雖日用三牲之養,猶爲不孝也。"董黯的母親八十歲去世。葬禮結束後,董黯長嘆:"父母之仇,不共戴天。"立即去王奇家中砍了王奇的頭,祭在母親的墓前。很快,官吏趕來綁了董黯。董黯請求讓他去母親的墓前與母親告別,官吏允許了。董黯來到墓前告訴母親:"王奇粗暴地對待母親。董黯雖是秉承天意之士,母親活著時却忘記了自己復仇的責任,現在已經報了仇,接下來甘願接受菹醢之刑,甘願被官吏綁走,做好了死的準備。"董黯大聲痛哭,眼中流出了血。飛鳥遮住了太陽,禽鳥悲傷地鳴叫。有的停在了董黯的手臂上,有的落在了董黯的頭上。官吏將情況詳細地報告給了大王。大王聽後嘆息道:"敬謝孝子董黯。我雖寡德却統領萬機,可是,現今惡人悖逆,必須對其整治、處罰,以慰藉努力爲朕除患的孝子。"於是賞賜董黯黄金百斤,賜予他孝子之名。

【船橋本】

　　董黯家貧至孝也。其父早没也。二母并存,一者弟王奇之母。董黯有孝也,王奇不孝也。於時,黯在田中,忽然痛心[21],奔還於家,見母顔色。問曰:"阿孃[22]有何患耶?"母曰:"無事。"於時,王奇母語子曰:"吾家富而無寧。汝與人惡,而常恐離[23]其罪,寢食不安[24],日夜爲愁。董黯母者,貧而無憂,爲人無惡,内則有孝,外則有義。安心之喜,實過千金也。"王奇聞之,大忿殺三牲[11]作食,一日三度,與黯之母[25]。爾即曰:"若不喫盡,當以鋒突汝胸腹。"轉載刺母頸。母即悶[12]絶,遂命終也。時母年八十。葬禮畢後,黯至奇家,以其頭祭母墓。官司聞之曰:"父母與君敵,不戴天。"則奏具狀[26],曰[13]:"朕以寡[14]德,統[15]荷萬機。今孝子致孝,朕可助恤[16]。"則賜以金百斤也。

【譯文】

　　董黯家裏窮,但是個孝子。他父親很早就去世了。二位母親都還活著,一人是弟弟王奇的母親。董黯很孝順,而王奇不孝。一天,董黯在地裏,突然胸疼,就跑回家裏觀察母親的臉色。問道:

"母親有什麽擔心的事情嗎?"母親説:"没有擔心的事情。"一次,王奇的母親對兒子説:"我們家雖然富裕却没有安寧。你與人交惡,所以我總是害怕你獲罪,寢食不安,日夜都在擔心。董黯的母親貧窮但是没有什麽憂慮的事情。因爲董黯不與人交惡,在家孝順,在外有義。安心之喜悦實在是勝過千金。"王奇聽了,非常憤怒地殺三牲爲食,一天三次送給董黯之母。他説道:"如果你不全部吃完,我一定用鉾扎入你的胸腹。"王奇越發激動,一下子刺入了董黯母親的頸部。黯母氣絶而死。當時黯母年壽八十。葬禮結束後,董黯到王奇家中,把他的頭砍了祭在母親的墓前。官吏聽到後,説:"父母與主君之仇,不共戴天。"於是,將經過詳細地報告給大王。大王説:"我以寡德之身統領萬機。現在孝子盡了孝,我應當幫助並撫恤他。"於是賜予董黯黄金百斤。

【校勘】

①⑨"董",底本作"薫",據船橋本改。

②"數",據底本眉批補。

③"麁",底本作"鹿",據文義改。

④"罹",據底本眉批改。

⑤"人",據底本眉批補。

⑥"旦",底本作"且",據文義改。

⑦"用",底本作"曲",據文義改。

⑧"哭",底本作"聞哭","聞"爲衍字,删。

⑩"寡",底本作"寬",據文義改。

⑪"牲",底本作"生",據文義改。

⑫"悶",底本作"問悶","問"爲衍字,删。

⑬"曰",底本作"四",據文義改。

⑭"寡",底本作"寬",據文義改。

⑮ "統",底本作"総",據文義改。
⑯ "恤",底本作"坬",據文義改。

文獻資料

《會稽典錄》(《三國志·吳書·虞翻傳》裴松之注,《藝文類聚》卷三三,《太平御覽》卷三七八、卷四八二,敦煌本《事森》,敦煌本《語對》卷二三3),《晋書》卷八八《孝友傳敘》以及《許孜傳》,《法苑珠林》卷四九,丁蘭本《父母恩重經》,《開元釋教錄》卷一八,敦煌本《古賢集》,《類林雜說》卷一1,唐崔殷撰《純德真君廟碣銘》(《全唐文》卷五三六。包括《重修董孝子廟碑記》[《純德彙編》卷六上]),《鏡中釋靈寶集》(聖武天皇《雜集》99),《寶慶四明志》卷八,古典戲曲《純孝記》(逸)。

《內外因緣集》,《孝行集》13(黑田彰在《關於静嘉堂文庫藏〈孝行集〉》[《中世説話的文學史環境》,和泉書院,1995年]中指出,其文本是陽明本系)。

論及本故事的論文有黑田彰《董黯贅語——孝子傳圖與孝子傳》(《日本文學》51—7,2002年)。關於近代的《勸孝記》下31、《孝道故事要略》卷六7、《古今二十四孝大成》等對董黯故事的接受情況,德田進《孝子説話集研究——以二十四孝爲中心(近世篇)》(井上書房,1963年)第五章一(四)論述較爲詳細。

圖像資料

5 波士頓美術館藏北魏石室("董晏母供王寄母語時")。
6 明尼阿波利斯藝術博物館藏北魏石棺("孝子董憸與父犢居")。
9 納爾遜-阿特金斯藝術博物館藏北齊石床("不孝王奇")。

【注】

1. 本故事依據的似乎是晋虞預《會稽典錄》(《吳書·虞翻傳》裴松之

注所引《會稽典録》云:"往昔孝子句章董黯,盡心色養,喪致其哀,單身林野,鳥獸歸懷,怨親之辱,白日報仇,海內聞名,昭然光著。"與今本內容不同),同書(《太平御覽》卷三七八所引)另有"董孝治,句章(《類林雜説》作"豫章")人"(句章在今浙江寧波,該省慈溪市相傳因董黯的故事而得名。《類林雜説》作"豫章[今江西]"應是錯誤的)。關於董黯的字,其他文獻中有的作叔達(《純德真君廟碣銘》《寶慶四明志》等),另外,敦煌本《事森》爲了避諱(治是唐高宗的諱)作孝理。在陽明本中,與"2董永"一樣,"董"亦寫作"薫"。此外,還有把黯寫作"晏"(波士頓美術館藏北魏石室榜題)、"黤"(《法苑珠林》)、"黶"(《事森》等)。傳説董黯生活在東漢和帝(89—105)時代(參考注17)、亦傳其爲董仲舒(前179—前104)六世孫(《寶慶四明志》)。據《會稽典録》,董黯雖窮,但因孝順,所以母親體態豐腴。鄰居王奇(中國資料也有作王寄的)雖富,但不孝,所以母親很瘦。王奇因此懷恨在心,侮辱了董黯的母親,最終董黯在母親死後成功報了仇,但並沒有因此獲罪。這就是故事內容。正如西野貞治《關於陽明本孝子傳的特徵及其與清家本的關係》指出的那樣,兩《孝子傳》以及敦煌本《事森》和《古賢集》中,加入了王奇以"三牲供養"泄憤(船橋本中是針對董黯母)的情節。船橋本省略很多(開頭的兩母對話、董黯被帶走及上墳的場面),不容易懂。內容與陽明本極其類似的《事森》作:"董黶,字孝治,會稽越州句章人也。少失其父,獨養老母,甚恭敬。每得甘果美味,馳走獻母,母常肥悦。比鄰有王寄者,其家劇富。寄爲人不孝,每於外行惡。母常憂懷,形容羸瘦。寄母語黶母曰:'婦人家貧年高,有何供養,恒常肥悦如此?'黶母曰:'我子孝順,是故爾也。'黶母后語寄母曰:'婦人家富,羹膳豐饒,何以瘦羸?'寄母答曰:'我子不孝,故瘦爾。'寄後聞之,乃殺三牲致於母前,拔刀脅卿,令喫之。專伺候董黶出外,直入黶家,他母下母床,苦辱而去。黶尋知之,即欲報怨,恐母憂愁,嘿然含憂。及母壽終,葬送已訖,乃斬其頭,持祭於母。自縛詣官,會赦得免。後漢人。出會稽録。"這段表述更容易理解。

2. 兩《孝子傳》都出現了"二母"。值得關注的是,船橋本中董黯和王奇爲異母兄弟。給董黯的母親一日三次三牲之餐,也是基於這一理解。參考注 25。

3. 怡悦,高興滿足的意思。

4. 表示董黯即使貧窮也給母親肉食(完是肉的意思。參考"11 蔡順"注 9),以盡孝養。相反,王奇的母親雖然富裕,從物質條件來講吃的是比肉食更好的魚或饌(《説文》卷五下"具食也","供品"之意),但是精神上不能安心,因而人很瘦。

5. 王奇之語的意思是"我問了董黯的母親,她並沒有説我的壞話,她只是每天吃三斗飯。母親因爲自己不能像她那樣吃那麼多才瘦的,却説是因爲我人品不好、不孝順才瘦的。所以説,母親瘦不是因爲我,而是因爲母親不能吃"。

6. 所謂董黯在田裏忽然心痛,説的是母親受到王奇恐嚇時,他感到心中十分不安,船橋本中没有王奇腳踢董黯母親的場面,王奇的脅迫也變成了強迫董母吃三牲,且出現在後面,因此"心痛"没有與脅迫相呼應,感覺比較唐突。《鏡中釋靈實集》所收《爲人父母忌齋文》作"董黯痛心而遄返"。

7. 慘慘,痛苦悲傷的樣子。

8. 意思應該是"説食三斗是錯誤的"。

9. 三牲,《御注孝經·紀孝行章》注作"太牢也"(備上牛羊豕三牲)。如注 1 提到的西野氏論文所説,"三牲是王侯之禮,不是平民能做得到的(中略)比如《太康起居注》(《御覽》卷八六三)中的"石崇崔亮母疾,日賜清酒粳米各五升,猪羊肉各一斤半",重臣的母親病危也不過賜予兩牲。所以,此故事羅列三牲,是通過貧與富、孝與不孝的鮮明對比,特别是插入誇張不孝兒子愚蠢行爲的部分,描述他不管早上、中午以及晚上都用大魚大肉"款待"母親,目的是期待讀者因爲其兒子極其愚蠢的不道德行爲而愕然哄笑"。十斤,請參考"11 蔡順"注 9。在東漢時代,1 斗約 2 公升。

10. 基於《孝經・紀孝行章》的"三者不除,雖日用三牲之養,尤爲不孝也"。對王奇曲解三牲的描寫,誇張了他的愚蠢。

11. 或許基於《禮記・曲禮上》的"父之仇弗與共戴天,兄弟之仇不反兵,交遊之仇不同國"。

12. 監司,刺史的別名。船橋本所用的"官司",也可見於"9 丁蘭"。

13. 阿母,參考"4 韓伯瑜"注6。

14. 這一句比較難理解。或者是指董黯在地裏時感覺到母親受到了王奇的侮辱,但是與"7 魏陽"中一樣,母親活著時他因爲要盡孝不能馬上復仇,即所謂的"忘行己力"。如果把"承天士忘行己力"看作是"承天志,行己力"(也就是在抄寫的過程中把"志"或者"孝"看成了"士忘")的誤寫,那麽也可以考慮解釋爲"承天之志(或者孝),行己之力"(因爲是秉承了天意的孝,所以完成了自己作爲人子的義務)。"得以傷仇身"指取了王奇的首級,完成了復仇。

15. 菹醢,指把人剁成肉醬的刑罰。因爲爲母親復了仇,董黯甘願接受菹醢之刑,也甘願被綁。

16. 禽(鳥)獸總是最早回應孝行。蔡順("禽獸依德")、陽威、歐尚、顏烏、伯奇、曾參("孝伏禽獸")等,皆屬此例。

17. 關於此處的王,唐崔殷所撰《純德真君廟碣銘》中有"和帝聞其異行,特舍專殺之罪,召拜郎中"等語句,講述了據說是東漢和帝時的傳說(《純德彙編》卷六上載有據稱是和帝永元八年[89]的詔敕)。

18. 此處爲敬謝之意,不過,本來敬謝是恭敬地拒絕,即謝絕之意。

19. 萬機,當政者要處理的所有政治事務。

20. 處罰惡人的意思。"19 歐尚"中有"剪除"的用例。

21. 與陽明本不同,船橋本的"痛心"與"36 曾參"的"五孝"中第二孝的"心痛"一樣。

22. 阿孃,參考"9 丁蘭"注12。

23. 離,與陽明本中的"罹"相同,牽扯的意思。

24. 寢食難安,或者基於"38申生"中的"父食不得驪姬則不食,卧不得驪姬則不安"。

25. 船橋本誤解兩人爲兄弟,將故事改編爲王奇對董黯的母親行"三牲之養",並被董黯因復仇而殺害。但是,哥哥殺弟弟是違背孝悌之道的。船橋本與陽明本的這一差異,可能是因爲其祖本的文本有某種缺損。

26. 具狀,指實事求是、原封不動地陳述。

38　申生

【陽明本】

申生[1]者晉獻公之子也[2]。兄弟三人，中者重耳[①][3]，少者夷吾。母曰齊[②]姜[4]，早亡[5]。而申生至孝。父伐驪戎[③][6]，得女一人，便拜爲妃[7]。賜姓騏[8]氏，名曰驪姬。姬生子[④]，名曰奚齊[⑤]卓子[9]。姬懷妬之心，欲立其子齊[⑥]以爲家嫡。因欲讒之，謂申生曰："吾昨夜夢汝母飢渴弊[10]。汝今宜以酒禮至墓而祭之云[11]。"申生涕泣，具辦肴饌[12]。姬密以毒藥置祭食中[13]，謂言申生："祭訖食之則禮[⑦]。"而申生孝子，不能敢飡。將還獻父，父欲食之。驪姬恐藥毒中獻公，即投之曰[14]："此物從外來，焉得輒食之[15]？"乃命青衣[16]嘗之入口，即死。姬乃詐啼叫曰[17]："養子反欲殺父。"申生聞[⑧]之，即欲自殺[18]。其臣諫曰："何不自理？黑白誰明[19]？"申生曰："我若自理，驪姬必死[20]。父食不得驪姬則不飲，臥不得驪姬則不安。父今失驪姬，則有憔悴之色。如此，豈爲孝子乎？"遂感激而死也。

【譯文】

申生是晉獻公之子。共有兄弟三人，二弟叫重耳，三弟叫夷吾。他的母親叫齊姜，很早就去世了。而申生十分孝順。父親征討驪戎時，得到一個女子，便選爲妃子。賜她姓騏，叫驪姬。驪姬生的孩子叫奚齊、卓子。驪姬懷有嫉妒之心，想要立自己生的奚齊爲嫡子。於是準備陷害申生，對他說："我昨天晚上夢見你的母親，她又饑又渴很難受的樣子。你馬上準備酒禮，去墓地祭祀。"申生流淚哭泣，進獻了豐盛的祭品。驪姬悄悄地把毒藥放到祭食中，對申生說："祭祀完了，要食用祭食，才合乎禮儀。"但是申生是孝子，不敢獨享，於是帶回來獻給了父親。父親正要吃，驪姬擔心獻公中了毒藥，馬上扔掉說：「這些祭品是從外邊來的，怎麼能夠隨隨便便就吃呢？」然後就命令婢女放入口中品嘗，婢女馬上就死了。驪姬於是假裝哭喊道：「養了兒子，他却想要殺父親。」申生聽說後，馬上就準備自殺。這時手下人說：「為什麼不為自己申述呢？一定要搞清楚是非（誰是犯人）。」申生說：「如果我把事實搞清楚了，驪姬必死無疑。父親沒有驪姬吃不下飯，沒有驪姬也睡不好覺。如果父親失去了驪姬，馬上就會憔悴。如果發生了這樣的事情，那還能稱得上是孝子嗎？」最終申生帶著盡孝之意赴死。

【船橋本】

申生晉獻公之子也。兄弟三⑨人，中者重耳，小者夷吾。母云齊姜，其身早亡也。申生孝。於時父王伐麗戎，得一女，便拜為妃，賜姓則騅氏，名即麗姬。姬生子，名曰奚齊。爰姬懷妬心，謀却申生，欲立奚齊。姬語申生云：「吾昨夜夢見汝母飢渴之苦。宜以酒至墓所祭之。」申生聞之，泣涕辨備。姬密⑩以毒入其酒中，乃語申生云：「祭畢即飲其酒，是禮也。」申生不敢飲，其前將來獻父。父欲食⑪之，姬抑而云：「外物不輒用。」乃試令飲青衣，即死也。於時姬詐泣叩⑫曰：「父養子，子欲殺父耶？」申生聞之，即欲自殺。其臣諫云：「死而入罪，不如生而表明也。」申生云：「我自理者，麗姬必死⑬。無麗姬者，公亦不安。為孝之意，豈有趨²¹乎。」遂死也。

【譯文】

申生是晉獻公之子。共有兄弟三人。二弟叫重耳，三弟叫夷吾。他的母親叫齊姜，去世比較早。申生十分孝順。當時，他的父王征討驪戎，得到一個女子，便選為妃子。賜她姓騅，叫驪姬。驪姬生的孩子，叫奚齊。於是，驪姬產生嫉妒之心，設計想要廢掉申生，立奚齊爲獻公的繼位人。驪姬對申生説："我昨天晚上夢見你母親，她又饑又渴，很痛苦的樣子。應當帶著酒到墓地祭祀。"申生聽了流淚哭泣，並準備了酒。驪姬悄悄地把毒藥放入酒中，對申生説："祭祀完了，要把酒喝了，這是禮儀。"申生不敢喝，拿去獻給父親。父親要喝，驪姬阻止道："外邊的東西不能隨便喝。"於是就試著讓婢女喝，婢女立即就死了。這時，驪姬假裝哭泣，跪著説："父親養育了兒子，兒子却想殺父親。"申生聽了後，馬上就準備自殺。手下人勸道："與其死了認罪，不如活著證明清白。"申生説："我證明了自己的清白，驪姬必死無疑。没有了驪姬，獻公也不會心安。盡孝之心，怎麽能在乎證明自己的清白？"於是就自殺了。

【校勘】

① "耳"，底本作"呵"，據船橋本改。
②⑤⑥ "齊"，底本作"晋"，據船橋本改。
③ "戎"，底本作"娘"，據船橋本改。
④ "子"，底本作"孝"，據船橋本改。
⑦ "禮"，底本作"死"，據船橋本改。
⑧ "聞"，底本在其後有"之生聞"，並塗掉。
⑨ "三"，底本有蟲損。
⑩ "密"，底本作"蜜"，據陽明本改。
⑪ "食"，底本無，據陽明本補。
⑫ "叩"，底本標在左邊，有增補記號。
⑬ "必死"，底本作一墨點，據陽明本補。

文獻資料

《春秋穀梁傳》僖公十年，《春秋左氏傳》莊公二十八年、僖公四年，《國語・晉語》,《呂氏春秋》卷一九,《禮記・檀弓上》,《史記・晉世家》,《說苑》卷四,《列女傳》卷七 7,《孝子傳》(《類林雜說》卷一 1"晉申生"所引。西夏本不見)等。《類林雜說》卷六 34"驪姬"(引自《史記・晉世家》),《文選》卷四九《後漢書・皇后紀論》李善注(《左氏傳》),林同《孝經》,《十七史詳節》卷八,《東周列國志》卷二七等。

《今昔物語集》卷九 43(船橋本系),醍醐寺本《白氏新樂府略意》上"陵周妾"注,書陵部本《和漢朗詠集詩注》卷一零本春、蹢躅"夜遊人欲"注(《史記》卷三九《晉世家第九》等),《和漢朗詠詩抄》(《列異傳》),永濟注,東大本《和漢朗詠集見聞》("七十餘人的《孝子傳》")等,也包括仙覺《萬葉集注釋》七"ヒモロキ"注(秘府本《萬葉集抄》、《詞林采葉抄》卷六、《和歌色葉》下等。《列異傳》系),《塵袋》卷三"鬥雞",《太平記》卷一二"驪姬事",《壒囊鈔》卷六 5(根據永濟注《太平記》),謠曲《介子推》,《女訓抄》中三等。

論及過本故事的研究有:增田欣《驪姬故事的傳承與〈太平記〉》(《國文學考》28,1962 年。後收錄於《〈太平記〉的比較文學研究》[角川書店,1976 年]第一章第三節),黑田彰《驪姬外傳——來自中世史記的世界》(《中世說話文學史的環境》[和泉書院,1987 年]Ⅱ二 2),小助川元太《申生說話考——關於〈孝子傳〉及其影響》(《傳承文學研究》46,1997 年),等等。

圖像資料

1 東漢武氏祠畫像石。

14 泰安大汶口東漢畫像石墓("此淺[獻]公前婦子""此晉淺[獻]公見離[麗]箅""此後母離居[麗姬]"),嘉祥宋山一號墓、二號墓,山東肥城東漢畫像石墓。

關於申生圖,參考黑田彰《孝子傳的研究》Ⅱ一。

【注】

1. 申生，一般認爲是晉獻公與其父武公的妾齊姜所生的兒子（《左傳》）。

2. 晉，春秋十二列國之一，位於今山西太原。獻公是晉的第十九代君王。

3. 重耳（後來成爲五霸之一的晉文公），大戎狐姬之子，夷吾是小戎子之子（《左傳》）。

4. 齊姜，齊桓公的女兒（《史記》）。

5. 《史記》："齊姜早死。"《列女傳》："齊姜先死。"

6. 生活在驪山（在今陝西臨潼）的少數民族部族。麗也寫作驪、孋。《元和姓纂》卷二"驪"："《左傳》，驪戎之後，在昭應縣。"（昭應縣即今陝西臨潼。）

7. 《左傳》《列女傳》作"爲夫人"。

8. 船橋本亦同，不詳。

9. 船橋本作"奚齊"。奚齊是驪姬之子，卓子是驪姬的妹妹之子（《左傳》等）。《穀梁傳》《列女傳》記載二者皆爲驪姬之子。

10. 在兩《孝子傳》中，驪姬夢見齊姜，齊姜因爲饑餓而痛苦的情節比較特別，值得關注。因爲《左傳》以下各書中，做夢的不是驪姬，而是獻公（"君"），也沒有記載夢的内容（齊姜因爲饑餓而痛苦）。而有這些記載的，是西野貞治早期指出的與兩《孝子傳》有關的《春秋穀梁傳》，即《穀梁傳》僖公十年云："麗姬又曰：吾夜者夢夫人（夫人指申生母親）趨而來曰，吾苦饑。"《類林雜説》所引《孝子傳》中的"妾昨夜夢，申生之母從妾乞食"屬於《穀梁傳》系，之後明《東周列國志》中記載的齊姜飢餓之苦（"君夢，齊姜訴曰苦飢無食"）亦同。兩《孝子傳》包含有《左傳》《史記》《列女傳》等文獻所没有的《穀梁傳》系的情節（日本的資料中也多有沿襲），説明其形成過程絕不是那麼簡單。

11. 申生在曲沃（今山西聞喜）進行了祭奠（《史記》等）。《史記集解》

中説：" 服虔曰：曲沃，齊姜廟所在。"

12. 肴饌，豐盛的飯菜。具辦，進獻的意思。船橋本的"辦備"亦爲同義。

13. 相對於陽明本在進獻的佳餚中下毒，船橋本作"以毒入其酒中"，即向酒中下毒。關於下毒的方式，有《國語》作把鴆毒放入酒中、把烏頭放入肉中，《穀梁傳》《列女傳》作在酒中放鴆、在肉乾中放毒，《左傳》《史記》作在胙（祭祀時供的肉）中放毒，等等。

14. 船橋本作"姬抑而云"。《史記》中有"驪姬從旁止之曰"。

15. 《穀梁傳》："食自外來者，不可不試也。"《列女傳》："食自外來，不可不試也。"

16. 青衣指婢女。《類林雜説》所引《孝子傳》作"婢"。

17. 船橋本作"姬詐泣叩曰"。《穀梁傳》中有"麗姬……啼呼曰"，《列女傳》中有"驪姬乃仰天叩心而泣，見申生哭曰"，等等。

18. 《穀梁傳》："吾寧自殺。"《史記》："我自殺耳。"

19. 《穀梁傳》中有"世子之傅里克謂世子曰：'入自明。入自明則可以生。不入自明，則不可以生'"，《列女傳》中有"太傅里克曰：'太子入自明，可以生。不則不可以生'"，《史記》中有"或謂太子曰：'……太子何不自辭明之'"，《類林雜説》所引《孝子傳》中有"大夫李克謂申生曰：'何不自治'"，等等。

20. 船橋本作"申生云：'我自理者，麗姬必死。無麗姬者，公亦不安'"。在這一點上，《穀梁傳》中有"世子曰：'……吾若此而入自明，則麗姬必死。麗姬死，則吾君不安'"，《列女傳》中有"太子曰：'……若入而自明，則驪姬死，吾君不安'"，《左氏傳》僖公四年杜預注中有"吾自理，則姬死"，《禮記·檀弓上》孔穎達疏中有"正義曰……我若自理，驪姬必誅"，等等。此外，陽明本中的"申生曰：'我若自理，麗姬必死。父食不得麗姬則不飲，卧不得麗姬則不安'"（船橋本"37 董黯"中的"寢食不安"或許緣於此），與《類林雜説》所引《孝子傳》中的"申生曰：'吾父……卧不得姬則不安,食不得姬則不飽。吾若自治,共則殺姬'"非常相似。陽明本中的"麗姬必死"(船橋本没有"必死",應是脱文),也可見於《穀梁傳》。

21. 趨,可能是去解釋的意思。根據《史記》等被勸"可奔他國"的記載,則意爲出走。

39　申明

【陽明本】

申明¹者楚丞相也。至孝忠貞。楚王兄子²,名曰白公³。造逆⁴無人能伐者。王聞申明賢,躬以爲相⁵。申明不肯就命。明父曰⁶:"我得汝爲國相。終身之義⁷也。"從父言往起⁸。登之爲相⁹,即便領軍伐白公。公聞申明來,畏①必自敗②¹⁰。仍密縛得申明父,置一軍中。便曰:"吾以執得汝父¹¹。若來戰者,我當殺汝父¹²。"申明乃嘆曰:"孝子不爲忠臣,忠臣不爲孝子¹³。吾今捨父事君。若③受君之祿而不盡節,非臣之禮¹⁴。今日之事,先是父之命,知後受言。"遂戰乃勝。白④公即殺其父。明領軍還楚。王乃賜金千斤,封邑萬户¹⁵。申明不受,歸家葬父,三年禮畢¹⁶,自刺而死。故《孝經》云:事親以孝,移於忠,忠可移君。此謂也¹⁷。

【譯文】

申明是楚國的丞相。他極盡孝道,忠誠堅貞。楚王之兄的兒子名叫白公。白公發動叛亂,却没有人能討伐他。楚王聽說申明是賢明之人,親自任命他爲丞相。可是,申明不肯接受王的命令。申明的父親說:"我若得你成爲國家的丞相,是畢生的榮譽。"申明聽從父親的話,去王宮赴任,楚王任命他爲丞相,他馬上率軍去討伐白公。白公聽說申明來伐,因預感自己一定會打敗仗而害怕,就悄悄地抓住申明的父親,將他綁走,放在軍中。然後說:"我抓住了你的父親。如果你來攻打我,我就殺了你的父親。"申明嘆息道:"做了孝子就不是忠臣,做忠臣就不是孝子。我今天捨棄父親而盡忠主君吧。如果拿著主君的俸禄却不盡忠,就違背了做臣子之禮。

今天到了這一步,也是父命在先。如果知道後來會成爲這樣,也就不會聽主君的話了。"於是申明與白公戰鬥並取得了勝利。白公便殺了申明的父親。申明率軍回到了楚國。王賜予(申明)金千金,封邑萬户。申明没有接受這些獎賞,回家埋葬了父親,服喪三年期滿後,他刺死了自己。所以《孝經》説:能夠盡心孝順雙親的人,他的孝心也可以轉變爲忠心,便能向君王盡忠。説的就是這個道理。

【船橋本】

申⑤明者,楚丞相也,至孝忠貞。楚王兄子曰白⑥公,造逆⑦無人服儀。爰王聞申明賢也,而躬欲爲相。申明不肯就命。王曰:"朕得汝爲國相。終身之善也。"於時申明隨父言,行而爲相,即便領軍征白公所。白公聞申明來之,畏⑧縛⑨申明之父,置一軍之中。即命人云:"吾得汝父。若汝來迫者,當殺汝父。"乃申明嘆曰:"孝子不忠,忠不孝。吾捨父奉君。已食君禄。不盡忠節。"遂向斬白公。白公殺申明父。申明即領軍還,復⑩命之訖。王譽其忠節,賜金千斤,封⑪邑萬户。申明不受還家,三年禮畢,自刺⑫而死也。

【譯文】

申明是楚國的丞相。他極盡孝道,忠誠堅貞。楚王兄長的兒子叫白公。白公發動叛亂,誰也不能降服他。楚王聽説申明是賢明有才德之人,就親自請他作丞相。申明没有接受王的命令。王説:"我如果有你作爲楚國丞相,是我一生的喜悦。"這時,申明聽從父親的話,(去宫廷)當了丞相。之後他立刻率軍去白公所在之處討伐。白公聽説申明來了,因畏懼而綁了申明的父親,放在軍中。然後命人(對申明)説:"我抓住了你的父親。如果你來攻打我,我就殺了你的父親。"申明嘆息道:"做一個孝子(那麽對主君)就不忠,要對主君忠誠,那麽對父母就不孝。我就放棄父親,忠誠於君主吧。（我）已經接受了主君的俸禄。必須盡忠。"於是前去斬白公。白公殺了申明的父親。申明即刻率軍返回，就此（向楚王）覆命。王贊美了他的忠節，賜予（申明）金千斤，封邑萬户。申明没有接受這些奬賞，而是回到家中，爲父親服喪三年之後便刺死自己。

【校勘】

① "畏"，底本作"果"，據文義改。
② "敗"，底本作"皈"，據文義改。
③ "若"，底本作"夂（君）"，據文義改。
④ "白"，底本作"百"，據文義改。
⑤ 底本左旁有朱筆寫"卅八/説苑四卷申鳴傳有之"。
⑥ "白"，底本無，據陽明本補。
⑦ "逆"，底本有空一字，據陽明本補。
⑧ "畏"，底本作"艮"，據文義改。
⑨ "縛"，底本作"傅"，據陽明本改。
⑩ "復"，底本作"後"，據文義改。
⑪ "封"，底本作"村"，據陽明本改。
⑫ "刺"，底本作"判"，據陽明本改。

文獻資料

《説苑》卷四、《韓詩外傳》卷一〇，纂圖本《注千字文》61 "資父事君"注，方鵬《責備餘錄》上 "申鳴棄父殺賊"。

《普通唱導集》下末（陽明本系），《孝行集》14，妙本寺本《曾我物語》卷二，《類雜集》卷五 52（根據《注千字文》），《慈元抄》上。

關於《曾我物語》對申明故事的引用，稻葉二柄《真名本〈曾我物語〉的故事——對一種表現形式的考察》（《中世文學研究》3，1977 年）中曾經提及其認爲尚不清楚的"申明七歲時,爲探訪父親踏上赴南蠻國之旅"的記載,是《孝子傳》把後文禽堅的事迹與申明的事迹混淆了。

【注】

1. 申明,在《説苑》《韓詩外傳》等文獻中作申鳴。春秋時代楚國人。本故事以《春秋左氏傳》哀公十六、十七年所記載的白公勝之亂爲背景,《左傳》中雖然記載了白公作亂,被葉公子高攻打而逃往山中自縊而死,但其正文和注疏中却没有申鳴(明)的名字或者類似的言辭。本故事在幼學文獻中,除了《孝子傳》還被纂圖本《注千字文》對"資父事君,曰嚴與敬"一句(基於《孝經》)的注釋所引用,《類雜集》也是基於此故事。

2. 如果楚王是指白公之亂時的楚惠王,白公就應當是惠王叔叔的兒子,那麽兩《孝子傳》中"楚王兄子"的記載就是錯誤的。

3. 白公,指白公勝,楚國太子建之子,平王的孫子。幼時逃亡到吴國,被子西召回並封爲白公。《左傳》杜預注:"白,楚邑也,汝陰褒信縣西南。有白亭。"

4. 造逆是發起叛亂的意思。

5. 《説苑》中記載,楚王任命申鳴爲相三年之後,白公發動叛亂,而兩《孝子傳》則作白公發起叛亂,楚王爲鎮壓而準備任命申鳴爲丞相。此外,《韓詩外傳》中有"楚王以爲左司馬",記載的是其就任當年就遇到了白公之亂。

6. 以下部分在船橋本中是楚王説的話,即"朕得汝……",緊接著有"於時申明隨父言",出現了因將陽明本中父親的話改爲王的話而導致的矛盾。另外,《説苑》《韓詩外傳》中載有"使汝有禄於國,有位於廷,汝樂,而我不憂矣"等父親説服申明的話。這就由於孝心,雖非本願也不得不聽從父親的勸説,後來因爲要對主君盡忠而不得不放棄父親。這種命運的諷刺構成了本故事的重要要素。

7. 終身之義,終結自身的正確方式,或意爲本來的願望。《普通唱導集》作"終身之美",應是畢生最高榮耀的意思。船橋本作"終身之善",應與"終身之美"大意相同。

8. "起",或是指踏上官途。《普通唱導集》作"趣(同趨)"。

9. 纂圖本《注千字文》中有被任命爲驃騎將軍而統領軍隊討伐白公的情節,這種説法更恰當。

10. 《説苑》《韓詩外傳》作"申鳴者天下之勇士也。今以兵圍我,吾爲之奈何"(《説苑》。亦見《韓詩外傳》)。

11. 在《説苑》《韓詩外傳》中,是因爲有了白公的臣下石乞"吾聞申鳴爲天下之孝子"的建議,才"劫其父"。

12. 《説苑》《韓詩外傳》中,在此之前有"子與我,則與子楚國"的美言。

13. 《説苑》《韓詩外傳》作"始則父之子,今則君之臣,已不得爲孝子"。

14. 指出"受君之禄"是決定抛棄父親而忠誠於主君的理由,船橋本亦同。《説苑》作"吾聞之也,食其食者死其事,受其禄者畢其能",更像格言(《韓詩外傳》中没有這句話)。

15. 記載王的褒獎爲"金千斤,封邑萬户",船橋本同。《説苑》作"王賞之金百斤",没有封邑。另外,《韓詩外傳》中只有"王歸賞之"。纂圖本《注千字文》中没有提褒獎之事。拒絶王的褒獎意味著申明從王的忠臣回到了爲親人服喪的孝子身份。

16. 所謂結束三年之禮,强調的是申明重回孝子身份,認真地爲父親服喪滿三年。《説苑》、《韓詩外傳》、纂圖本《注千字文》中没有此描寫,只有"遂自殺也"(《説苑》)、"遂自刎而死"(《韓詩外傳》《注千字文》)。

17. 或許是受《古文孝經·廣揚名章》"子曰,君子之事親孝,故忠可移於君"的影響,孝與忠是一體的,這也許是對由孝向忠轉變的階段的注釋。《普通唱導集》所引的文本中有"事親以孝,故忠可移君",與《孝經》相同。《孝經》中這一句講的是能孝順地侍奉父母,因此對主君也能忠誠的道理，與本故事的主題密切相關。而且，本故事中，通過申明體現了《孝經》此章的言行，很好地描述了孝是如何被高於其上的忠的倫理所抑制的。另外，《韓詩外傳》在故事的結尾引《毛詩·桑柔》云："《詩》曰：進退維谷。"明確指出故事的主題爲申明在忠孝之間的兩難。

40　禽堅

【陽明本】

　　禽堅¹,字孟遊。蜀郡成①都²人也。其父名訟信,爲縣令吏。母懷任³七月,父奉②使至夷⁴。夷轉⁵縛置之,歷十一⁶主。母生堅之後,更嫁餘人。堅問父何所在。具語之。即辭母而去。歷涉七年,行傭作。往涉羌胡⁷以求其父。至芳狼⁸,夷中仍得相見。父子悲慟。行人見之,無不殞淚。於是,戎夷便給資糧,放還國。涉塞外,五萬餘里之。山川險阻,獨履深林。毒風瘴③氣,師子虎狼,不能傷也。豈非至孝所感其靈扶祐⁹哉!於是,迎母還共居之也¹⁰。

【譯文】

　　禽堅,字孟遊,蜀郡成都人。他的父親叫訟信,是縣令手下的官吏。母親懷孕七個月時,父親作爲使者出訪異民族之地。異民族的人抓住了父親,其後又被多次轉手,經歷了十一個主人。母親生下禽堅後,又嫁給了另外的男人。禽堅問父親在何處,母親詳細地告訴了他。禽堅馬上告別了母親,各處尋訪七年,所到之處,受雇於人,出賣勞力。禽堅前往羌人之地尋找父親,到了芳狼,在異民族的領地中找到了父親。父子二人悲傷地哭泣。過路的人看見,沒有不流眼淚的。因此,這裏的人們給他們食物,允許他們回國。在塞外走了五萬餘里路,山川險阻,父子兩人獨自闖過了深山老林,毒風瘴氣、獅子虎狼也沒能傷害他們。這難道不是神明感應到禽堅的至孝而幫助了他們嗎?於是,禽堅迎回母親,他們又生活在一起。

注解

【船橋本】

禽堅④,字孟⑤遊,蜀郡人也。其父名信,爲縣吏。母懷妊七月,父奉使至夷。夷轉傳賣之,歷十一個年。母生禽堅,復改嫁也。堅⑥生九歲而問父所在。母具語之。堅⑦聞之,悲泣,欲尋父所。遂向眇境¹¹,傭作續糧。去歷七個年,僅至父所⑧。父子相見,執手悲慟。見者斷⑨腸,莫不拭淚。於是,戎之君悵嘆放還,兼賜資糧,還路塞外萬餘里,山川險阻,師子虎狼,縱⑩橫無數。毒氣害人,存者寡也。禱請天地,儻歸本土。禽堅⑪至孝之者,令父歸國。親疎朋友,再得相見。抽夷城之奴,爲花夏之臣¹²。母後迎還,父母如故,彼此無怨。孝⑫中之孝,豈如堅¹³乎也!

【譯文】

禽堅,字孟遊,蜀郡人。他的父親叫信,是縣的官吏。母親懷孕七個月時,父親作爲使者出訪異民族之地。異民族將其一次次轉賣,經過了十一年。母親生了禽堅,又改嫁了。禽堅九歲時,問父親在哪裏。母親詳細地告訴了他。禽堅聽後,悲傷地哭泣,想要探尋父親的所在。於是禽堅就去了遙遠的地方,靠作傭工獲得食糧。禽堅出來後過了七年,終於到了父親所在的地方。父子相見,執手痛哭。看到的人無不感到肝腸寸斷,沒有人不掉眼淚的。因此,異民族的頭領也傷感嘆息,放還其父,又給了食物。回去的路途經塞外萬里以上,山川險阻,獅子虎狼,縱橫無數。毒氣傷人,幸存者很少。他們祈禱天地神明保佑,才回到本國。禽堅是至孝之人,讓父親回到了自己的國家,能夠再次與親人朋友相見。禽堅把在異民族之地作奴隸的父親帶了回來,做回華夏的臣民。後來,禽堅把母親也接了回來,父母和過去一樣,彼此間沒有怨恨。孝子中的孝子,有誰能比得上禽堅嗎!

【校勘】

① "成",底本作"城",據《華陽國志》改。

② "奉",底本作"秦",據船橋本改。

③ "瘴",底本作"鄣",據文義改。

④⑥⑦⑪⑬ "堅",底本作"豎",據陽明本改。

⑤ "孟",底本作"蓋",據陽明本改。

⑧ "所",底本刪除"前",並在右旁寫"所"字。

⑨ "斷",底本將"新"描改成"斷"。

⑩ "縱",底本作"從",據文義改。

⑫ "孝",底本將"者"描改成"孝"。

文獻資料

《華陽國志》卷一〇上,《續後漢書》卷一一,《册府元龜》卷六八七。

《今昔物語集》卷九 9。

【注】

1. 東漢人。《華陽國志》有傳,字孟由。

2. 今屬四川。

3. 任與"妊"通。

4. 邊境的異民族。《華陽國志》記載於越巂(今四川南部)被捕獲。

5. 捕獲後一次又一次地轉讓。

6. 十一個主人。《華陽國志》作"十一種",指十一個部族。船橋本作"十一個年"。

7. 中國西方的異民族。

8. 《元和郡縣圖志》卷三九隴右道中有芳州,是參狼羌的居住地,或許與此有關。

9. 幫助。

10.《華陽國志》在此後記載有州郡爲獎勵他的孝行而賜予官職、死後追贈其爲孝廉及爲他立碑銘等內容。《續後漢書》(宋蕭常撰)中有"(王)商表其墓,追贈孝廉"。

11. 非常遙遠的地方。

12. 把在異民族地區成爲奴隸的父親帶回了本國。"花夏"指中華。原本應是"華夏",用"花"字,或許是爲了避則天武后祖父的諱"華"(《舊唐書》卷一八三《外戚傳》)。《元和郡縣圖志》卷二:"華州,垂拱元年改爲太州。避武太后祖諱也。"日本遺存的唐抄本《華嚴經》,有寫作"花嚴經"的,內藤乾吉曾指出這應該是爲了避諱(《書道全集》26《中國補遺》,平凡社,1977年,《大方廣佛花嚴經卷第八》解說)。

41　李善

【陽明本】

　　李善者南陽¹家奴也。李家人並卒死,唯有一兒²新生。然其親族,無有一遺。善乃歷鄉鄰,乞乳飲哺之。兒飲恒不足。天照其精³,乃令善乳自汁出,常得充足。兒年十五,賜善①姓李氏。治喪送葬,奴禮無廢⁴。即郡縣上表,功②其孝行,拜爲河內太守⁵。百姓咸歡。孔子曰,可以託六尺孤⁶,此之謂也。

【譯文】

　　李善是南陽李家的家奴。李家的人突然全死了,只留下了一個新生兒。然而李氏親族中也沒有一個人存活。(李)善就遍訪鄉鄰,討要乳汁餵養遺孤。討來的乳汁總是不夠嬰兒吃。上天爲表彰(李)善的精誠,讓他的乳房自然流出乳汁,能夠一直滿足嬰兒的需要。這個孩子長到十五歲時,賜予善李姓。爲逝去的李家人治喪送葬時,李善也沒有荒廢作爲家奴的禮儀。於是,郡縣上表,鑒於他的孝行功績,任命其爲河內太守。百姓都很高興。孔子說,可以託六尺之孤,說的就是這樣的事情。

【船橋本】

　　李③善者南陽李孝家奴也。於時家長、家母、子孫、驅使⁷,遭疫悉死,但遺嬰兒并一奴名善。爰乞鄰人乳,恒哺養之。其乳汁不得足之,兒猶啼之。於時天降恩④命⁸,出善乳汁,日夜充足。爰兒年成長,自知善爲父母而生長之由。至十五歲,善賜李姓。郡縣⑤上表,顯其孝行。天子諸侯,響其好行,拜爲河內太守。善政踰人,百姓敬仰。天下聞之,莫不嗟嘆云云⁹。

【譯文】

李善是南陽李孝家的家奴。當時,李家的家長、家母、子孫、傭人都得傳染病死了,只留下了一個嬰兒和一名叫善的奴隸。於是,善向鄰人討要乳汁,一直喂養這個嬰兒。但是乳汁不夠嬰兒吃,嬰兒還是哭個不停。這時,上天降下恩命,使善能出乳汁,且日夜充足。這樣,嬰兒逐漸長大,也知道了是善像父母一樣養育自己長大成人的。他十五歲時,賜予善李姓。郡縣上表,表彰了李善的孝行。天子、諸侯都贊美李善的嘉行,任命其爲河內太守。李善的善政過人,受到百姓的敬仰。天下人聽說了這件事,沒有不感嘆的。

【校勘】

① "善",底本作"姜",據文義改。
② "功",底本作"加",據文義改。
③ "李",上欄外有墨筆注記"後漢""獨行傳"。
④ "恩",底本作"息",據文義改。
⑤ "縣",底本作"懸",據文義改。

文獻資料

《東觀漢記》卷一七,《後漢書》卷八一,謝承《後漢書》(《太平御覽》卷三七一),《楚國先賢傳》(《太平御覽》卷五五八),《孝子傳》(《琱玉集》卷一二),《册府元龜》卷一三七,《玉海》卷一一四,《通志》卷一六八,《勸懲故事》卷六。

圖像資料

1 東漢武氏祠畫像石("李氏遺孤""忠孝李善",原石欠損,根據《石索》卷三、《學齋佔筆》卷三補)。

3 東漢樂浪彩篋("善大家""李善""孝婦""孝孫")。

17 北魏司馬金龍墓出土木板漆畫屛風("李善養□兄姐""□人死長人賜善姓爲李,郡表上詔拜河内太守")。

有學者認爲東漢彩篋榜題中的"孝婦""孝孫",是指與李善無關的其他故事(參考吉川幸次郎《樂浪出土漢篋圖像考證》,《吉川幸次郎全集》第六卷,筑摩書房,1968年)。但是,從畫面的變化和分段看,與李善圖是同一組圖的可能性很大。或許只是爲了增添畫面内容而畫的。此外,北魏司馬金龍墓屛風榜題中的"李善養□兄姐",現存所有文獻中均没有相應故事。

【注】

1. 南陽,今屬河南。《東觀漢記》《後漢書》中主人之名作李元,《珊玉集》所引《孝子傳》作李父。

2. 《東觀漢記》《後漢書》遺孤之名作續。

3. 意思是彰顯其忠誠。照,《類聚名義抄》訓讀爲"アラハス(ARA-WASU)"。

4. 指被賜予李姓以後,依然恪守家奴本分,極盡禮數,爲死去的李家人操辦喪禮和祭奠。就像《古文孝經·廣揚名章》所説的"君子事親孝,故忠可移於君"那樣,孝與忠被認爲是一體的,李善對主家的忠義是一種值得表彰的符合孝的表現。武氏祠畫像石的榜題"忠孝李善"也是此意。中島和歌子《〈孝子傳〉輪讀會筆記(東漢·李善)》(《國語國文學科研究論文集》44,1999年)認爲"孝子"的含義被誇大解釋了,中島氏的見解不妥。

5. 河内太守是河内郡的長官。河内郡在今河南沁陽。《後漢書》記載李善最初被任命爲日南(今越南北部)太守,接著轉任九江(今屬江西)太守。《東觀漢記》中未見有關其任官的内容。只有北魏司馬金龍墓的屛風榜題與《孝子傳》中的官名是一致的。

6. 《論語·泰伯》:"曾子曰:'可以託六尺之孤,可以寄百里之命。'"講的是可稱作君子的條件,可以託付幼小的君主,可以委託一國的命運,從《論語》的記載看,這不是孔子的話,而是曾子的話。《琱玉集》所引《孝子傳》也作"孔子曰"。

7. 驅使,傭人。

8. 恩命,聖恩深厚的命令。

9. 參考"44 眉間尺"注 33。

42　羊公

【陽明本】

羊①公¹者洛陽安里²人也。兄弟六人,家以屠完爲業³。公少好學,修於善行,孝義聞於遠近。父母終没,葬送禮畢,哀慕無及。北方大道,路絶水漿⁴,人往來恒苦渴之。公乃於道中造舍,提水設漿,布施⁵行士,如此積有年載。人多諫公曰:"公年既衰老⁶,家業粗足,何故自苦?一旦損命⁷,誰爲慰情?"公曰:"欲善行損,豈惜餘年?"如此累載,遂感天神⁸。化作一書生,謂公曰:"何不種②菜?"答曰:"無菜種。"書生即以菜種⁹與之。公掘地。便得白璧一雙,金錢一萬¹⁰。書生後又見公曰:"何不求妻?"公遂其言乃訪覓妻¹¹,名家子女即欲求問,皆咲③¹²之曰:"汝能得白④璧一雙金錢一萬者,與公爲妻。"公果有之。遂成夫婦,生男女。育皆有令德,悉爲卿相。故書曰,積善餘慶¹³,此之謂也。今北平⑤諸羊姓,並羊⑥公後也。

【譯文】

羊公是洛陽安里人,有兄弟六人,其家以屠宰爲業。羊公從小好學,一心行善,他的孝義遠近聞名。父母去世了,葬禮也結束了,但是他對父母的思念是無限的。北邊有一條大道,路上没有可飲之水,人們來往經過總是要忍受口渴之苦。羊公就在路上修了小屋,運來水準備了水漿,布施給行路之人飲用。就這樣經過了數年。人們勸羊公:"你已經衰老了,家業也還可以,何苦要辛苦自己呢?假如哪天一旦危及性命,有誰來慰藉你?"羊公説:"既然已經爲了行善有損,又怎麽能捨不得剩下的歲月呢?"如此多年過去了,終於感動了天神。天神化身爲一名書生,對羊公説:"爲什麽不種菜？"羊公回答說："沒有菜種。"書生就給了羊公菜種。羊公爲了播下菜種而挖地，得到了白璧一雙、金錢一萬。書生後來又見到羊公，問："爲什麼不娶妻？"羊公就按照書生的話四處探訪求妻，想要尋得名家的女子。衆人都笑話他說："你如果能夠得到白璧一雙、金錢一萬，或許會有人成爲你的妻子。"羊公果然有這些東西。於是，如願成婚，並生育了子女。孩子們長大後都很有才德，皆位至卿相。所以，書中說"積善，恩澤子孫"，說的就是這個道理。現今北平許多姓羊的，都是羊公的後代。

【船橋本】

羊公者洛陽安里人也。兄[7]弟六人，屠完爲業。六少郎名羊公。殊有道心[14]，不似諸兄。爰以北大路絶水[8][15]之處，往還之徒苦渇殊難。羊公見之，於其中路，建布施舍。汲水設漿[16]施於諸人。夏冬不緩，自荷忍苦[17]。有人謀曰："一生不幾，何弊身命[18]？"公曰："我老年無親，爲誰愛力？"累歲彌懃。夜有人聲曰："何不種菜？"公曰："無種子。"即與種子。公得種耕地。在地中白璧二枚，金錢一萬。又曰："何不求妻？"公求[9]要[19]之間，縣家[20]女子送書。其書云："妾爲公婦。"公許諾之。女即來之，爲夫婦。羊公有信，不惜[10]身力，忽蒙天感，自然富貴。積善餘慶，豈不謂之哉？

【譯文】

羊公是洛陽安里人，有兄弟六人，以屠宰爲業。第六子名羊公，特別有道心（追求菩提之心），和兄長們不同。北邊的大路上有的地方沒有水，來往的人們總是口渴難耐。羊公見了，就在路途上修了布施的小屋，打來水備好漿施與路人。不論冬夏，從不懈怠，自己忍受著擔水的辛苦。有人勸道："一生很短，爲什麼讓自己如此辛勞？"羊公說："我年紀大了，也沒有雙親，爲誰愛惜力氣呢？"一年又一年,羊公越來越熱心。一天夜裏,有個人問他:"爲什麽不種菜?"羊公說:"没有種子。"這個人就給了他種子。羊公得到種子就耕地準備種菜。地裏有白璧兩枚,金錢一萬。那個人又說:"爲什麽不娶妻?"羊公按照這人的話四處探訪求妻時,縣裏大户人家的女子送來了一封信。信中說:"我做你的妻子吧。"羊公答應了她。女子便來了,兩人成爲夫妻。羊公誠實,没有捨不得自己的力量,很快感動了上天,自然就變成了富貴之人。積善會恩澤子孫,難道不就是說這樣的事情嗎?

【校勘】

① "羊",底本删去誤寫的"半"字,並在天頭處添加"羊"字。

② "種",底本原無,在天頭處補入。

③ "咲",底本作"嘆",據文義改。參考注12。

④ "白",底本删除"由"字,並在天頭處寫入"白"字。

⑤ "平",底本作"比",據文義改。

⑥ "羊",底本删除"承"字,並在右側寫"羊歟"二字。

⑦ "兄",底本在其下有"弟六人屠害爲業"七字,爲衍文,删。

⑧ "絶水",底本作"施誠",據陽明本改。

⑨ "求",底本作"來",據文義改。

⑩ "惜",底本作"借",據文義改。

文獻資料

《史記·貨殖列傳》,《漢書·貨殖傳》,《搜神記》卷一一(《水經注》卷一四,《藝文類聚》卷八三,《初學記》卷八,《蒙求》503注,敦煌本《語對》卷二〇8,《太平御覽》卷四五、卷四七九、卷五一九、卷八〇五、卷八二八、《太平寰宇記》卷七〇,《事類賦》卷九,《類説》卷七,《紺珠集》卷七,《書言故事》卷一等,參見解題),范通《燕書》《元和姓纂》卷五),《抱朴子内篇·

微旨》,梁元帝撰《孝德經》(《太平廣記》卷二九二),《梁元帝全德志序》(《金樓子》卷五、《藝文類聚》卷二一),《陽氏譜敘》(《水經注》卷一四),《水經注》卷一四,《水經注》(《太平御覽》卷四五),《范陽郡正故陽君墓誌銘》(《漢魏南北朝墓誌集釋》圖 407),敦煌本《類林》卷七(《搜神記》),《類林雜說》卷七 42、西夏本《類林》卷七 35(二書均稱基於《漢書》),《漢無終山陽雍伯天祉玉田之碑》(《東漢文記》卷三二),《庾信集》卷二《道士步虛詞》七,《神異記》(敦煌本不知名類書甲),逸名《孝子傳》(《北堂書鈔》卷一四四,《藝文類聚》卷八二,敦煌本《新集文詞九經鈔》,《太平御覽》卷八六一、卷九七六,《廣博物志》卷三七,《編珠》卷四,《淵鑒類函》卷三九八),徐廣《孝子傳》,《晉書·孝友傳序》("陽雍標蒔玉之址"),《白氏六帖》卷二,《玄怪記》(《說郛》卷一一七),《祥異記》(《說郛》卷一一八),杜光庭《仙傳拾遺》(《太平廣記》卷四),《續仙傳》(《玉芝堂談薈》卷一七),《古今合璧事類備要續集》卷五六,《氏族大全》卷二、卷八,《韻府群玉》卷一、卷二、卷六、卷一九,古典戲曲《藍田記》。

《幼學指南鈔》卷二三"羊公種之"(基於《搜神記》),《和漢朗詠集》永濟注、雜,懷舊"羊太傅之"注,東洋文庫本朗詠注同,《合璧集》下 26(據準古注《蒙求》),《玉塵》卷五、卷八、卷一四、卷五五,《山谷抄》卷一等。

圖像資料

1 東漢武氏祠畫像石("義漿羊公""乞漿者")。

【注】

1. 本故事與著名的《搜神記》卷一一中"楊公伯雍"的故事有關。兩《孝子傳》中的有六人兄弟、天神化身書生、所有孩子都當上了卿相、北平還存在其家系等內容,與梁元帝所撰的《孝德傳》類似。由於羊、陽、楊同音,主人公的名字有羊公雍伯(《藝文類聚》卷八三等)、陽雍(《孝德傳》等)、陽翁伯(《水經注》卷一四等)、陽公雍伯(逸名《孝子傳》等)、楊伯雍(《初學記》卷八等)、楊雍伯(《類林》等)等表述。關於這些表述，請參考解題。

西野貞治氏分析，相對於羊氏和楊氏的原籍分別在大山、弘農，基於酈道元《水經注》所引《陽氏譜敘》、北魏孝文帝手下的陽尼等人的史傳所見陽氏一族的事迹以及"范陽郡正故陽君墓誌銘"等史料，可以推出以北平爲原籍的只有陽氏，而且對南朝的梁元帝而言，陽氏是北朝的臣子，因此省略了陽公雍伯的公、伯等尊稱，只稱爲"陽雍"(《關於陽明本孝子傳的特徵及其與清家本的關係》)。但是，如果考慮到很早前的東漢武氏祠畫像石中就有"義漿羊公"，倒是也可以認爲北魏的陽氏將羊公傳說作爲祖先傳說而吸收了進來。那麼，本故事的重點應該就在於"天感"奇迹，對於雙親不在之後仍然全心盡孝的孝子，上天必定會有感應。這也是《搜神記》《神異記》等文獻收錄此故事的原因。

2. 出身於洛陽的安里(多認爲是漢代至南北朝時期，洛陽城中設置的"里"之一[《河南志》卷二]，但不詳。對比下一個故事"43 東歸節女"的"長安大昌里"，或許應該是"□安里"或"安□里"。另外，或許與屠宰場有關)。《搜神記》中有將父母埋葬於無終山的記述，還有天子將種下石頭或者菜種後收穫玉的土地命名爲玉田之事、後來升官之事、陽明本中可見的北平諸羊(陽)姓是羊公後代等記述。無需贅言，洛陽位於司州(今屬河南)，讓人感覺本故事說不定就發生在洛陽的郊外。但是，正如《水經注》的鮑丘水注所說，無終山、玉田、北平等都是以前幽州(今北京附近)的地名。《孝德傳》云："葬禮畢，不勝心目，乃賣田宅，北徙絕水漿處，大道峻阪下爲居。"記載父母亡故後，羊公離開了故鄉。

3. 以屠宰(完是肉的意思，參考"11 蔡順"注9)爲業的意思。《搜神記》則作"儈賣(經紀人)"(《孝德傳》作"兄弟六人，以傭賣爲業"，可能是因爲字形相似導致的訛誤)。《類林》《類林雜說》作"賣鱠"。鱠與膾同義，是細切肉的意思(《干祿字書》："鱠膾，上通下正。")，賣鱠的意思與屠宰相近。不過，《史記·貨殖列傳》中有"販脂辱處也，而雍伯千金，賣漿小業也,而張氏千萬"(販賣油脂是低賤的行當,而雍伯靠它挣到了千金。賣水漿本是小本生意,而張氏靠它賺了一千萬錢),《漢書·貨殖傳》中也有"翁伯以販脂傾縣邑,張氏以賣醬喻侈"(翁伯靠賣脂成爲縣邑的首富,張氏靠賣醬而生活奢侈)。《史記》《漢書》中的記述與本故事的共同點是以屠宰爲業者成爲富人(雍伯變成了翁伯),此外《史記》《漢書》雖然涉及另外一個張氏,但也可見賣漿的情節。瞿仲溶認爲《史記》《漢書》中的這一描述説的是羊公之事(《漢武梁祠畫像考》四)。假如從《搜神記》的"儈賣"到《孝子傳》的"屠㱿"是一種有意的改寫,那想要説明的就不只是因爲早年失去父母而生出孝心,於是做義漿,還包括與孝行無關的動機,即以殺生爲業的人爲了贖罪而布施。在這些前提下,西野貞治認爲,受六朝末年流行的福田思想(詳見常盤大定《佛教的福田思想》[《續支那佛教研究》12,春秋社,1941年])影響,陽明本將《孝德傳》中的"將給(行旅)"改爲"布施(行士)",並論證了"此《孝子傳》承襲了成立於六朝末期的北朝《孝子傳》的形態,此羊公故事是作爲北朝頗具名望的始祖傳説而傳播於北朝的,受福田思想影響,社會事業在北朝的魏國非常盛行,羊公之名於北朝始變爲翁伯,基於以上事實,此故事是源自《孝德傳》體系,受到佛教福田思想的影響,或是吸納了《漢書》翁伯故事的要素,逐漸改變形成的"(前出論文),以及陽明本是成立於六朝末期的北朝。請參考注5及解題。

4. 水漿,與義漿(《搜神記》。無償提供給人們的飲品)意同。

5. 布施,本是給人以物品的意思,見於《墨子》卷九等。後來,佛教將其作爲梵語檀那(Dāna,施予)的譯文廣泛使用。把羊公的義漿稱作布施,早期見於晉時葛洪的《抱朴子內篇·微旨》(參考注6),陽明本的時代早於葛洪,這裏的"布施"應該不是佛教用語。因此,將其看作福田思想的體現是比較牽强的(參考解題)。

6. 關於羊公高齡,《抱朴子內篇·微旨》中也有"羊公積德布施,詣乎皓首,乃受天墜之金"等語句。

7. 意思是即使遇到了可能丟掉性命的情况,(如果没有妻子和子孫,)沒有人慰藉你。

8. 天神,也見於"2 董永""8 三州義士"。化身書生、給予菜種的情節,可見於《孝德傳》、逸名《孝子傳》(《藝文類聚》卷八二、《太平御覽》卷九七六)、徐廣《孝子傳》及《神異記》(不知名類書甲)。《搜神記》講的是"有一人"給了羊公石頭,後來石頭變成了玉。

9. 在逸名《孝子傳》中,作"菜種""種菜"。《搜神記》中是給了"石子一斗"。

10. 這裏提到白璧一雙、金錢一萬,其他書中未見"金錢一萬"。僅逸名《孝子傳》(《太平御覽》卷九七六)中有"化爲白璧,餘皆爲錢"。白璧和金錢一萬正如陽明本描述的那樣,是難題婚故事不可或缺的元素,而在船橋本中沒有發揮這個作用。

11. 求婚的意思。

12. 底本作"嘆",但由於"嘆"和"咲"字形相似,誤寫的可能性較大。《搜神記》《孝德傳》中也有因老後貧窮而被嘲笑的記述。

13. 基於《易·坤》的"積善之家,有餘慶"。

14. 道心也是古漢語,但在船橋本中應當是作爲佛教用語(追求菩提之心)來使用的。

15. "絕水"二字,底本可判讀爲"絕誠"或"施誠"("絕"字描改成"施"字),語義不詳。如果硬要按照底本訓讀的話,或可理解爲"施予誠"。

16. 使人聯想到《法華經·提婆品》中著名的偈"采果汲水,拾薪設食"。船橋本中加入"忍苦""身命"等諸多佛教語,改編的痕迹很重。

17. 忍苦,佛教用語,忍耐痛苦的意思。

18. 身命也是佛教用語,指身體與生命。

19. 對應陽明本"訪覓",也是求婚的意思。

20. 可能是縣中名門的意思。《搜神記》作"北平"徐氏的女兒。本故事被看作是數代在北朝做官的北平名門陽氏始祖的傳說,請參考注1。將宗族起源與孝子故事聯繫起來的例子,還有"8 三州義士"。

43　東歸節女

【陽明本】

　　東歸節女[1]者,長安大昌里[2]人妻也。其夫有仇。仇人[3]欲殺其夫[4],聞節女孝令而有仁義[5]。仇人執縛[6]女人父,謂女曰[7]:"汝能呼夫出者,吾即放汝父。若不然者,吾當殺之。"女嘆曰:"豈有爲夫而令殺父哉?豈又示仇人而殺夫[8]?"乃謂仇人曰:"吾常共夫在樓上寢,夫頭在東[9]。"密以方便[10],令夫向西,女自在東。仇人果來,斬將女頭去[11],謂是女夫。明旦視之,果是女頭[12]。仇人大悲嘆[13],感其孝烈[14]。解怨無復來懷殺夫[15]。其夫之心,《論語》曰:有殺身以成仁,無求生以害人[16]。此之謂也。

【譯文】

　　東歸節女是一位住在長安大昌里的人的妻子。她丈夫有仇人。仇人要殺她丈夫,聽説節女是行孝且仁義之人,就把節女的父親綁起來,對節女説:"你如果能把丈夫叫出來,我馬上就放了你父親。如若不然,我就立刻殺了他。"節女嘆息著説:"哪有爲了丈夫而令父親被殺的?又哪能讓丈夫出來被仇人殺掉呢?"於是對仇人説:"我平時和丈夫一起在樓上就寢,丈夫頭在東邊。"然後,節女悄悄地讓丈夫頭向西,而自己頭向東。仇人果然來了,砍掉節女的頭帶走了,以爲那是節女丈夫的頭。第二天早上一看,發現是節女的頭。仇人非常悲傷地嘆息,爲節女的孝義節烈而感動。然後放棄了怨恨,再也沒有想來殺節女的丈夫。節女之心,即《論語》所云:"有爲了成全道義而犧牲自身的,沒有爲了活命而害人的。"説的就是這樣的事情!

【船橋本】

　　東歸郎女者,長安昌里人之妻也。其夫爲人有敵。敵人欲殺夫,來至縛妻之父。女聞所縛父,出門也[17],仇語女曰:"不出汝夫,將殺汝父。"謂仇云:"豈由夫殺父?妾常寢樓上,夫東首妻西首。宜寢後來斬東首之。"於是仇人既知[18]。於時婦方便,而相換常方,婦東首也。仇來斬東首,賷之至家。明旦視之,此女首也。爰仇人大傷曰:"嗟乎悲哉!貞①婦代夫捨命。"乃解仇心,永如骨肉[19]也。

【譯文】

　　東歸節女,是一位住在長安昌里的人的妻子。她丈夫的爲人令他樹敵較多。敵人要殺她的丈夫,就來綁了節女的父親。節女聽説父親被綁了,來到門外。敵人對節女説:"如果不交出你的丈夫,就殺了你的父親。"這時,節女説:"怎麽能爲了丈夫而殺了父親呢?我平時睡在樓上,丈夫頭向東,我頭向西。我們睡了後,你可以來砍東邊那個人的頭。"於是敵人明白了。到了晚上,婦人想辦法調換了平時睡覺的位置,婦人頭向東而眠。仇人來了後砍了向東的頭,拿著回到家。第二天早上一看,這是女人的頭。於是仇人非常傷感地説:"唉,實在令人悲傷!貞婦替丈夫丟掉了性命。"於是他放棄了怨恨,兩家長久地建立了至親的關係。

【校勘】

　　① "貞",底本作"真",據文義改。

【文獻資料】

　　劉向《列女傳》卷五 15(《三輔黃圖》卷二、《藝文類聚》卷三三、《太平御覽》卷三六四等也曾引用），皇甫謐《列女傳》（《太平御覽》卷四八二）。

《三綱行實》卷三。

《注好選》上67，《今昔物語集》卷一〇21（皆爲船橋本系），《私聚百因緣集》卷六11（陽明本系），《孝行集》15，《金玉要集》卷四，延慶本《平家物語》卷二末，《源平盛衰記》卷一九（長門本《平家物語》卷一〇僅有"昔東武節女換夫命"，南都本卷六僅有"大概東吼乳母之事與此類似"，民間故事僅有"人形之替身"（《日本民間故事通觀》28，民間傳説187）。

參考黑田彰《中世説話的文學史環境》（和泉書院，1995年）Ⅰ三2。《晉書》卷一一四載記第一四《苻融傳》中董豐妻子被馮昌誤殺的故事與之類似。

圖像資料

1 東漢武氏祠畫像石（"京師節女""怨家攻者"）。

12 和林格爾東漢壁畫墓（"□師□女"）。

【注】

1. 船橋本作"東歸郎女"。東歸節女是京師節女（見於《列女傳》、武氏祠畫像石等。京師是都城的意思，指長安）的訛傳。西野貞治認爲"東歸"是"京師"的誤傳，是因爲古體的"東歸"與"京師"形似（《關於陽明本孝子傳的特徵及其與清家本的關係》）。船橋本更是把節女誤寫作了郎女。日本現存資料中對其的稱呼，大概是沿襲了兩《孝子傳》（《注好選》"郎女"、《源平盛衰記》"東歸之節女"、《金玉要集》"東歸節女"、《私聚百因緣集》"東阪節女"、延慶本《平家物語》"東婦節女"、《孝行集》"東婦節女"、長門本《平家物語》"東武節女"、南郡本《平家物語》"東吼乳母"等）。

2. 船橋本作"長安昌里"。劉向《列女傳》有"長安大昌里"。長安（今陝西西安）是西漢以來的都城，建成於西漢惠帝時期。關於大昌里，《三輔黃圖》卷二"長安城中閭里"可見"大昌"的地名（只是出處爲劉向《列女傳》。《注好選》的"長安里"、《私聚百因緣集》的"長安昌里"是船橋本系的稱呼)。

3. 船橋本作"敵人"。劉向《列女傳》作"仇人"(《藝文類聚》等引作"仇家")。

4. 劉向《列女傳》中有"欲報其夫"。

5. 劉向《列女傳》："徑聞其妻之仁孝有義。"皇甫謐《列女傳》："聞其妻孝義。"孝令應是努力盡孝的意思。《私聚百因緣集》："聞之女孝養令而有仁義。"船橋本中未見此類表述。

6. 船橋本作"縛"。劉向《列女傳》作"劫"(威脅的意思),《太平御覽》所引劉向《列女傳》作"執"。

7. 劉向《列女傳》等："父呼其女而告之。"(《太平御覽》所引未見。)

8. 劉向《列女傳》："女計念,不聽之則殺父,不孝。聽之則殺夫,不義。不孝不義,雖生不可以行於世。欲以身當之,乃且許諾。"船橋本簡略。

9. 船橋本作"妾常寢樓上,夫東首,妾西首"。劉向《列女傳》作"夜在樓上,新沐東首臥,則是矣。妾請開戶牖待之"(《藝文類聚》等所引沒有開門等待的情節)。東首指頭向東睡。船橋本中的"妻西首",不見於劉向《列女傳》和陽明本。

10. 方便,意爲以靈活的方式。佛教用語。劉向《列女傳》："譎其夫,使卧他所。因自……東首。"

11. 船橋本作"仇來斬東首,賫之至家"。劉向《列女傳》作"仇家果來,斷頭持去"。

12. 劉向《列女傳》作"明而視之,乃其妻之頭也"。

13. 劉向《列女傳》作"仇人哀痛"(《太平御覽》所引作"仇悲")。

14. 孝順並堅持操守。

15. 劉向《列女傳》作"遂釋,不殺其夫"。

16. 劉向《列女傳》作"論語曰:'君子殺身以成仁,無求生以害仁。'此之謂也",可見其與《列女傳》的關係。依據《論語·衛靈公》"子曰:'志士仁人,無求生以害仁,有殺身以成仁。'"

17.《注好選》有"出内也"。

18. 意思是明白了。

19. 骨肉,有血緣關係的至親的意思。陽明本、劉向《列女傳》中未見。《源平盛衰記》中有"長爲骨肉之昵"。

44　眉間尺

【陽明本】

　　眉間尺[1]者,楚人干將莫耶[2]之子也。楚王夫人當暑,抱鐵柱而戲,遂感鐵精而懷任[3]。乃生鐵精。而王乃命干將[4]作劍。劍有雄雌,將雄者還王,留雌有舍[5]。王劍在匣中鳴[6]。王問群臣[7],群臣曰:"此劍有雄雌,今看雄劍。故鳴。"王怒即將殺干將。干將已知應死。以劍内置屋前松柱中,謂婦曰[8]:"汝若生男,可語之[9]。曰:出北户,望南山,石松上,劍在中間[10]。"後果生一子[11],眉間一尺[12]。年十五,問母曰:"父何在?"母具説之[13],即便思惟,得劍欲報王[14]。王乃夜夢見一人[15],眉間一尺。將欲殺我[16]。乃命四方[17],能得此人者,當賞金千斤[18]。眉間尺遂入①[19]深山,慕覓賢人勇[20]。忽逢一客[21]。客問曰:"君是孝子眉間尺耶[22]?"答曰:"是也。"客曰:"吾爲君報仇可不[23]?"眉間尺問曰:"當須何物?"客答曰:"唯須君劍及頭。"即以劍割頭,授與之客。客去便遂送②。秦王聞之重賞[24]。其客便索鑊[25],煮之七日[26],不爛。客曰[27]:"當臨面鑊呪[28]見之,即便可爛。"王信以面之,客乃以劍殺王,頸落鑊中共煮,二頭相嚙③[29]。客恐間尺頭弱,自劍止頭入釜中。一時俱爛,遂不能分別[30]。仍以三葬分之④。今在汝⑤南宜春縣⑥也[31]。所謂憂人事[32],成人之名云云[33]。

【譯文】

　　眉間尺是楚人干將莫耶的孩子。楚王的夫人因爲天熱,抱著鐵柱玩耍,於是感應了鐵的精氣而懷孕。然後,生下了鐵精。於是,楚王命令干將鑄劍。劍有雌雄兩把。干將把雄劍還給了楚王,把雌劍留在了家中。楚王的劍在匣中鳴叫。楚王問群臣原因，群臣說："這劍是分雌雄的，現在我們看的是雄劍。因為雌雄分開了，所以劍才鳴叫。"楚王很憤怒，要殺了干將。干將知道自己必死無疑，於是把劍放在了自己家前面的松柱中，對妻子說："假如你生了男孩，把這件事告訴他。就說，出北門，向南山望去，石松的上面，劍就在其中。"後來，妻子果然生了一個男孩。男孩的眉間有一尺。男孩十五歲時，問母親："父親在哪裏？"母親把父親的事情詳細地說了。男孩考慮之後，拿到劍想要向楚王報仇。楚王夜裏夢見了一個人。王說："此人眉間距離有一尺，想要殺我。"馬上向四方發出命令："誰抓到此人，賞金千斤。"眉間尺只能進入深山，祈求能覓得有勇氣的賢人。這時，遇到了一位俠客。那人說："你不是孝子眉間尺嗎？"眉間尺回答道："是的。"俠客說："我能為你報仇嗎？"眉間尺問道："你用什麼報仇？"俠客說："用你的劍和頭。"眉間尺馬上用劍砍了頭，交給了俠客。俠客去楚國，最終把頭和劍獻給了楚王。楚王聽說客人獻出了頭和劍，重賞了俠客。那個俠客便要來了鼎，把眉間尺的頭煮了七天，也沒有煮爛。俠客說："請您靠近並面向鼎，看著鼎念咒語，或許馬上就煮爛了。"楚王相信了這些話並走過來面對著鼎，於是，俠客用劍殺了楚王。楚王的頭落到了鼎中，和眉間尺的頭一起被煮。兩個頭互相咬了起來。因為擔心眉間尺的頭氣勢變弱，俠客自己把頭伸向劍鋒，頭掉進了鼎裏。馬上三個人頭都爛了，最終也分不清是誰的頭了。於是，鍋中之物被分作三份埋葬了。墓就在今天的汝南宜春縣。這就是所謂的憂人之事，成人之名。

【船橋本】

眉間尺者楚人也。父干將莫耶。楚王夫人當暑，常抱鐵柱，鐵精有感。遂乃懷妊,後生鐵精。王奇曰:"惟非凡鐵。"時召莫耶,令作寶劍。莫耶蒙命,退作兩劍上。王得之收,其劍鳴之。王怪問群臣,群臣奏云:"此劍有雄雌耶?若有然者,是故所吟也。"王大忿,欲縛莫耶。未到使者之間,莫耶語婦云:"吾今夜見惡相[34]。必來天子使,忽當磧[35]上。汝所任子,若有男者,成長之日,語曰見南前松中。"語已,出乎北户,入乎南山,隱大石中而死也。婦後生男,至年十五。有眉間一尺,名號眉間尺。於時母具語父遺言。思惟得劍,欲報父敵。於時王夢見有眉間一尺者,謀欲殺朕。乃命四方云:"能縛之者,當賞千金。"於時眉間尺聞之,逃入深山,慕覓賢勇之士,忽然逢一客。客問云:"君眉間尺人耶?"答曰:"是也。"客曰:"吾爲君報仇。"眉間尺問曰:"客用何物?"客曰:"可用君頭并利劍也。"眉間尺則以劍斬頭,授客已。客得頭,上楚王。王如募,加大賚[36]。頭授客,煮七日,不爛。客奏其然狀,王奇,面臨鑊。王頭落入鑊中,二頭相嚙。客曰:"恐弱眉間尺頭。"於時劍投入鑊中。兩頭共爛。客久臨鑊,斬入自頭。三頭相混,不能分別。於時有司作一墓葬三頭。今在汝南宜春⑦縣也云云。

【譯文】

眉間尺是楚人。父親是干將莫耶。楚王的夫人因爲天熱常常懷抱鐵柱而感應了鐵的精氣,於是,懷孕並生下了鐵精。楚王覺得不可思議,説:"這不是普通的鐵。"於是,叫來莫耶,讓他做把寶劍。莫耶接到命令,回到家中,作了兩把劍,將其中一把獻給了楚王。楚王得到劍拿在手中,劍發出鳴叫。楚王覺得不可思議,就問群臣,群臣説:"這劍是不是有雌雄?如果是,那就是因爲這個理由鳴叫的。"楚王非常憤怒,就要抓捕莫耶。在楚王的使者到來之前,莫耶對妻子説:"我今晚看到了凶兆。一定是天子的使者要來,應當要受到抱石的刑罰。如果你懷的是男孩的話,長大後對他説:'向南面前方的石松中看。"說完後,從北邊的門出去,進入南山,藏在大石頭中死了。妻子後來生了男孩,男孩長到了十五歲。男孩眉間有一尺,所以取名眉間尺。這時,母親詳細地轉述了父親的遺言。眉間尺經過深思,取出了隱藏的劍,想要爲父親報仇。這時,楚王夢見有一個眉間有一尺的人,計劃要來殺自己。於是,向四方命令道:"能夠抓住這個人的,將賜予千金。"眉間尺聽說了,就逃入了深山,欲尋聰明的勇者。眉間尺突然遇到了一個俠客。俠客問道:"你是叫眉間尺嗎?"眉間尺回答説:"我是。"俠客説:"我爲你報仇。"眉間尺問道:"你用什麼報仇?"俠客説:"用你的頭和利劍。"眉間尺馬上用劍砍了自己的頭,給了俠客。俠客得到頭,獻給了楚王。楚王按照約定給了他豐厚的獎賞,又把眉間尺的頭給俠客,讓他煮了七天,但頭沒有爛。俠客把這一情況報告給了楚王,楚王感到奇怪,就探頭看向釜中。於是,楚王的頭也落入了釜中,兩個頭咬在了一起。俠客説:"恐怕眉間尺的頭要處於弱勢。"就把劍投入了釜中,兩個頭都爛了。俠客在釜邊待了一段時間,把自己的頭也砍落進去。三個頭混在一起,無法區分。於是,官吏建了一座墓,埋葬了三個頭。有人説這座墓今在汝南宜春縣。

【校勘】

①"入",底本原作"人",刪除後在天頭寫"入"字。

②"送",底本寫在天頭處,並附有補入記號。

③"嚙",底本作"列齒",據文義改。

④"分別……葬分",底本作"分能分別……葬,","能"爲衍字,以訂正補入記號改。

⑤"汝",底本作"淮",據船橋本改。

⑥"縣",底本原作"懸",刪除並在天頭寫"縣"字。

⑦ "春",底本作"南",據陽明本改。

文獻資料

《吳越春秋》(《太平御覽》卷三六四。今本闕。今本卷四《闔閭內傳》中講述了干將隱藏陽劍,將陰劍獻給闔閭之事),《搜神記》卷一一(《法苑珠林》卷二七也曾引用),《楚王鑄劍記》(《五朝小説》等所收。應是基於《搜神記》),《列士傳》、《列異傳》(據說《太平御覽》卷三四三、《搜神記》的文字也基本相同。《列士傳》也被《北堂書鈔》卷一二二、《琅邪代醉編》卷二三引用),《太平御覽》卷三四三所引《孝子傳》(《古孝子傳》也有引用),《類林雜說》卷一所引《孝子傳》,《祖庭事苑》卷三所引《孝子傳》(在準古注本《蒙求》"雷煥送劍"條的天頭注、《寂照堂谷響續集》卷九"眉間尺"、《合璧集》下 6 等文獻對《孝子傳》的引用中,可以見到相同的文字),《太平寰宇記》卷一二所引《晉北征記》以及同書卷一〇五,《太平御覽》卷六七所引《郡國志》,敦煌本《古賢集》,敦煌本《十二時行孝文》,《雜抄》(真福寺本《新樂府略意》卷七)等。

《注好選》上 92,《今昔物語集》卷九 44,《三教指歸》成安注上末(覺明注,琴堂文庫本《三教指歸私記》等中也可見),真福寺本《新樂府略意》卷七("雜抄云"),《和漢朗詠集私注》雜、將軍"雄健在腰"注("文選注云")等為首的朗詠注諸本(其中國會本朗詠注中包括有值得關注的"口中劍"一條),《土蜘蛛草紙》(其中有"看到御劍的先端將要折斷,楚國的眉間尺思索之後將雄劍☐☐☐相同"),《太平記》卷一三,元禄本《寶物集》卷五(據《太平記》。七卷本系中有簡略的記載),《三國傳記》卷一一 17(據《太平記》),《榻鴫曉筆》卷一六 7(據《太平記》),《塵荊鈔》卷九,假名本《曾我物語》卷四,《孝行集》16,寬永八年版《庭訓往來注》四月五日往狀"鍛冶"注,等等。

研究眉間尺故事的論著有,西野貞治《關於"鑄劍"的素材》(《新中國》3,1957 年),細谷草子《干將莫邪故事的展開》(《文化》33—3,1970 年),高橋稔《眉間尺故事:中國古代的民間傳承》(《中國的古典文學——作品選讀》,東京大學出版會,1981年),成田守《眉間尺故事的受容》(《古典的受容與新生》,明治書院,1984年),黑田彰《眉間尺外傳——與孝子傳的關聯》(《中世説話的文學史環境》Ⅱ二2),黑田彰《劍卷覺書——圍繞〈土蜘蛛草紙〉》(《中世説話的文學史環境續》Ⅱ二1),等等。

圖像資料

6 明尼阿波利斯藝術博物館藏北魏石棺("眉間赤與父報酬""眉間赤妻"。"眉間赤妻"很罕見,文獻資料中未見其傳承。參考注12)。

22 洛陽古代藝術館藏洛陽石棺床。

【注】

1. 船橋本:"眉間尺者楚人也。"眉間尺,也寫作眉間赤(《太平寰宇記》所引《晋北征記》等)。《太平御覽》卷三四三等所引《列士傳》中有"妻後生男,名赤鼻",同書所引的《孝子傳》中有"眉間尺,名赤鼻。父干將,母莫耶",等等。《太平御覽》卷三六四所引《吴越春秋》作"眉間尺",應是比較早期的文獻。《搜神記》中有"楚干將莫邪""莫邪子,名赤此""干將莫邪子也",《類林雜説》所引《孝子傳》中有"眉間尺……楚人干將莫邪之子也"。參考注2。

2. 在《搜神記》裏,干將莫耶是一個人,但原本似乎是兩個人(《越絕書》卷一一、《漢書・賈誼傳》應劭注、《文選・子虚賦》李善注["張揖曰"]等),《吴越春秋・四闔閭内傳》將二人視爲夫婦("莫耶,干將之妻也"),《太平御覽》卷三四三所引《孝子傳》中也有"眉間赤……父干將,母莫耶"。關於干將、莫耶是哪國人,有各種異傳,在楚國(《搜神記》等)之外,有吴(《吴越春秋》"干將者吴人也……莫耶,干將之妻也"、《越絕書》"吴有干將"、《吕氏春秋》卷一一"吴干將"、《漢書・賈誼傳》應劭注"莫邪,吴大夫也。作寶劍,因以冠名"等)、晋(《《太平御覽》等所引《列士傳》"干將莫耶,爲晉君作劍"、《太平御覽》所引《孝子傳》"父[干將]爲晉王作劍")、韓(《文選》李善注"張揖曰,干將,韓王劍師也"等)等說法。在關於刀劍的傳說中,除了《吳越春秋》《越絕書》之外,《荀子·性惡篇》等文獻也多次提及干將、莫耶的名字,鮑照的"雙劍將別離,先在匣中鳴"(《贈古人二首》,《玉臺新詠》卷四)等詩文,都是基於眉間尺故事。

3. 關於王,《搜神記》以下,作楚王的比較多,但也有"晉君"(《太平御覽》等所引《列士傳》)、"晉王"(《太平御覽》所引《孝子傳》)、"魏惠王"(《太平寰宇記》所引《晉北征記》)等稱呼,參考注2。此處對楚王夫人的記述,《搜神記》等未見。《類林雜說》所引《孝子傳》云:"楚王夫人,嘗於夏取涼。而抱鐵柱,心有所感。遂懷孕後,產一鐵。楚王命莫邪,鑄此鐵爲雙劍。"《祖庭事苑》所引《孝子傳》、《琅邪代醉編》所引《列士傳》等也可見到基本相同的故事。陽明本中,"任"通"妊"。

4. 船橋本作"莫耶"。也有《祖庭事苑》所引《孝子傳》作"干將"、《類林雜說》所引《孝子傳》作"莫邪"(《新樂府略意》所引《雜抄》也作"莫耶")等情形。

5. 只有船橋本作"兩劍"。陽明本中將雄劍獻給王,把雌劍留在手中的說法,與《搜神記》以下將雌劍獻上,把雄劍留在手中的記載不一致。與陽明本一樣,取"獻雄留雌"說法的還有《太平記》《曾我物語》等。

6. 船橋本作"其劍鳴之"。這一點,《搜神記》等未見。類似記載有《類林雜說》所引《孝子傳》"劍在匣中,常有悲鳴",《新樂府略意》所引《雜抄》"王劍每夜鳴",《琅邪代醉篇》所引《列士傳》"劍在匣中常鳴"等。

7. 《搜神記》作"王……使相之"。與兩《孝子傳》類似,提到詢問群臣的有《類林雜說》所引《孝子傳》等。

8. 《搜神記》有"王怒,欲殺之……其妻重身當產。夫語妻曰……王怒,往必殺我"等語句。陽明本"王怒即將殺干將,干將已知應死,以劍內置屋前松柱中,謂婦曰",與《類林雜說》所引《孝子傳》的"王大怒,即收莫邪殺之。莫邪知其應,乃以雄劍藏屋柱中,柱下有石礎。因囑妻曰"、《祖庭事苑》所引《孝子傳》的"王大怒,即收干將殺之。干將知其應,乃以劍藏屋柱中,因囑妻莫邪曰"等相近。

9.《搜神記》可見"汝若生子,是男大,告之曰"等。

10. 此處敘述的是藏劍的場所。《搜神記》作"出戶望南山,松生石上,劍在其背"。《類林雜説》所引《孝子傳》作"日出北戶,南山之松,松生於石,劍在其中"等,陽明本的正文與之更爲接近。《搜神記》的記述意爲"出了家門向南山望去,松樹長在石頭上。劍在其後"。

11.《類林雜説》所引《孝子傳》中的"妻後生男,眉間廣一尺。年十五,問母父在時事。母因述前事"等,與此相近。"年十五"(《新樂府略意》所引《雜抄》作"七歲")在《搜神記》等文獻未見。

12. "眉間廣尺。"(《搜神記》)《北堂書鈔》所引《列士傳》作"眉廣二寸",《太平御覽》所引《列士傳》作"眉廣三寸"。周時的一尺是22.5厘米。關於眉間有一尺之事,西野貞治指出,"這個故事是由以下兩個傳説構成的,即《史記》及《吴越春秋》中的伍子胥因爲父親和兄長被楚平王冤殺,歷盡艱辛後得到吴王幫助而報仇,但最終因被吴王猜忌而迎來悲慘結局的傳説,以及《吴越春秋》記載的干將聽取妻子莫耶的建議爲吴王闔閭鑄造了雌雄二劍,然後,將雄劍藏起來,只把雌劍獻給了吴王這一傳説。關於干將的傳説,因爲把雄劍藏了起來,讓人聯想到可能要發生什麽異常的故事,在此鋪墊下,又將伍子胥傳説中的幾種要素加進來,如伍子胥眉間寬一尺(《吴越春秋》)、在復仇的過程中得到了多個任俠之士的幫助、被吴王賜死時説死後要把自己的頭挂在城門上看著越軍(《史記》《吴越春秋》)、吴王夫差殺了伍子胥後鑊烹(《論衡·書證》)等。爲這兩個傳説的整合提供旁證的有《漢書·賈誼傳》所引應劭之語'莫邪,吴大夫也,作寶劍,因以冠名',而且在北魏石棺的畫像中,對墓前參拜男子像題有'眉間赤爲父報酬',其左坐著的女性像被題爲'眉間赤妻'(參考奧村伊九良《孝子傳石棺的刻畫》,《瓜茄》4,1937年,第358頁,插圖一),由於《列異傳》等文獻未見眉間赤有妻子之事,因而可以考慮這裏的素材應是來源於伍子胥"(《關於"鑄劍"的素材》）。細谷草子氏對此也有相同的見解："'眉間赤'顯然就是'眉間尺'。這可能來自於《吴越春秋》卷三對伍子胥容姿的描寫——'身丈一丈,腰十圍,眉間一尺'等。"（《干將莫邪故事的展開》）只是,西野氏將明尼阿波利斯藝術博物館藏北魏石棺上的"眉間赤妻"解釋爲伍子胥的妻子,恐怕並不正確。確實,我們看不到眉間赤（尺）妻子登場的資料,但是從構圖看,該石棺的"眉間赤妻"應當只是添加上去的。孝子傳圖經常添加在孝子傳故事中並未出現的人物,同樣的例子還有在 3 東漢樂浪彩篋魏湯圖中登場的"侍郎""令妻""令女"（參考東野治之《律令與孝子傳——漢籍的直接引用和間接引用》）以及 16 安徽馬鞍山吴朱然墓伯瑜圖漆盤上添畫的"孝婦""榆（瑜）子""孝孫"等（參考黑田彰《鍍金孝子傳石棺續貂——關於明尼阿波利斯藝術博物館藏北魏石棺》[《京都語文》9, 2002 年]）。

13. 船橋本作"母具語父遺言"。"具以告之"（《太平御覽》所引《列士傳》）、"母（以）父遺言示眉間尺"（《新樂府略意》所引《雜抄》）。

14. 《搜神記》作"得劍,日夜思欲報楚王"等。與《類林雜説》所引《孝子傳》中可見的"乃思惟剖柱得劍,日夜欲報殺楚王"等較相近。

15. 《搜神記》有"王夢見一兒,眉間廣尺,言欲報讎。王即購之千金。兒聞之,亡去。入山行歌"等。

16. 船橋本作"朕"。朕,王的自稱。

17. 四方,天下的意思。"令天下。"（《新樂府略意》所引《雜抄》）

18. 《類林雜記》所引《孝子傳》："能得眉間尺者,賜金千斤。"《祖庭事苑》所引《孝子傳》："有得眉間尺者,厚賞之。"千金,很多錢的意思。斤,重量單位,1 斤爲 256 克。

19. 《太平御覽》卷三六四所引《吴越春秋》中有"眉間尺逃楚入山",《類林雜説》所引《孝子傳》有"眉間尺聞,乃便起入山",《新樂府略意》所引《雜抄》中有"眉間尺逃隱山中",《祖庭事苑》所引《孝子傳》中有"尺遂逃"等。山的名字,也有作朱興山的（《太平御覽》等所引《列士傳》"乃逃朱興山中")。

20. 船橋本此處亦有"慕覓賢勇之士",可以理解爲眉間尺在招募勇士,但存疑。就像《類林雜説》所引《孝子傳》中的"……眉廣一尺,欲來殺王。王乃購募覓其人。乃宣言,能得眉間尺者……"、《祖庭事苑》所引《孝子傳》中的"……王亦慕覓其人。宣言,有得眉間尺者……"(《太平御覽》等所引《列士傳》"……眉廣三寸,辭欲報仇。購求甚急")等語句描述的那樣,原意應當是楚王在尋覓眉間尺。那麽,"賢人勇""賢勇之士"原本就是指眉間尺。船橋本系的《注好選》中没有此句,其後有"王如募思"(船橋本"王如募"),《今昔物語集》中有"深山入。宣旨奉輦,足手運四方向求間",都可作爲佐證。

21.《太平御覽》所引《吳越春秋》中:"道逢一客。客問曰:'子眉間尺呼?'答曰:'是也。''吾能爲子報仇。'尺曰:'……君今惠念,何所用耶?'客曰:'須子之頭並子之劍。'尺乃與頭。"《類林雜説》所引《孝子傳》中:"路逢一客。客問曰:'汝是孝子眉間尺否?'答曰:'是。'客曰:'吾能爲子報仇。'眉間尺曰:'……君今惠念,何所用耶?'客曰:'欲得子頭並子劍。'眉間尺乃與劍並頭。"也有一些文獻中,客的名字作"甑山人"(《祖庭事苑》所引《孝子傳》、《太平記》等)。

22. 陽明本的"君是孝子眉間尺耶",與《類林雜説》所引《孝子傳》的"汝是眉間尺否"相近。

23.《新樂府略意》所引《雜抄》作"欲報父敵否"。

24. 船橋本作"客得頭,上楚王。王如募,加大賚"。大賚,豐厚的賞賜(賚,賞賜)。《搜神記》:"兒……即自刎,兩手捧頭及劍奉之,立僵。客曰:'不負子也。'於是屍乃僕。客持頭往見楚王,王大喜。"《北堂書鈔》所引《列士傳》:"赤鼻乃特刎首奉之。客持頭詣晉君。"陽明本的"奏",或許應是"奉"。《太平御覽》所引《吳越春秋》:"客與王。王大賞之。"同書所引《孝子傳》:"客……將尺首及劍,見晉君。"《類林雜説》所引《孝子傳》:"客受之與王。王大賞之。"《祖庭事苑》所引《孝子傳》:"客得之,進於楚王。

王大喜。"

25. 船橋本作"頭授客,煮七日,不爛"。《太平御覽》所引《吳越春秋》有"即以鑊煮其頭,七日七夜不爛",《搜神記》有"王……煮頭三日三夕,不爛。頭踔出湯中,躓目大怒",《太平御覽》所引《列士傳》有"客令鑊煮之頭三日,三日跳不爛"(《北堂書鈔》所引《列士傳》有"令鑊煮之,頭三日三夜不爛"),《太平御覽》所引《孝子傳》有"君怒煮之,首不爛",《類林雜說》所引《孝子傳》有"即以鑊煮其頭,七日七夜不爛"等。兩《孝子傳》記載的客煮頭一事,與《太平御覽》所引《列士傳》的說法一致。

26. 與《搜神記》等中的"三日三夕"相對應,《太平御覽》所引《吳越春秋》、《類林雜說》所引《孝子傳》作"七日七夜"。

27. 船橋本作"客奏其然狀,王奇,面臨鑊"。類似記載有《太平御覽》所引《吳越春秋》"客曰,此頭不爛者,王親臨之。王看之",《搜神記》"客曰,此兒頭不爛。願王自往臨視之。是必爛也。王即臨之",《北堂書鈔》所引《列士傳》"客曰,君往觀之即爛",《類林雜說》所引《孝子傳》"客曰,此頭不爛。須王自臨之。王即往臨看之",等等。

28. 念咒語。

29. 船橋本中無此敘述。《搜神記》有"客以劍擬王,王頭隨墮湯中"等。《太平御覽》所引《吳越春秋》"客於後以劍斬王,頭入鑊中,二頭相嚙",《類林雜說》所引《孝子傳》"客於後以劍擬之,王頭即墜鑊中,二頭相齩"等,與陽明本相近。

30. 船橋本作"客曰:'恐弱眉間尺頭。'於時劍投入鑊中。兩頭共爛。客久臨鑊,斬入自頭。三頭相混,不能分別"。《搜神記》"客亦自擬己頭,頭復墜湯中。三首俱爛,不可識別",《太平御覽》所引《列士傳》"客又自刎。三頭悉爛,不可分別",《太平御覽》所引《孝子傳》"客因自擬之。三首盡糜不分",《太平御覽》所引《吳越春秋》"客恐尺不勝,自以劍擬,頭入鑊煮。三頭相咬七日。後一時俱爛",《類林雜說》所引《孝子傳》"客恐眉間尺不勝,乃自復劍擬頭,頭復墜鑊中。三頭相齩,經七日後,一時俱爛"等,與陽明本相近。船橋本的"於時劍投入鑊中",諸資料均不見,"兩頭共爛。客久臨鑊"也略可疑,或者與"王首與尺首嚙合良久,尺首負逃"(《新樂府略意》所引《雜抄》。《今昔物語集》也有"二頭咋合諍事無限")等有關。另外,船橋本的"三頭相混,不能分別",酷似《新樂府略意》所引《雜抄》的"三首相混,會不分別"(《雜抄》《今昔》的結尾都沒有記載"汝南"這一郡名)。

31. 船橋本作"於時有司作一墓葬三頭。今在汝南宜春縣也云云"。有司,指官吏。類似記載有《太平御覽》所引《吳越春秋》"乃分葬汝南宜春縣。並三塚",《搜神記》載"乃分其湯肉葬之,故通名三王墓。今在汝南北宜春縣界",《太平御覽》所引《列士傳》"分葬之,名曰三王冢",《太平御覽》所引《孝子傳》"乃爲三塚,曰三王塚也",《類林雜説》所引《孝子傳》"乃分葬之。在汝南宜春縣。今三王墓,是也",等等。《新樂府略意》所引《雜抄》"仍三首葬一陵。今在宜春縣也"等語與船橋本相近(後文所引的《晋北征記》"三人同葬,故謂三王陵",《太平寰宇記》卷一〇五"三人以三人頭共葬"等亦同)。汝南,漢時就有的郡名,宜春縣也是漢時就有縣名,都在今河南汝南。北宜春縣(《搜神記》)是其東漢至晋時期的名稱。關於三王墓(《搜神記》),《太平寰宇記》卷一二的河南道宋州宋城縣(今河南商丘)所引《晋北征記》(或爲晋伏滔《北征記》)有"三王陵,在縣西北四十五里。《晋北征記》云,魏惠王徙都於此號梁。王爲眉間赤任敬所殺。三人同葬,故謂三王陵"(西野貞治氏考證魏惠王卒年是周顯王三十四年[前336],從而論述了其與《水經注》卷一五洛水注所載三王陵的關聯,指出河南省一帶的北魏石棺繪畫等在北朝的傳承體系[參見《關於"鑄劍"的素材》])。另外,《太平寰宇記》卷一〇五的江西南道太平州蕪湖縣:"楚干將墳,在縣東北九里。楚干將鏌鋣之子,復父仇。三人以三人頭共葬,在宣城縣。即蕪湖也。"(蕪湖、蕪湖縣、宣城縣都在今安徽。)《太平御覽》卷六七所引《郡國志》(可能是唐代文獻):"晋州臨汾縣臭水池,下畜不飲。一名翻鑊池。即煮眉間赤頭處。鑊翻因成池,今水上猶有脂潤。"(臨汾縣在今山西)由此可見眉間尺故事的傳播情況。

32. 指客爲眉間尺獻身。

33. 關於此處的"云云",西野貞治氏認爲這個標記證明了"此《孝子傳》(陽明本)直接引用了其它書中的記載","眉間尺條目的最後以'云云'表示省略,這種做法見於《三國志》注或《世說》注,爲彌補正文的欠缺而儘量多舉不同文本,但是不用於自己寫作的文章"(《關於陽明本孝子傳的特徵及其與清家本的關係》)。陽明本中"云云"僅此一例,船橋本中"34 蔣翊""36 曾參""41 李善""44 眉間尺"四條末尾可見"云云"。

34. 惡相,凶兆的意思。

35. 礩,指基石(柱子下邊的石礅子),這裏或指抱石刑。

36. 大賫,參考注24。

45 慈烏

【陽明本】

　　慈烏者，烏也。生於深林高巢之表，銜¹食供鶵口，不鳴自進²。羽翮³勞悴，不復能飛。其子毛羽既具，將到東西，取食反哺⁴其母。禽鳥尚爾，況在人倫乎？雁⁵亦銜食飴兒，兒①亦銜食飴母。此鳥皆孝也。

【譯文】

　　慈烏是一種鳥。它生活在樹林深處的高高的巢中，會銜來食物喂到雛鳥口中。即使雛鳥沒有為了食物鳴叫，母鳥也主動喂食。最終母鳥因翅膀過於勞累，不能再飛。雛鳥羽毛長齊後，就四處覓食，反過來喂母鳥。禽鳥尚能如此，更何況作為人類應撫養父母呢？雁也銜來食物喂雛鳥，雛鳥長大後也銜來食物喂母鳥。這些鳥都有孝行。

【船橋本】

　　雁烏②⁶者③鳥也。知恩與義之。鶵時哺子，老時哺母。反哺之恩，猶能識哉，何況人乎？不知恩義者，不如禽鳥④耳也。

【譯文】

　　雁烏是一種鳥。知道父母之恩和子女的義務。幼時母鳥哺喂雛鳥，母鳥老後小鳥哺喂母鳥。即便是鳥，也知道通過撫養老去的母鳥來回報養育之恩，更不要說人類了，回報父母之恩更是理所當然。不知恩者，連禽鳥都不如。

【校勘】

① "兒",底本無,據文義補。
② 底本"雁鳥"以下正文在"43 東歸節女"的末尾,據陽明本改。
③ "者",底本爲空白,據文義補。
④ "鳥",底本作"象",據文義改。

文獻資料

《小爾雅》,《孔叢子》卷三,《桓譚新論》(《太平御覽》卷四九一、卷九二七),《春秋運斗樞》(《太平御覽》卷九二〇、清葛其仁《小爾雅疏證》),《水經注》卷一三漯水注,《典引》蔡邕注(《文選》卷四八),《蔡中郎集》卷二,東漢《漢故幽州書佐秦君神道石闕》(參見《文物》4,1965年),《後漢書》卷五七,成公綏《烏賦序》(《太平御覽》卷九二〇),《禽經》(《説郛》卷一〇七),曹植《令禽惡鳥論》(《藝文類聚》卷二四),梁武帝《孝思賦》(《廣弘明集》卷二九上),釋道恒《釋駁論》(《弘明集》卷六),陽明本《孝子傳》序、《孝子傳》(《世俗諺文》及《三教指歸》成安注下。文字略有不同,但都屬陽明本系),王勃《倬彼我系》(《王子安集》卷二),《白氏六帖》卷八,白居易《慈烏夜啼》(《白氏長慶集》卷一)、《阿崔》(《白氏長慶集》卷二八),《杜工部詩》卷二〇,《故圓鑒大師二十四孝押座文》(斯坦因敦煌文獻木刻一),《册府元龜》卷六二二、卷八三八,林同《孝詩》。

《注好選》下 34。

圖像資料

1 東漢武氏祠畫像石("孝烏")。
12 和林格爾東漢壁畫墓("孝烏")。
14 泰安大汶口東漢畫像石墓。

【注】

1. 銜,請參考"30 顏烏"注4。

2. 雛鳥即使不唧唧求食,母鳥也主動喂食的意思。

3. 羽翮,指鳥羽。翮,羽軸下段不生羽瓣的中空部分。

4. 反哺,指子反過來養育其母。

5.《故圓鑒大師二十四孝押座文》亦把雁和烏都視爲孝鳥,其云:"慈烏反哺尤懷感,鴻雁才飛便孝行。"

6. 雁烏,或許是雁和烏的意思。

【陽明本】

　　孝子傳卷下

【船橋本】

　　孝子傳終

陽明本《孝子傳》影印

後補封面

陽明本《孝子傳》影印

原封面

陽明本《孝子傳》影印

原前封裏

《孝子傳》注解

前襯頁

陽明本《孝子傳》 影印

前襯頁

《孝子傳》注解

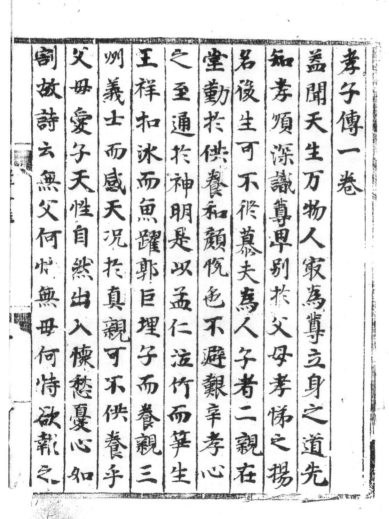

孝子傳一卷

蓋聞天生万物人寰為尊立身之道先知孝頒深識尊卑別於父母孝悌之揚名後生可不從慕夫為人子者二親在堂勤於供養和顏悅色不避艱辛孝心之至通於神明是以孟仁泣竹而筍生王祥扣冰而魚躍郭巨埋子而養親三州義士而感天況於真親可不供養手父母愛子天性自然出入懷愁憂心如割故詩云無父何怙無母何恃欲報之

德昊天罔極父母之恩非身可報如其
孝養豈得替乎焉知反哺鴈識銜食禽
鳥尚尒況於人哉故蔣詡徒廬以顯名
子騫規言而布德帝舜孝行以全身丁
蘭木母以感瑞此皆賢士聖之孝心將
來君子之所慕也余不揆凡庸今錄衆
孝分爲二卷訓示後生知於孝義通人
達士幸不哂焉

孝子傳目錄上

帝舜	薰永	刑渠
伯瑜	郭巨	原谷
穎陽	三州義士	丁蘭
朱明	蔡順	王巨尉
老萊之	宗滕之	陳寔
陽威	曹娥	毛義
歐尚	仲由	劉殷寅
謝弘	朱百年	

以上廿三人

孝子傳目錄下

高柴　張敷　孟仁
王祥　姜詵
顏烏　許牧　孝女升光雄
閔子騫　蔣詡　伯奇　曾園義士
曾參　薰黯　申生
卻明　會堅　李喜
羊公　東敏節女　眉間尺

以上廿一人

孝子傳上

帝舜重花至孝也其父瞽瞍頑愚不別聖賢用後婦之言而欲敩舜便使上屋於下燒之乃飛下供養如故又使治井沒井又欲敩舜又乃密知便作傍完父畢以大石填之舜乃泣東家井出目攅懸山以躬耕種穀天下大旱民無奴者唯舜種者大豊以父填井之後兩目清盲至市就舜余米舜乃以錢還置米中如是非一次疑是烹花借人者朽井子

无职见後又余朱附在舜前論賈未畢
父曰君是何人而見給鄰將非我子重
花耶舜曰是也即來父前相把歸泣舜
以衣拭父兩眼即開明聆謂爲孝之至
堯聞之妻以二女授之天子故孝經曰
事父母孝天地明察感動乩靈也
蔡人薰永至孝也少失母獨与父居貧
窮困苦僱賃供養其父常以鹿車載父
自随著陰凉樹下一鋤一廻顧望父顏
色供養薰工凤夜不惭父後壽終无錢

不葬送乃詣主人自買爲奴取錢十千
葬送礼已畢還賣主家道逢一婦求爲人
永妻永問之曰何昕能爲女答曰吾一
巧能織絹十疋共是共到賣主家十日
便得織絹百疋共用之自贖又畢共辭主
人去女出門語永曰吾是天神之女感
子至孝助還賣身不得久爲君妻也便
隱不見故孝經小孝悌之志通於神明
此之謂也贊曰董永至孝賣身葬父事
畢无錢天神妻女織絹還賣不得久處

至孝通靈信哉斯語也

宣春人刑渠至孝也貧窮无母唯与父及妻共居傭賃養父又年老不能食渠常哺之見父年老夙夜憂懼如履冰霜精誠有感天乃令其髮白更黑齒落更生也贊曰刑渠養父單獨居貧常作傭頃以養其親躬自哺父孝謹恭勤父老更壯感此明神

龔伯瑜者字都人也少失父与母共居孝敬懃又若有小過母常打之和顏悅

痛又得杖忽然悲泣母怪問之曰汝常得杖不啼今日何故啼惌邘瑜答曰阿母常賜杖其甚痛今日得杖不痛憂阿母年老力衰是以悲泣耳非敢奉惌也故論語曰父母之年不可不知一則以喜一則以懼讚曰惟此伯瑜事親不違恭懃孝養進致甘旨母賜苔杖感念力裹悲之不痛泣鳴濕衣

郭臣者〈家頋卷卅〉河内人也時年荒夫妻晝夜懃作以供養母其婦慾然生一男子便共

議言、今養此兒則廢母共事、仍掘地埋之、忽得金一釜、又上題云、黃金一釜天賜郭巨、於是遂發萬貴、轉孝蔫、又賛曰、孝子郭巨純孝至真、夫妻同心敦子養親、天賜黃金遂感明神、善哉孝子富貴榮身

楚人孝孫原谷者至孝也、其父不孝之甚、乃厭患之、使原谷作輦、祖父送於山中、原谷後將輦還、父大怒曰、何故將此凶物遷、荅曰、阿父後老、復棄之不能更

作也颜父悔悮更往山中迎父辇昭朝夕供養更為孝子此乃孝孫之礼也共是闔門孝養上下無惡也
済郡人魏陽至孝也少共母獨与父居孝養燕又其父陽乃叩頭懸令召問之於路打棄其父陽乃叩頭懸令問曰人打汝父何故不報為力不禁耶荅曰今吾若即報家懸正有飢渴之憂懸令大諾之阿父終沒即析得彼人頭以祭父墓州郡上表褒其孝德官不問其縣

罪加其禄位也

三州义士者各一州人也征伐徒行并失乡土会宿道边树下老者言将不共结断金耶二少者敬诺遂为父子慈孝心之志信於真亲也父欲试意勑二子共河中立舍二少子便昼夜輦土填河中经海三年波流飘蕩都不得立精诚有感天神乃化作一夜又持一丸土投河中明忽见河中土高数十丈瓦宁数十间父子仍共居之子孙生长位至二千石

家口卅余人今三州之氏是也後以三
州焉姓也
河內人丁蘭者至孝也幼失母年至十
五思慕不已乃尅木爲母而供養之如
事生母不異蘭婦不孝以火燒木母面
蘭即夜夢語木母言汝婦燒吾面蘭乃
笞治其婦然後遣之有隣人借爺蘭即
啓木母又顏色忿怋便不借之隣人瞋
恨而去伺蘭不在以刀斫木母一臂流
西滿地蘭還見之悲號叩勋即往斬隣

人頭以榮母官不問罪加祿位其身贊曰丁蘭孝至少喪二親追慕无及立木母人朝夕供養過於事生親身沒名在万世惟真

朱明者東都人也兄弟二人父母既沒不久遺財各得百万其弟驕奢用財物籃更就兄求分兄恒与之如是非一嫂便忿悉打罵小郎明聞之曰汝他唯之子欲離我骨肉耶四海女子皆可為婦若欲求親者終不可得即便遣妻也

七

○淮南人蔡順至孝也養母藜羹又母詣鄰家醉酒而吐順恐中毒伏地嘗之啓母曰、非毒是冷耳時遭年荒採桒椹赤黑二種頓㒳器答曰黒者飴母赤者自供賊還不藍逕赤眉賊又問曰何故分別桒椹子之賜完十斤其母既沒順常在墓邊有一白痛張口向順來順則申辟採之得一橫骨扇者像常得廣羊報之所謂孝感於天禽獸依德也

○王巨尉者淮南人也光第二人兄年十

二弟年八歲父母餧沒哭泣過禮聞者
悲傷弟行採薪忽逢赤眉賊縛欲食之
兄憂其不還入山覓之正見賊縛將欸
食兄即自縛詣賊前曰我肥弟瘦請以
肥身易瘦身賊則噭之而放兄弟皆得
免之賊更牛齡一雙以贈之也

漢人老萊之者至孝也年九十猶父母
在常作嬰兒自家戲以悅親心著班蘭
之衣而坐下竹馬爲父母上堂取漿水
失腳倒地方作嬰兒啼以悅父母之懷

故礼曰父母在言不稱老衣不絕純素此之謂也贊曰老萊至老奉事二親晨昏定省供謹飭慇戲倒親前為嬰兒身高道兼倫天下稱仁

宗勝之者南陽人也少孤十五年並喪父母少有礼義每見老者攬鬚便為之常窃得禽獸完分与鄉親如此非一貧依歸居乃通明五注郷人稱其孝感共記之也

陳竃至孝養父母其年八十乃鑿迭之

海內奔赴三千人議卻蔡邑製碑文也
陽威者會替人也少喪父共母入山樵
薪忽為虎所迫遂抱母而啼虎卻去孝
著其心也
孝女曹蛾會替人也其父盱能絃歌為
巫婆神瀨死不得父尸骸蛾年十四乃
緣江踴泣哭聲晝夜不絕旬有七日遂
解衣投水咒曰若值父尸骸衣當沉衣
即便沉蛾即赴水而死懸令聞之為蛾
立碑顯其孝名也　　　　　縣

○毛義者至孝也家貧郡舉孝廉便人大歡喜鄉人聞之感曰毛義平生立行以不受天子之位今舉孝廉仍大歡悅如此不足重也及至母亡洲郡近之義曰我昔應孝廉之命只為家貧无可供養母又命既亡復更仕於是鄉人感稱其孝也
歐尚者至孝也父沒居喪在廬鄉人遂庸又急投尚廬內尚以衣覆之鄉人執欲入廬尚曰庸是忍獸當共除萷尚

賓不見君召他尋席後得出日夕將死康來報曰此乃得大畐也
衛國仲由字子路為師著服數三年孔子問曰何不除之對曰吾眞兄弟不忍除也孔子曰先王制礼日月有限期可已矣同郎除之也

劉敬寅年八歲臨母書夜悲哭賴是人士莫不異之也 喪

謝弘徽書兄喪服已除猶蔬食有人問之曰汝服已訖今將如此徽荅曰衣冠

孝子傳上

之變礼不可踰生心之衺實未能已也
朱百年者至孝也家貧母以冬月衣常
无絮百年身亦无之共同孔頡為灰天
時大寒同徃頡家頡設酒酹留之宿以
卧具覆之眠覺傑去謂頡曰綿絮定煖
曰憶母寒淚悌悲慟也

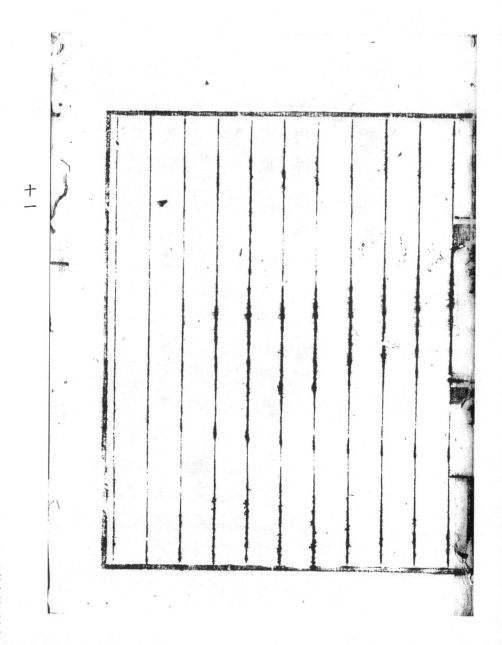

孝子傳下

高柴者魯人也父死泣流血三年未嘗
見齒故礼曰居父母之喪言不及義咲
不呭也
旅敷者年一歲而母亡至十歲問覓母
家人云已死仍求覓母生時遺物乃得
一畵扇乃藏之王匣每憶母開匣看之
使流涕悲慟竟日不已終如此也
孟仁字恭武江夏人也事母至孝母好
食筍仁常慙探筍供之冬月筍未抽仁

執竹而泣精靈有感箏焉之生乃足供
母可謂孝動神靈感斯瑞也
吳時人司空公王祥者至孝也母好食
魚其恒供呉忽遇氷結祥乃抈氷而泣
魚便自出躍氷上故曰孝感天地通於
神明也
姜詩者廣漢人也事母至孝母好飲江
水又又去家六十里便其妻常汲行廡
水供之母又嗜魚膾夫妻恒求覓供給
之精誠有感天乃令其舍忽生涌泉味

縣 天

如江水每且報出雙鯉魚常供其母之
膳也為江陽令死民為立祠也
孝女外光雄者至孝也父墮水死共尸
骸感憶其父常自躄踊盡夜不已乃乘
舩於海父墮發投水而死見夢與弟曰
却後六日當共父出至期果與父相見
持於水上郡縣令為之立碑文也
顏烏者東陽人也父死蟻送躬自負土
成墳不物㳒力精誠有感夫乃使烏鳥
助衘土成公為口皆流血遂取懸名為

傷懸秦時以也王莽篡位改為為孝縣也

許牧者吳寧人也父母亡沒躬自負土常宿墓下栽松柏八行造立大壙州郡感其孝名其鄉曰孝順里鄉人為之立廟至今在焉也

曾國義士兄弟二人少失父以与後母居兄弟頻勤於供養隣人酒醉罵辱其母兄弟聞之慙恥遂往敛之官知其死開門不避使到其家問曰誰是凶

憎

身兒曰吾敚非弟又曰吾敚非兄使不
能法改還白王又告其母問之母曰谷
在妾身訊道不明致見為罪又在老妾
非開子也王曰罪法當行母有二子何
增何愛任母曰敚小兒王曰少者人
之所重如何敚之母曰小者非妾之子
大者前母之子其父臨亡之時見此兒
小孤任妾撫育今不顧亡夫之言尊王
聞之作天漢曰一門之中而有三賢一
室之內復衍三義即俘放之故論語云

父為子隱子為父隱用辟此也
閔子騫尊人也事後母母无道子
騫事之无有慍色時子騫為父御失轡父
乃恠之仍使後母子御車父罵之騫終
不自現父後悟仍搜其手乃冷者衣又
薄不如曉子統衣斬綿父乃懆憯目欲
追其後母騫涕泣諫曰母在一子單去
二子騫又遂心母忽悔也故論語云孝
哉閔子騫人得間於其母又毘弟之
言此之謂也孔子飲酒有少過而欲改

之奪曰酒者礼也君子飲酒過顏色小
人飲酒益氣力如何改之孔子曰善哉
將如何子之言也
蔣謝字奉鄉与後母居孝敬甚又未甞
有慍後母元道慴謝曰汝深孝敬之父
王莖送留謝量墓東謝焉乃草舍以央
其父又多栽松柏用作陰涼鄉人嘗往
來車馬不絕後母嫉之更甚乃密以妻
藥飲謝謝又食之不死又欲持刀斂之
夜夢驚起心有人敕我乃避眠慶母棻

持刀斫之竝著空地母後悔悟退而責
數曰此子天照生如何欲害是吾之罪
便欲自敘謝曰為孝不致不令致母恐
罪猶子也母子便相謝遂同遂和睦乃
居貧舍不復出入也
伯奇者周燕相伊尹吉甫之子也為人
慈孝而後母生一男仍憎猴伯奇乃取
妻蛇納瓶中呼伯奇將敘小兒戯少兒
畏蛇便大驚叫母語吉甫曰伯奇常欲
敘我小兒君若不信誡佳其取者之果

見之伯奇在篋呲鳥又讒言伯奇乃欲
非法於我父云吾子焉人慈孝豈有如
此事乎母曰君若不信令伯奇向後蘭
取菜君可密窺之母先賣蜂置衣袖中
母至伯奇邊曰蜂螫我即倒地令伯奇
為除奇即侣頭捲之母即還白吉甫君
伺見否父曰信之乃呼伯奇曰為汝父
上不憝天墜後母如此伯奇聞之嘿然
无氣曰欲自須有人勸之乃奔他國父
後審定知妄行詐即以素車白馬追伯

十六

陽明本《孝子傳》影印

奇至津所向曰津吏曰向見童子赤白
美皇至津所不吏曰童子向者而度至
河中仰天歎曰飄風趍號素衣遭尘
乱号无所敀心鬱結号屈不申爲蜂瓜
即欶我身歌訖乃投水而死父聞之遂
悲运曰吾子狂哉郎於河上祭之有飛
鳥來父曰若是我子伯奇者當入吾懷
鳥即飛上其手入懷中泟袖出父之日
是伯奇者當上五車隨吾遷也鳥即上
車隨遷到家母便出迎曰向見君車上
十六

有惡鳥何不射斂之父卽張弓取矢便
射其後母中腹而死父罵曰讎斂我子
乎鳥卽飛上後母頭啄其目今世鵄梟
是也一名鶹鷚其生兒遷食毋詩云知
我者謂我心憂不知我者謂我何求悠
悠蒼天如何人哉此之謂也其弟名西

○曾秦魯人也其有五孝之行能感通靈
聖何謂爲这孝与父母共鋤猿設傷体
一株叩其父頭見西恐父憂悔乃揮斧

自悦之是一孝也父使入山採薪經得
來遲時有猛成子來賣之黍母乃齒脱
指黍在山中心痛恐母乃不和即歸問
母曰太安善不母曰无他遂具如向所
訊黍乃尺然所謂孝感心神是二孝也
母患黍駕車往近敢中途渴之遇見枯
井猶來无水黍以瓶臨水焉之出所謂
孝感靈泉是三孝也時有隣境兄弟二
人更日食母不令飴肥黍聞之乃迴車
而避不經其境恐傷母心是四孝也魯

有鵁䳘之鳥反食其母恒鳴於樹曾子
語此鳥曰可吞音去勿更來此鳥即不
敢來所謂孝伏禽鳥是也孔子使
參往杳鳴鳥是朝不至有人妄言語其母曰
曾參敎人須臾又有人云曾參敎人如
是至三母猶不信便曰我子之至孝跂
地恐痛言参恐傷人豈有如此耶猶識如
故須臾參逐至了无此事旣謂纔言至
此慈母不没桴此之謂也父亡七日漿
水不歷口孝切於心遂忘飢渴也妻死

不更求妻有人謂泰曰婦死已久何不
更娶曾子曰昔吉甫用後婦之言喪其
孝子吾非吉甫豈更娶也
董黯家貧至孝雅与王奇竝居二母過七
相見忽會蘓邊日語曰黯母汝年過七
十家又貧顏色乃得怡悅如此何答曰
我雖貧食完廉衣薄而我子与人无惡
不使吾憂故耳王奇母曰吾家雖富食
奐又脊饌吾子不孝多与人恐懼雖其
聚是以枯悴耳於是各還奇徙外敏其

母語竒曰汝不孝也吾問見薫黔母年
過七十顔色怡悦猶其子与羗憑故耳
竒大怨即往黔母家罵云何故讒言我
不孝也又以脚蹴之敏謂母曰兒巳問
黔母其云曰又食三斗阿母自不能食
導見不孝黔在田中忽然心痛馳奔而
遝見母顔色慘又長跪問母曰何所
不和母曰老人言多過矣襲巳知之於
是王竒曰敛三牲且起取肥牛一頭敛
之取佳完十斤精米一斗䔧而膺之曰

中又敛肥羊一頭佳完十斤精米一斗
蘖而賷之夕又敛肥豬一頭佳完十斤
精米一斗蘖而賷之便語母曰食此令
母頤得此言終不能食推盤擲地故孝
盡若不盡者我當用鋒刺母心曲戟鉤
經云雖日用三牲養猶爲不孝也黚母
八十而亡塋送礼畢乃嘆曰父母儻不
共戴天便至奇家斫奇頭以祭母墓頂
更監司到縛黚入乃請以向墓別母監
司許之至墓啓母曰王奇橫苦阿母黚

兼天士忘行已力既得傷雖身甘藿醯
甘監司見縛應當備死舉聲聞哭目中
出血飛鳥醫曰禽鳥悲鳴或上點屛或
上頭邊監司具如狀奏王又聞之嘆曰
敬謝孝子薰籍朕寡德統荷万機而今
凶人勃逆文應治前令笞孝子助朕除
惠賜金百斤加其孝名也
申生者晉獻公之子也兄弟三人中者
重呵少者裒吾母曰晉姜早亡而申生
至孝父代驪娘得女一人便拜爲妃賜

俚騩氏名曰麠疨又生孝名曰奚晉卓
子疨懷妬之心欲立其子晉以為家繼
目欲譖之謂申生曰吾昨夜夢汝母飢
謁弊汝今宜以酒礼至墓而祭之去申
生涕泣具弁肴饌疨密以毒藥置祭食
中謂言申生祭訖食之則死而申生孝
子不能敦食將還獻父又欲食之體疨
恐藥毒中獻公郎投之曰此物徔外来
烏得輒食之乃命青衣嘗之入口郎死
疨乃詐啼叫曰養子反欲敦父申生聞

王聞之即欲自欵其臣諫曰何不自
理黑白誰明申生曰戒若自理麗姬必
死父食不得麗姬則不飲卧不得麗姬
則不安父今失麗姬則有憔悴之色如
此豈爲孝子乎遂庹激而死也
申明者楚薳梢也至孝忠貞楚王兄子
名曰白公造逆无人能伐者王聞申明
賢躬以爲相申明不肯就命明父曰我
得汝爲国相終身之義也從父言徃起
登之爲相郎便領軍伐白公又聞申明

來眾必自敗仍密縛得申明父置一軍
中便曰吾以執得汝父若來戰者我當
斬汝父申明乃嘆曰孝子不爲忠又臣
不爲孝子我今捨父事君之
祿而不盡節非臣之礼今日之事先是
父之命知後受言遂戰乃勝百公郎斂
其父明領軍還楚王乃賜金千斤封邑
万戶申明不受敕家蓥父三年礼畢自
刑而死故孝経云事親以孝移於忠又
可移君此謂也

禽堅字孟遊蜀郡城都人也其父名誐
信為縣令吏母懷任七月父奉使至秦
乃轉縛置之歷十一主母生堅之後更
嫁余人堅問父何既在具語之郎辭母
而去歷涉七年行傭作徑涉羌胡以末
其父至芳狼表中仍得相見父子悲慟
行人見之无不殞淚於是戒妻便給資
糧放遣國涉塞外五万余里之山川險
阻獨履深林毒風鄣氣師子庸狼不能
傷也豈非至孝所感其靈扶祐哉於茲

李善者南陽家奴也李家人並卒死唯有一兒新生然其親族无有一遺善乃歷鄉憐乞乳飲哺之兒飲恒不足天照其精乃令善乳自汁出常得死盡兒年十五賜美雉李氏治喪送葬奴礼无虧郡縣上表加其孝行拜為河内太守百姓咸歡孔子曰可以託六尺孤此之謂也

半○公者洛陽安里人也兄弟六人家以迎母遞共居之也

屠完寫篆公少好學終於善行孝義聞於遠迎父母終沒葬送礼畢哀慕无及北方大道路純水漿人住来恒苦湯之公乃於道中造舍槩水設漿布施行士如此積有年載人多諫公曰公年既襄老家業粗足何故自苦如此慰情公曰欲善行損豈惜余年如此果载遂感天神化作一書生語公曰何不種菜吾曰无菜種書生郎以菜種与之公掘地便得白璧一雙金錢一万書生後不種

又見公曰何不求妻公遂其言乃訪頁
妻名家子女郎欲求問皆嘆之曰汝能
得由塵一雙金錢一萬者与公爲妻公
果有之遂成夫婦生男女育皆有令德
患爲鄉相故善余慶此之謂也
今此平諸羊姓並東公後也
東𣃶蕳女者長安大昌里人妻也其夫
有仇又人欲歛其夫聞蕳女孝令而有
仁義仇人執縛女人父謂女曰汝能呼
夫出者吾郎放汝父若不然者吾當歛

之子數曰豈有爲夫而令敲父哉豈又赤仇人而敲夫乃謂仇人曰吾常共夫在樓上寢夫頭在東密以方便令夫向西女自在東仇人果來斬將女頭去謂是女夫明旦視之果是女斬仇人大悲嘆感其孝然解惡无復來懷敲夫其夫之心論語曰有敲身以成仁无求生以害人此之謂也

眉間尺者萲人干將莫耶之子也萲王夫人當暑抱鐵柱而獻遂感而精而懷

任後乃生鐵精而王乃命干將作劍又有雌雄將雄著逐王藏雌有舍主劍在匣中鳴王問群臣又人曰此劍有雄雌今看雄劍故鳴王怒卽將敛干將又巳知應死以劍內置屋前松柱中謂婦曰汝若生男可語之曰出北戶望南山石松上劍在中間後果生一子眉間一尺年十五問母父何在母具說之卽便思惟得劍欲報王又乃夜夢見一人眉間一尺將欲敛我乃命四方能得此

二十四

入人者當賞金千斤眉間尺遂入深山慕
覓賢人萬忽逢一客又問曰君是孝子
眉間尺耶答曰是也客又問曰吾為君報讎
可不眉間尺問曰當須何物客答曰唯
須君釼及頭眉間尺即以釼割頭授与之客
去便遂奏王聞之重賞其客便索鑊煑
之七日不爛客曰當臨面鑊呪見之即
便可爛王信以面之客乃以釼敦王頸
落鑊中共煑二頭相咬齒客恐眉尺頭
鑰自釼心頭入釜中三時俱爛遂不能

汾能分別仍以三鷖之今在淮南宜春
懸也所謂憂人事成人之名之
慈烏者烏也生於深林高巢之表銜食
供鶵口不鳴自進羽翮勞悴不復能飛
其子毛羽旣具將到東西取食及哺其
母禽鳥尚尒況在人倫乎鷹尒銜食飴
兒尒銜食飴毋此身皆孝也

孝子傳卷下

後襯頁

陽明本《孝子傳》影印

後襯頁

原後封裏

陽明本《孝子傳》影印

原後封底

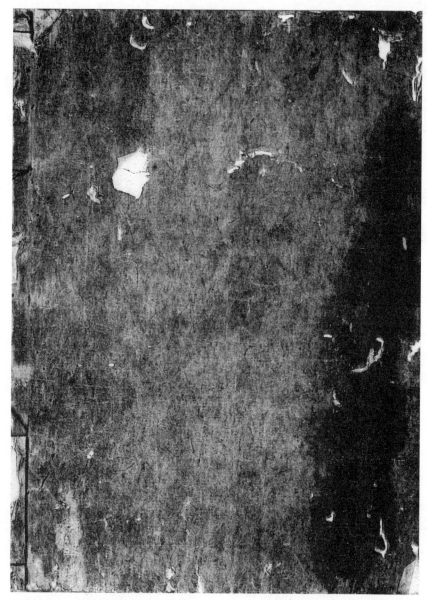

後補封底

船橋本《孝子傳》影印

原封面

船橋本《孝子傳》影印

前襯頁

一（前游紙）

船橋本《孝子傳》影印

一（前游紙）

孝子傳前後兼廣海所攜之兼四雖酒之故事載之義見豪氣
此本之兼之故事漏脫凡比房雄等一名此本所載字三包

孝子傳并序

原夫孝之至重者則神明應響之至深者則嘉聲無翼而輕飛也以是重華之至孝破遂瞽叟讓得䣛帝伍処董永賣身送終而天女踐膺忽贖奴役也加之所賴不可勝計今拾四十五名者編孝子碑磋也号曰孝子傳不以為兩卷纂也有志之士披見無㗲永傳不朽云介

孝子傳上卷

一
舜字重華。事父孝也。其父瞽瞍頑。父愚頑不知亦
聖。愛用後婦。害欲殺聖子舜。或上屋聖取
橋舜直而落如鳥飛。或使堀深井出舜如
其必先堀傍穴通之隣家父欧犬石填井
舜出傍穴入遊歴山時。文壇石之後兩目
精盲也舜自耕焉事于時天下大旱蔡鹿
飢饉舜稼獨茂於是余米之者如市舜後

二

母来買然而不知棄之不取其直毎慶諛
也父奇而所引後帰東至舜所問曰君降
恩再三疎知有故舊耶舜荅曰是子棄也
時父伏地流涕少雨高聲悔呼且奇且耻
袞舜以袖拭父涕而南目即開明也舜起
拜賀父執子手千哀千謝孝養如敬終無
憂心天下聞之莫不嗟嘆聖德無邉遂践
帝位也

董永趙人也、性童孝也、少而母沒、与父居
也、會年飢困、吉懍債養父。永常麁車載父
着樹木蔭凉之下、一鋤一顧見父顏色歡
進餉鍒耘耨不緩時、父老命終無物葬殯、
永詣富公家墦洵云、文沒無物葬送我為
君作奴婢得直欲已礼葬公歎与錢十千、
永求獲之齊事本乃永行主人家路逢一
女、語永云、吾為君作婦、永云、吾是奴也、何

四

有默也、女云、吾亦知之、而慕然耳承諾共
詣主人家、主人問云、汝所為何也、女吾吾
吾踏機日織卅疋之絹、主人云、若填有疋
兔汝奴役、一旬之内織填百疋、主人如言
良敬先之於時夫婦出門婦語夫云、吾是
天神女也、感汝至孝來而助救奴役、天地
區異神人不同豈人為汝婦、語已不見也

三
舩凑者買春人也、貪豪無母、与二父居也償

養父之足血齒不能歎食渠常嘲哺定省
之間見其衰常悲傷揮肝項莫忍時蒼天
有感令父白髮變黒落齒更生兼之之夅
奇德如之也

三四
韓伯瑜者宗川人也艾布又没与母共居養
女冢之瑜有艾過母常加杖痛而不啼母
辛老裏時不罸痛而瑜啼之母奇問云我
常打汝然不啼今何故泣瑜諮云昔被杖

雖痛能忍今月何不痛、毀知母年衰弱乃
以是悲啼不敢有怨母知子孝心之厚還
自共哀痛之也

四五
郭巨者河內人也父無母存供養勤之於
年不登而人庶飢困愛婦生一男巨云若
養之者恐有老養之妨使母抱兒共行山
中掘地將埋見底金一釜上題云黃金
一釜天賜孝子郭巨於是因見獲金不埋

其兒忽然得富貴養母又不乏之天下聞之俱譽孝道之至也

卅六 孝孫原吞者楚人也其父不孝常厭之不死時父作輩又与原吞共擔棄置山中還家原吞之還齎來載祖父輩呵嘖云何故其持來耶原吞荅云人子老父弄山者也擬父老時入之將弄不能更作是父恩惟之更還將祖父歸家還爲孝子慊拳

孫原谷之方便也、挙世間之善哉原谷於
祖父之命父教父之二世罪苦可謂賢人
而已

六七 槐陽者滞郡人也廿而母亡与父居也養
父甚乙其父有利戦時牡士相市南路打
奎戯笑其父叩頭於時縣令聞之召陽問
云何故不報父槐陽咨云如今報父敵者
令父致飢渇之憂父没之後遂斬敵頭以

祭父墓刈縣聞之不推其罪稱其孝德加以禄位也

三刈義士者各一刈人也各弃鄉土至會一樹之下相共同宿也於時一人問云汝何勿所来何勿所去骨牙問各曰為未生活離家束西今吾三人必有囙緣故結断金具畏老一人為父廿人為子各唯諾已命後桂蘭之心倍於真親未得之

財彼此不別孝養之義猶踰骨肉愛父然
試子等心作二子云河中建舍以為居處
事教運土填河每父溯流經三萬年不得
填作愛二子歎玄我等不孝不叶父倫海
中之玉豈為郭世上之珎亦為誰也而來
造小舍我等為人敢憂歎痩夜夢見一人
持壞投於河中明且見之河中填土數十
丈建屋數十宇見聞之者皆共奇云丈夫

孝敬天神感應河中一夜建舍使父
安置其家孝養感之天下聞之莫不嘆息
其子孫長為二千石食口三十有餘以此三
刑為姓也夫雖非親父至丹誠之心為父
神明之感在近何况骨肉之父哉
海之人見之鑒而已

丁蘭者河内人也芳廿父母沒至十五歲忍
慕阿孃不獲忍忘剋木為母朝夕供養无

如生母出行之時必諮而行還来亦陳懃、不緩、蘭婦、性而常此為厭不在之間以火燒木母面、蘭入夜還来不見木母、其夜夢末母云、汝婦燒吾、即蘭見明且賣、如夢語、即罰其婦、永惡莫籠、又有隣人借斧、蘭磋木母見、知木母顏色不悅不與借也、隣人大忿伺蘭不在以大刀斬木母一臂、血流滿地、蘭還来見之悲傷、踊哭即往

斬隣人頭以祭母墓宥司聞之问其罪加以禄位然則雖堅木為母致孝而神明有感亦血出中至孝之故寛宥死罪孝敬之美永傳不朽也

朱明者束都人也有兄弟二人父母没後不久分財各得有万其弟驕慢早盡己分就兄乞求兄恒与之如之敕度其婦念怒打罵小郎明聞之曰汝他姓女也是吾骨

肉也、四海之女甘弓為婦骨肉之復不可
得遂追其婦永不相見也

葉順者南人也、養母孝、母詣隣家醉酒
而吐順忍中毒狀地嘗吐順咎母曰非毒
於時年本甚尤兔飢渴順行採菜賣赤黒
各別之忽赤眉賊来伺順欲食乃賊主何
故棄賣別兩色耶答曰色黒味甘以可借
飲色赤未發此為已菜於時賊歎云我雖

賊也、亦有又母汝、為母有心、何敢食哉、即
救免之、使与完十斤、其母没後順常居墓
邊護母骨骸、時一白虎張口而向順来、順
知虎心中静、探虎喉、取出一横骨、虎知恩
常送死廉也、荒賊猛虎猶知恩義、何况仁
人乎也
王臣尉者沙南人也、有兄弟二人、兄年十
二、弟八歳也、父母亡後、泣血過礼、聞者断

腸愛弟行山採薪忽遭赤眉賊發敦食之
兄憂才不乗走行於山乃見為賊所食兄
即自傅進跪賊前云我肥弟瘦乞以肥替
瘦賊即嘆之兄弟共免更贈牛蹄一雙仁
義故忽免賊害乎

老萊云者趙人也性至孝也年九十西漢
父母存愛萊著斑蘭之衣乗竹馬遊庭或
為供父母賣野熟掌上剄階而啼聲如嬰兒

悦父母之心也

宋勝者南陽人也年十五時父母共没孤
露無婦悲戀父母斤時無巳尒乃見老者
則礼敬宛如父母隨堧力則有供養之情
郷人見之無不嘆息也

陳篤者至孝父母各八十亦夫
命纏海内表之三千之人各單立碑顕孝
之義與代不朽也

十一

楊威者會稽人也廿年父沒与母共居於
時入山採薪忽不逢虎威跪虎前流啼云
我有老母亦無養子只以我獨怙衣食
若無我者必致餓死時虎們首低頭弃而
却去也

孝女曹娥者會稽人也其父肝祝事絃謌
於時所卲巫婆東娜浮江舩覆沒江青娥
時年十四臨江俞冏冏泣哭七日七夜

不斷其聲至其七日朕衣咒曰若值父
骸衣當沉之為衣即沉者娥投身江中也
女人悲父不揩身命懸奇軍之俄娥立碑
表其孝也
毛義者至孝貧家慕欲孝廉不欲世榮爰
鄉人聞云毛義貪而不受天子之佐孝廉
之聲不足為運母沒之後刋縣近運於時
義曰我昔欽孝廉之名如今朝公家車逐

不棄也

歐尚者至孝又没居喪於時鄉人逐虎
迫走入尚廬尚以衣覆虎鄉人以戟欲發
尚曰虎是惡獸尚當共可致豈敢遣哉不
見不來礭爭不出鄉人待退日暮出虎髮
虎知其恩恆送死麛遂得大昌也

仲由字子路姉亡着服三年孔子問曰何
故不脫子路對曰吾寡於兄弟不忍除也孔

廿曰、先王制礼、日月有限、後、制可而已。因
則除之、母喪晝夜悲哭、未嘗歯露菜蔬不
食不布衣

廿一
劉敬直者年八歳而其衣不服荒廬居謝
弘徹者遭兄喪、陳服已猶食菜蔬有人問
云汝陳服已何食菜蔬徹答曰衰冠之哀
礼不可喻骨肉之哀猶未能已也

廿二
朱百年者至孝也、食家困苦於特百年詣

朋友之家友饗之年醉而不還時大寒也
友以余衣覆年驚覺而知被覆也勸脫却不
覆友問脫由年答曰阿兄寒病也我何得
煖乎聞之流涕悲慟也

孝子傳下卷

高柴者齊人也父死泣血三年未嘗露齒見父母之懸甘人同蒙悲傷之禮唯此爲甚也

張敷者生一歲而母沒也至十歲覓見母家人云早死無也於時敷悲痛云阿母存生之時若爲吾有遺財年家人云有一畫扇敷得之彌以泣血戀慕無已每日見扇

每見斷腸見後收置於玉匣中其兒不見
母顏亦不知恩義然而自知戀悲見聞之
者亦莫不痛也

孟仁者江夏人也事母至孝母好食笋仁
營勤借養冬月無笋仁至竹園執行泣而
精誠有感笋為之生仁採持之也

王祥者至孝也為吳時司空也其母好生
魚祥常勤仕至于冬極池邊凍不得要魚

祥臨池抑氷泣西氷破魚踊出祥操之供

姜詩者廣漢人也事母至孝也母好飲江
水江去家六十里婦常汲供之又嗜魚膾
夫婦恒永供之於時精誠有感其家庭中
自然出泉鮮美一雙日々出之即以此常
供天下聞之孝敬耶致天則降甚可泉湧
庭生魚化出也人之為子者以明鑒之也

十五

孝女叔先雄者至孝也其父関永死也不
得尸骸雄常悲哭憂貌求之乃見水底有
尸推投身入其當死也於時夢中告弟云
却後六日与父出見至期果出親戚相哀
卧縣痛之為之立碑也

顏烏者東陽人也父死烝送躬自負土築
墓不加他力於時其功難成精信有感烏
烏敢千衛塊加墳墓穴咸余延為口流血

塊皆染血以是爲縣名曰烏陽縣毛萃之
特改爲烏者縣也

許收吳寧人也父母喊亡收自負土作墳
墳下栽松柏八行遂成大墳裏州縣感之
其至孝郷名曰孝順里人爲之立廟于
今猶存也

曾有義士兄弟二人幼特父母沒与後母
居兄弟懃之孝順不廢於時隣人酢來勸

恥其母兩男聞之徃欵罰人倉受自知犯源
開門不避遂官使來推鞫欵由兄曰吾欵
弟曰不兄當吾欵之彼此爭讓未得決罪
使者還白王、召其母問係實申之世母
申云過在妾身不能孝順令子孔眠猶在
妾不在子咎、王曰罪法有限不得代罪其
子二人斬以一人何愛以不孝斬母申云
望加欵廿者、王曰廿子者汝所愛也何故

然申母申云少着妾子長者前母子也其
父命終之時語妾言此子無母我亦死也
孤露無依我死而念之不安於時妾語其
父云妾受養此子以莫為恩父議徹乱即
命終也其言不忘所以白王仰天歎云二
門有三賢一室有三義哉即時従息赦也
閔子騫曾人也事後母薰乙其母無道惡
騫然而無怨色於時父載騫出行子騫馭

車數落其事父情執篤寒如凝冰已知恨
薄父大慱之敬遂後母舊得諫曰母有丁
子若母去者二子寒也父遂留之母與悲
心也

蔣章訓字元卿与後母居孝敬焦之未嘗
有緩後母與道恆訓為憎訓害之父墓邊
造草舍居多栽松栢其薩茂鹵鄉里之人
為休息徃還車馬亦為悲訓於是後母嫉

妬甚於前、時堅毒入酒、將來令飲、訓飲不
死、或夜持刀欲斫訓、驚不害、如之數度、遂
不得害、後母歎曰是有護吾欲加害也
吾過也、便欲自敦訓諫不已、還復母懷仁
遂爲母子之義也云

伯奇者周宣相尹吉甫之子也、爲人孝慈
未嘗有過、於時後母生一男、始兩悄伯奇
或取地入篋、令賣伯奇、遣小兒、所小兒見

十七

之畏怖泣叫後母語父曰伯奇常欲敦污
子若君不知平往見畏物父見甁中果蜂
有蚳父曰吾子爲父一無邪豈有之哉母
曰若不信者妾与伯奇徃收園採菜君窺
可見於時母蜜取蜂置袖中至園伯母倒
地云吾懷入蜂伯奇走客栋隱掃蜂於時
母還問君見乎父曰信之父召伯奇曰
汝秋子也上恐乎天下恥乎地何汝犯後

母砌伯奇聞之五内無塁䬃而知之後母讒謀也雖諍難信不如自欽有又海云無罪徒死不焉逃奔他國伯奇遂逃於時汶知後母之讒馳車逐行至河津問津史曰所愛童子渡至河中作天嘆曰我不計之外忽遭蜂螫離家浮蕩無暇歸歟不知所向謂已即身投河中没死也又聞之悶絶悲痛無限今乃十日吾子伯奇會悲投

嗟々雲梅々歌於時飛鳥之欲至吉甫之所
甫曰我子若化鳥枝若有然者當入我懷
鳥即居甫年亦入其懷後甫出也又父曰
吾子伯奇之化而居吾車上順吾還家鳥
居車上還到於家後母出見曰憶惡鳥也
何不射歟父張弓射箭不中鳥當後母服
忽然死亡鳥則居其頭啄牽而月介乃高
飛也死而賴敵取謂飛鳥是也鴟而不養

養母長而還食母也
曾參者魯人也性有五孝除薉草誤損一
株父打其頭破出血父見憂傷參彈琴
之合父恍曰此是一孝也參往山採薪時
朋友來也乃嚙自指參動心走還問母
有何患母曰吾無事唯來吾馳
心耳是二孝也行路之人渴而怒之臨井
無水參見之以瓶下井水游溢出以休其

渇也、是三孝也、隣境有兄弟二或人曰、此
人等有飢饉之時食已無參聞之乃還車
而避不入其境、是四孝也、曾有鴉烏闘之
聲者莫不為之厭參至前曰汝聲為諸人厭
直輟之勿出烏乃聞之逃去又不至其廊
是五孝也、參父死也、七日之中漿不入口
日夜悲慟也、參妻死守義不嫁或人曰何
不嫁耶、參曰昔者東甫誤信後婦言喊其

孝子吾非。車甫宣吏緊芳殺身不繋
董黯家貧至孝也其父早沒也二母並存
一者弟王寄之母董黯有孝也王寄不孝
也於時黯在田中忽然病心奔還于家見
母顏色問曰阿孃有何患耶母曰無事於
時王寄母語子曰吾家富而無寧汝与人
惡而常怒離其罪寢食不安日夜為愁童
黯母者貧而無憂為人無恥悤門則有等於

則有義妻心之喜賣過千錢也王奇聞
大慈敦三生作食一日三度与蹜之母不
即曰若不喫盡當以鋒刃傷肢轉載判
母頸母即問絶遂命終也時母羊八十
葬礼畢後瞻至奇家以具頭条母墓官司
聞之曰义母与君敵不戴天則義具状四
朕以寛德綴荷万機今孝子致孝朕可助
地則賜以金百斤也

申生晉獻公之子也兄弟三人中者重耳
小者奚吾母三齊薨其身早亡也申生孝
於時又王伐驪戎得一女便拜為妃賜姓
則驪氏名卽麗姬、生子名曰奚齊愛姬
懷妬心謀却申生欲立奚齊姬語申生云
吾昨夜夢見汝母飢渴之苦宜以酒至墓
所祭之、申生聞之泣涕辨備姬蜜以毒入
其酒中乃語申生云祭畢卽飲其酒是礼

二十二

也、申生不敢飲其前將毒獻父、欲之姬
杯而云外物不軏用乃試令飲青衣即死
也、於特姬詐泣向父養子之欲弑父耶申
生困之即欲自敦其臣諫云死而入罪不
如生而表明也、申生云我自理者驪姬
無罪姬者云亦不孕為養之意豈有懟辛
遂死也

卅 申明者楚兼相也、至孝忠烈焚楚王兄子曰

公造、無人服儀愛王聞申明賢迎而躬
欲爲相、申明不肯就命王曰朕得汝爲國
終身之善也於時申明隨又言行而爲相
即領軍征、白公所白云聞申明來之民傳
申明之父置一軍之中、即命人云吾得汝
又若汝來迫者當敦汝父刀申明嘆曰考
子不忠、不孝我捨父奉君已食君祿不
盡忠節即遂向斬白公、敦申明又申明

即頒軍還後命之訖王羅其忠節賜金十
竹村邑万戸申明不受還家三年礼畢同
判而死也
余甫覽字盖游蜀郡人也其父偽為縣吏
母懷姙七月父奉使而卒母轉傳賣之歷
十一ヶ年母生會堅復改嫁也覽生九歲
而問父所在母具語之覽聞之悲泣欲尋
父所遂向邯境儲作儥粮去歷七ヶ年僅

至父前父子相見執手悲慟見者斷腸莫
不拭淚㹅㩀是我之君悵歎放還燕賜資粮
還路塞外方餘里山川險阻師子虎狼從
橫無數毒氣害人存者寡也禱請天地憶
頗本去曾堅王孝之者令父眇國親踈開
友再得相見抽夷城之奴爲花夏之臣母
後近還父母如故彼此無恐孝中之孝堂
如䫫卑也

李善者南陽李孝家奴也於時家長豕母
子孫駈使遭疫患死惟遺孤兒呢一奴名
善愛凡隣人乳恒哺養之其乳汁不得足
之兒猶啼之於時天降息命出善乳汁日
夜乳是愛兒手成長矣善為父母而生
長之由至十五歲善賜李姓郡縣上表顯
其孝行天子諸俊養其好行拜為河内太
守善政蹟入百姓敬仰承亦聞之莫不老

羊公者涕陽岳里人也、兄弟六人屠害爲
業弟六人屠竟爲業六廿即爲羊公殊有
道巡不似諸兄竟以小之交路絶誠之處往
還之德昔渴非雖羊公見之於其中路速
布施舍汲水設糧東施於諸人夏冬不經自
荷瓜筥有人謀曰二生不業何故文身命而
日我老幸血觀爲誰愛方累歳弥勲夜

有人聲曰、何不種菜、又曰、亦種子、即与種
子、又得種耕地、在地中白晝之間縣家女子
万、又曰、何不求妻、又來要之、來要之、二牧金錢一
送書其書云妻為又婦、公許諾之女即來
之爲夫婦、羊去、有信不惜身力、悉蒙天感
自然富貴、積善餘慶豈不謂之歟
東皈即女者長安同里人之妻也其夫爲
又有敵二人敚欵夫來要縛妻之父女聞

敢縛父出門也伋語母曰小玉沙失將敦
汝父謂伋云豈由夫敢父妾常覆樟止夫
束首妻西首宜覆後來斬束首之於是伋
人既知於時婦方便而相換常方婦束首
也伋來斬束首賣之至豪明旦視之此女
首也爰伋人大悵曰嗟乎悲哉真婦代夫
捨命乃解伋心乘如骨肉也鶋為、鳥也
知恩与義之鶋時甫子老時哺母又哺之

恩猶能識哉何況人乎不知恩義者不如禽烏耳也

眉間尺者楚人也父干將莫耶楚王夫人當暑常抱鐵柱鐵精有感遂乃懷姙後生鐵精王奇曰惟非凡鐵特召莫耶令作寶劍莫耶蒙命退作兩劍上王得之收其雄鳴之王佐向群臣…妻云此劍有雄雌耶若有然者是故所吟也王大怒欲縛莫

耶来到使者之間莫耶語婦云吾今夜見
惡相必来天子使忽當磧上渉所任子若
有男者成長之日語曰見南前松中語已
出于小户入于南山隱大石中而死也婦
後生男至年十五有眉間一尺名号眉閒
夫於時母具語父遠言思惟得到欲報父
敵於時王夢見有眉閒一尺者謀致敦朕
乃命四方玉能縛之者當賞千金於時眉

闸夫聞之逃入深山藁冤賢勇之士忽然
逢一客〻問云君眉間尺人耶荅曰是也
客曰吾為君報讎眉間尺曰〻客用何物
客曰可用君頭并利釼也眉間尺則収釼
斬頭授客已客得頭上楚王〻如夢王奇
貴頭授客莫七日不爛客養其然状王奇
面臨鑊王頭落入鑊中二頭相嚙客曰恐
弱眉闸尺頭於時釼投入鑊中兩頭共爛

客久臨壙斬入自頭三頭相混不能分別 於時有詔作一墓葬三頭今在沙南亘南 縣也

孝子傳終

二十八

右孝子傳上下雖有燕齊孝焉人誤繁多先
全書寫畢列勘本書令改易し可者し此書
毎誦讀洋泣如雨鳴乎夫孝者仁之本哉
天正十八秊正二十又五　孔徒徒三俊蒲原朝科賢

抑序文括曲十五名丗本有丗九名漏脱於以四秊川神入學又或人云有孝子助十八名丗間流
布二十四孝者是非矣ここ

二十八

後襯頁

船橋本《孝子傳》影印

原封底

圖像資料　孝子傳圖集成稿

1 舜

圖一是帝皇圖之一，榜題"帝舜名重華，耕於歷山，外養三年"與孝子傳、二十四孝有密切的關係。圖二是焚廩圖（賈慶超《武氏祠漢畫石刻考評》，山東大學出版社，1993年；蔣英炬、吳文祺《漢代武氏墓群石刻研究》，山東美術出版社，1995年）。南武陽功曹闕（87）的東闕西面一層有一幅圖與此圖酷似（榜題爲"□士［子］""信夫""孺子"。參傅惜華《漢代畫象全集》初編，巴黎大學北京漢學研究所，1950年，圖216、圖217），值得進一步考證（松永美術館也收藏有酷似圖一的畫像石，參考長廣敏雄《漢代畫像研究》，中央公論美術出版，1965年，第54頁）。圖三、圖五是填井圖，圖三的右部被解讀爲"右部有一個房子，應該就是東側的鄰居。家中坐著的應該就是變文裏提及的東鄰老母"（西野貞治《關於陽明本孝子傳的特徵及其與清家本的關係》）。圖五的左部描繪的是扛著石頭的瞽叟和正在將地面踩實的大象，以及從鄰居家井中逃脫出來的舜，右部描繪了堯的兩個女兒娥皇、女英（奧村伊九良《孝子傳石棺的刻畫》，《瓜茄》4，1937年）。圖四描繪了舜（左）和繼母（右）。據8盧芹齋舊藏北魏石床圖（榜題爲"舜子謝父母不在［死］"），這裏描繪的可能是舜爲自己"不在"而向父母道歉的景象。圖六是焚廩填井圖，須注意這幅圖的構圖和圖五十分相似。圖七至圖十四幾乎完全再現了兩《孝子傳》中關於舜的記載。其中有一幅圖表達了"金錢一枚"的主題（圖八右上榜題"使舜逃井灌德（得）金錢一枚錢賜□石田（填）時"），這説明舜故事中的這一主題可以追溯到北魏太和（477—499）之前，非常古老。圖十五見於二十四孝圖，展現了舜

在歷山時發生的象耕鳥耘的奇迹。

圖一　1東漢武氏祠畫像石

圖二　1東漢武氏祠畫像石

圖三 5 波士頓美術館藏北魏石室

圖四 6 明尼阿波利斯藝術博物館藏北魏石棺

圖五　7 納爾遜-阿特金斯藝術博物館藏北魏石棺

圖六　17 北魏司馬金龍墓出土木板漆畫屏風 一、二塊正面第一圖

圖七　19寧夏固原北魏墓漆棺畫(一)　左側上欄

圖八　19寧夏固原北魏墓漆棺畫(二)

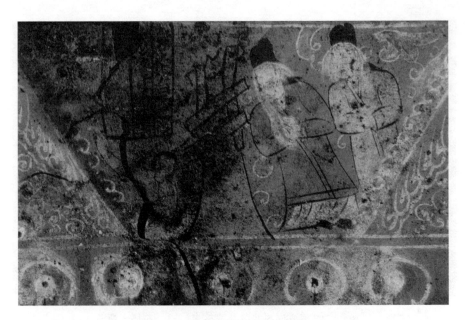

圖九　19 寧夏固原北魏墓漆棺畫（三）

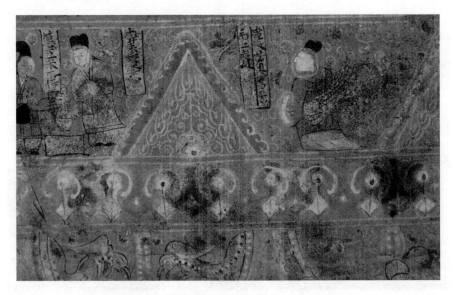

圖十　19 寧夏固原北魏墓漆棺畫（四）

圖十一　19 寧夏固原北魏墓漆棺畫(五)

圖十二　19 寧夏固原北魏墓漆棺畫(六)

圖十三　19 寧夏固原北魏墓漆棺畫（七）

圖十四　19 寧夏固原北魏墓漆棺畫（八）

圖十五　山西稷山馬村金墓 M4 陶塑（二十四孝圖）

2 董永

　　東漢、南北朝時期的董永圖（圖一至圖六）描繪著乘坐鹿車（一種小車）的董永父親和一邊照顧父親一邊耕作的董永。在圖一的右部，"樹的右邊有個小孩子想要攀援而上……這意味著董永和天女有個叫做董仲的孩子，這個版本可以上溯到東漢時期"，"上面飛行的人……代表著天上的織女"（西野貞治《關於董永的傳説》，《人文研究》6－6，1955 年），這種觀點值得注意。西野氏認爲，有的董永故事描寫了在董永父親去世前織女即從天而降。那麼，圖六董永父所乘鹿車左邊的小孩子大概就是董仲。董仲這一人物亦見於澀川版御伽草子《二十四孝》的插圖。天女見於圖二的左部（車子的對面）、圖三的右部和圖四的中部。不過，也有學者認爲圖四中部的人物是被重複繪畫的董永（長廣敏雄《六朝時代美術研究》，美術出版社，1969 年，第 201 頁）。圖五、圖六雖然是董永圖，榜題卻誤寫爲丁蘭，並且還與趙苟圖的榜題相互放錯了位置（王恩田《泰安大汶口漢畫像石歷史故事考》，《文物》92－12，1992 年）。圖七是唐代的作品，左部是董永，右部是天女。圖八是二十四孝圖之一，描繪著天女將要乘雲而去，正與董永告別的場景。另外，二十四孝圖裏常常出現槐樹（董永和天女在"槐蔭樹下"[《董永遇仙傳》]、"槐蔭會所"[《趙子固二十四孝書畫合璧》]相遇和別離。可參考金田純一郎《董永遇仙傳備忘録》，《女子大國文》9，1958 年）。

圖一　1 東漢武氏祠畫像石

圖二　5 波士頓美術館藏北魏石室

圖三　7 納爾遜-阿特金斯藝術博物館藏北魏石棺

圖四　9 納爾遜-阿特金斯藝術博物館藏北齊石床

圖五　14泰安大汶口東漢畫像石墓(一)(榜題爲"趙苟,丁蘭")

圖六　14泰安大汶口東漢畫像石墓(二)

圖像資料　孝子傳圖集成稿

圖七　陝西歷史博物館藏唐代三彩四孝塔氏罐

圖八　山西稷山馬村金墓 M4 陶塑（二十四孝圖）

3 邢渠

圖一至圖五都是邢渠哺父圖。哺即喂養,原指用嘴將食物喂入對方口中。圖一、圖二、圖四中邢渠是用筷子喂,圖五中是用羹匙喂(圖二中邢渠用左手持筷)。圖二左部描繪著一個手上拿著餐具的人,圖五右部描繪的是"孝婦"(邢渠的"孝婦",應該是指邢渠的妻子)。圖三描繪的大概就是邢渠想要把口中的食物喂給父親的場景。和這個故事非常相似的還有趙苟哺父的故事(師覺授《孝子傳》),見於武氏祠畫像石、泰安大汶口東漢畫像石(見"2 董永"的圖五、圖六。榜題"孝子趙苟""此苟餡父"。餡字是餡的異體字,意同歠,與哺同義)等。如果沒有榜題,很難區分這兩個故事的圖像。

圖一　1 東漢武氏祠畫像石

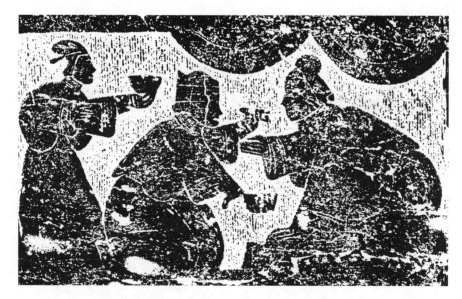

圖二 1 東漢武氏祠畫像石　前石室第十三石

圖三 1 東漢武氏祠畫像石　左石室第八石

圖四 2 開封白沙鎮出土東漢畫像石

圖五 3 東漢樂浪彩篋

4 韓伯瑜

　　值得注意的是，唯有兩《孝子傳》傳承了伯瑜故事。圖一至圖三所描繪的都是拄著手杖站立的韓母和拱手而跪的韓伯瑜。圖三左部的伯瑜正在哭泣。圖四左部，韓母坐著，把手杖舉到右肩上方，左手指著伯瑜，而右部的韓伯瑜朝著畫面右側拱手而立，只有臉對著母親。圖二最右側有一個人，但其身份不明。16 安徽馬鞍山吳朱然墓出土的伯瑜圖漆盤上描繪著"榆母、伯榆、孝婦、榆子、孝孫"。

圖一　1東漢武氏祠畫像石

圖二　1 東漢武氏祠畫像石　前石室第七石

圖三　2 開封白沙鎮出土東漢畫像石

圖四　6 明尼阿波利斯藝術博物館藏北魏石棺

5 郭巨

圖一正中間描繪的是郭巨之父。他的面前有一口金釜,母親(左)和郭巨(右)均拱手而立。圖二的左下部描繪著挖出金釜的郭巨和他的妻子(跪著,懷裏抱著孩子),上部是正在搬運金釜的夫婦,右面描繪著郭巨夫婦和老母。圖三、圖四所描繪的也是挖出金釜的郭巨和抱著孩子的妻子(圖三中最右的人物應該是郭巨母親)。圖四上的文字是反著的。圖五的左部描繪的是郭巨在屋內侍奉母親的情形(榜題"孝子郭距供養老母")。圖六的右部描繪的是要出門埋兒的夫婦,左部是挖出了金釜的郭巨。圖七的左部是郭巨,右部似乎是郭巨妻和郭巨母。"黃金贈之"下方應該是黃金的造型。榜題中"穿得深三尺,妻更交深一尺,敢得……"一句非常特別,與《今昔物語集》卷九1中"掘至三尺許時,鋤底有堅固的物體……仍努力深挖,深挖一看"近似。

圖一　6明尼阿波利斯藝術博物館藏北魏石棺

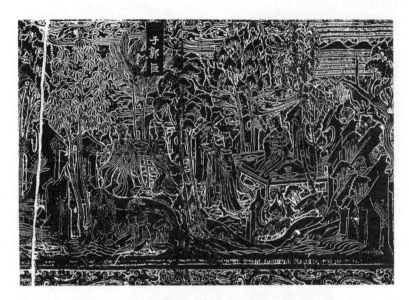

圖二　7 納爾遜-阿特金斯藝術博物館藏北魏石棺

圖三　9 納爾遜-阿特金斯藝術博物館藏北齊石床

圖四　10 鄧州彩色畫像磚

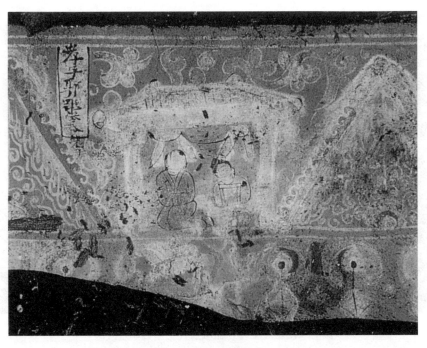

圖五　19 寧夏固原北魏墓漆棺畫(一)　左側上欄

圖六　19 寧夏固原北魏墓漆棺畫（二）

圖七　陝西歷史博物館藏唐代三彩四孝塔式罐

6 原谷

圖一、圖二中,中間的原谷拿著擔架,右邊是父親,左邊是被遺棄的祖父。在許多圖中,祖父拿著手杖(圖二、圖四、圖五的左部等)。圖五右部、圖六左部和圖七描繪著祖父被擔架抬進山裏的情形;圖一左部、圖二左部、圖四右部、圖五左部、圖六右下、圖八左部描繪著祖父被遺棄後孤寂的樣子。圖二左側與圖六右下的祖父、圖四與圖八中的祖父,造型都非常相似,這一點值得關注。圖五中的原谷正拿著擔架準備回家,圖一、圖二應該是原谷與父親之間進行關於擔架的對話的場面。圖三的右邊是丁蘭(見"9 丁蘭"圖五)、左邊是李善(見"41 李善"圖二),因此,雖然有"孝孫"榜題,但是,無法確定其是否就是原谷圖,暫且按照吉川幸次郎先生的見解(《樂浪出土漢篋圖像考證》,《吉川幸次郎全集》第六卷,筑摩書房,1968年,第383頁)視爲原谷圖。

圖一　1東漢武氏祠畫像石

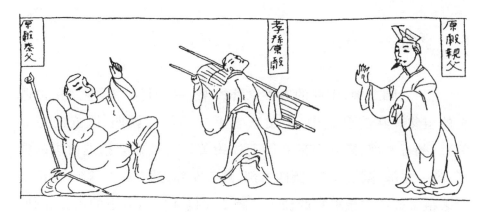

圖二　2 開封白沙鎮出土東漢畫像石

圖三　3 東漢樂浪彩篋

圖四　6 明尼阿波利斯藝術博物館藏北魏石棺

圖五　7 納爾遜-阿特金斯藝術博物館彩藏北魏石棺

圖六　9 納爾遜-阿特金斯藝術博物館藏北齊石床

圖七　18 洛陽北魏石棺

圖八　22 洛陽北魏石棺床

7 魏陽

圖一的右部是一個無賴漢(高舉著從魏陽父親手中奪過來的戟),中部是魏陽的父親,左部是魏陽。魏陽父子跪著,乞求無賴漢放過他們。圖二從右部開始依次描繪著侍郎、魏陽、魏陽的父親、令君(縣令)、令妻、令女、書記官(也許是畫師)。圖二展現的應該是魏陽父子受到縣令詢問描述事情經過的場面。魏陽圖亦見於 12 和林格爾東漢壁畫墓(榜題爲"魏昌父""魏昌")。雖然魏陽的故事在兩《孝子傳》之外亦見於逸名《孝子傳》(《太平御覽》卷四八二,作"魏湯")、蕭廣濟《孝子傳》(《太平御覽》卷三五二,作"魏陽"),但是,有令君(縣令)登場的只有兩《孝子傳》,有書記官登場的只有逸名《孝子傳》。從魏陽圖也能窺得孝子傳故事文本紛紜複雜的狀況,兩《孝子傳》尤其是陽明本保存著可以上溯至漢代的早期文本的傳承。關於本圖,可參考東野治之《律令與孝子傳——漢籍的直接引用和間接引用》(《萬葉集研究》24,塙書房,2000 年)。

圖一　1東漢武氏祠畫像石

圖二　3 東漢樂浪彩篋

8　三州義士

　　圖一是筆者管見所及的唯一一幅三州義士圖,上有"三州孝人也"的榜題,極其寶貴。畫面右邊是父親,中間跪著的和左邊拱手站著的應該是他的兩個義子。記載三州義士故事的文獻除了兩《孝子傳》,還有蕭廣濟《孝子傳》(《太平御覽》卷六一等)、逸名《孝子傳》(《太平廣記》卷一六一等),但是東漢時期的畫像石不可能是基於晉時蕭廣濟的作品,因此,作爲可以從中窺見漢代孝子傳面貌的文獻,包括兩《孝子傳》在内的逸名《孝子傳》更加值得重視。

圖一　1東漢武氏祠畫像石

9 丁蘭

　　值得關注的是圖一榜題"立木爲父"、圖四"丈(木)人爲像"、圖五"木丈人"、圖八"此丁蘭父"等(12 和林格爾東漢壁畫墓也有"木丈人",丈人是老人、岳父[妻子的父親]的意思)。管見所及,尚無提及製作父親雕像的孝子傳及丁蘭故事的文獻資料(孫勝《逸人傳》[《太平御覽》卷四一四]有"少喪考妣……刻木……親形"。考指亡父,妣指亡母),這一點説明了現存孝子傳中的丁蘭故事沒有一種版本可以反映出漢代孝子傳的形態(曹植《靈芝篇》雖有"丁蘭少喪父母……丈人爲泣血",但此"丈人"應該指的是老人[的像])。晋王嘉《拾遺記》卷一描述,古時有親人死後用木雕其形象的傳統,"冀州之西二萬里,有孝養之國……有親死者,剋木爲影,事之如生",那麼,關於漢代以前的丁蘭故事的出處也是值得研究的。圖一、圖二、圖三的木像都很特別,似乎是在表達木像並不是現實世界的存在。圖一的右上、圖二左部的人物似乎是鄰居。圖四只描繪了竪立的樹木以及丁蘭,他正要使用在中央部分攤開的工具開始雕刻。與漢代的丁蘭圖描繪木父不同,南北朝時期的丁蘭圖所描繪的均是木母(圖六、圖七)。而且,在二十四孝圖中,正如《全相二十四孝詩選》所云"刻木爲父母"那樣,出現了描繪雙親的圖像。圖六很難解釋,圖右側站著的是丁蘭,在他左邊坐著的應該是木母,但是畫面左部的三個人是誰呢?其中左、右似乎是同一位女性,或許描繪的是劉向《孝子傳》(《法苑珠林》卷四九)所説的"妻頭髮自落……然後謝過。蘭移母大道,使妻從服三年拜伏"等場景。圖八只留下了"孝子丁蘭父""此丁蘭父"兩行榜題,無對應的圖像(參考"2 董永"的圖五、圖六)。

圖一　1 東漢武氏祠畫像石

圖二　1 東漢武氏祠畫像石　前石室第十三石

圖三　1 東漢武氏祠畫像石　左石室第八石

圖四　2 開封白沙鎮出土東漢畫像石

圖五　3 東漢樂浪彩篋

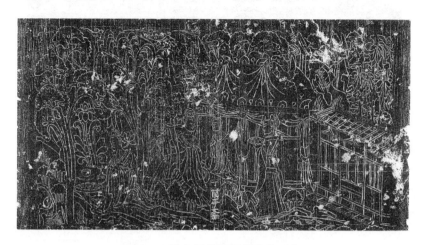

圖六　5 波士頓美術館藏北魏石室

圖七　6 明尼阿波利斯藝術博物館藏北魏石棺

圖八　14 泰安大汶口東漢畫像石墓（圖案是趙苟）

10 朱明

圖一是筆者所見到的唯一的一幅朱明圖。從右邊看起，榜題有"朱明""朱明弟""朱明兒"（下欄）、"朱明妻"。關於本圖，西野貞治氏根據陽明本云："據此，才可以將該幅圖像的內容解釋爲：左邊氣勢洶洶的人是朱明的妻子，由於她苛待義弟，被朱明宣告與之斷絕夫妻關係。關於朱明妻子右邊的小婦人，瞿中容（溶）氏認爲她背着朱明的孩子，不過，我認爲正如沙畹氏所言，這個人應該正是朱明的孩子，因依賴母親而對母親依依不舍。其右是朱明的弟弟，正在告訴朱明嫂子苛待了他，右邊的朱明聽聞妻子苛待弟弟，便向其妻宣告要與之離異。"（《關於陽明本孝子傳的特徵及其與清家本的關係》）此論已十分到位。正如西野貞治氏所指出，收錄了朱明故事的孝子傳或文獻資料，現在只有兩《孝子傳》（唐陸廣微《吳地記》和宋范成大《吳郡記》卷三一所載是不同的故事，與圖像資料不符），本圖像的內容唯有根據兩《孝子傳》中的朱明故事才能夠解釋，這一點值得重視。

圖一　1 東漢武氏祠畫像石

11　蔡順

　　圖一、圖三描繪的是飛火故事（母親的棺材將被火燒及，蔡順伏身其上防止火勢蔓延到棺材。19寧夏固原北魏墓漆棺畫中也有此圖）。圖二描繪的是畏雷故事（母親生前怕雷，因此，蔡順每到打雷的時候就在母親的墓旁守護）。但是，管見所及，目前並沒有哪個孝子傳版本收錄了飛火故事、畏雷故事（這兩個故事見於《後漢書》卷三九《周磐傳》的附傳）。收錄有飛火故事、畏雷故事的《孝子傳》應該是存在過的，如《類林雜説》卷一 2 所收《蔡順傳》就有類似內容，但是很可惜，這些文獻都沒有標記其出處（西夏本《類林》缺）。圖一的火從左邊燒過來，圖三是從右邊燒過來。圖一中蔡順伏在棺材上的身姿優美，令人印象深刻。另外，關於圖一、圖三，有一種有意思的見解，認爲圖三是選取底本中二連圖的後半部分內容描繪而成的（《六朝時代美術研究》，第 193、194 頁）。根據長廣敏雄氏的解説，該石刻孝子傳圖應有"事先製作的絹本或紙本的"底本，然後由工人從中選擇"石刻的底稿"，在底本中圖三的前面應該是圖一，圖三和圖一合在一起"才是完整的'孝子蔡順圖'"。長廣氏還指出，"應當考慮到，在將絹本、紙本的原作刻至石上時，刻工對原作者本質上的表現意圖並不關心，而是較爲隨意地選擇圖像並製作"。圖四是二十四孝圖之一，描寫的是分椹故事，與下面的王巨尉圖以及二十四孝圖裏的趙孝宗圖（"12 王巨尉"的圖三）非常相似，不過，被赤眉盜賊包圍的蔡順（左起第二人）右邊放著一個籠子，這表明此圖應是蔡順圖。

圖一　7 納爾遜-阿特金斯藝術博物館藏北魏石棺

圖二　8 盧芹齋舊藏北魏石床

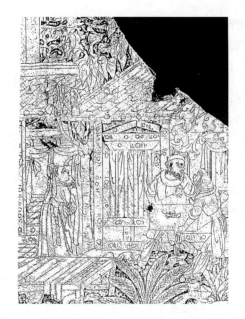

圖三　9 納爾遜-阿特金斯藝術博物館藏北齊石床

圖四　山西稷山馬村金墓 M1 磚雕（二十四孝圖）

12　王巨尉

　　王巨尉故事亦見於逸名《孝子傳》(《太平御覽》卷五四八)，但是，與圖一、圖二相關的幼時父母雙亡、不離父母墳墓的内容只見於兩《孝子傳》(均來源於《東觀漢記》卷一六、《後漢書》卷三九)。關於圖一的榜題，奥村伊九良氏認爲，7 納爾遜-阿特金斯藝術博物館藏北魏石棺上"其他五孝子所記皆爲其名，只有王琳榜題上寫的是他的字，與其他人不一致"(《孝子傳石棺的刻畫》)，西野貞治氏則認爲，"根據(陽明本)記載可判明，王琳的故事只以其字傳承"(《關於陽明本孝子傳的特徵及其與清家本的關係》)。圖一左部描繪的是被赤眉之賊捕獲的兄弟二人，右部是"放兄弟，皆得免之。賊更牛蹄一雙，以贈之也"(陽明本)的場景。因此，兄弟二人拿著的袋子裏應該就是送給他們的"牛蹄一雙"。另外，正如奥村氏論文提及的那樣："獲釋的兄弟肩上搭著袋子離開時還回過頭看，這個場景意味著什麼呢？《東觀漢記》……對此並無敘述。"《東觀漢記》《後漢書》等文獻雖然是本故事的來源，但其中沒有關於這一場景的記載。與圖一右部對應的内容只見於兩《孝子傳》。關於圖二，長廣敏雄氏《六朝時代美術研究》認爲描繪的是兩《孝子傳》中的申明圖像。不過，尚未發現將申明的故事圖像化的例子，本書依從奥村氏的意見，認爲此圖應是王巨尉圖。這幅圖描繪的應是弟弟被捕獲的場景。圖三是二十四孝圖中的趙孝宗圖。兩個故事情節相同，圖像也很相似(可參考"11 蔡順"的圖四)。趙孝宗的故事也是來源於《東觀漢記》《後漢書》，逸名《孝子傳》中似乎也有記載(《類林雜説》卷二第9)。

圖一　7 納爾遜-阿特金斯藝術博物館藏北魏石棺

圖二　9 納爾遜-阿特金斯藝術博物館藏北齊石床

圖三　山西稷山馬村金墓 M1 磚雕（二十四孝圖·趙孝宗）

13 老萊之

　　圖一、圖二的右部是老萊之,描繪的大概是"爲父母上堂取漿水,失腳倒地"(陽明本)的情景,圖四下部、圖五左部亦同。圖一右數第二個人應該是老萊之的妻子(瞿中溶《漢武梁祠畫像考》卷三)。他的妻子與圖二中的老萊之(拄著拐杖)一樣,都拿著一個裝有餐具的圓形托盤。圖三左邊的老萊之"百歲"(兩《孝子傳》記作"年九十")而作童子狀,其起舞嬉戲的身影讓人印象深刻(陽明本"常作嬰兒,自家戲",《全相二十四孝詩選》"戲舞學嬌痴")。圖三的中部、圖四的右下有玩具鳥車,所據應是逸名《孝子傳》(《初學記》卷一七)的"弄鶵鳥於親側"(徐廣《孝子傳》中也有這樣的記載。《列女傳》[《藝文類聚》卷二〇]中也有"或弄烏鳥於親側")。《中原文物》2002－6記載,新鄭市博物館藏有東漢銅鳩車(1985年出土)。

圖一　1東漢武氏祠畫像石

圖二　1 東漢武氏祠畫像石 前石室第七石

圖三　6 明尼阿波利斯藝術博物館藏北魏石棺

圖四 9 納爾遜-阿特金斯藝術博物館藏北齊石床

圖五 10 鄧州彩色畫像磚

16 陽威

筆者未曾見過陽威圖。圖一是二十四孝圖中的楊香圖，故事內容極其相似，以供參考。南葵本《孝行錄》24《楊香跨虎》云：

> 楊香，魯國人也。笄年，父入山中。被虎奮迅，欲傷其父。空手不執刀器，無以御之，大叫相救。香認父聲，匍匐奔走，踊跨虎背，執耳叫號。虎不能傷其父，負香奔走，困而斃焉。

笄年指女子成人，由此可知楊香是女性。楊香故事的來源是劉宋時期劉敬叔的《異苑》卷一〇、逸名《孝子傳》（《太平御覽》卷八九二）等，《太平御覽》卷四一五所引《異苑》中有"楊豐……息女香"（今本《異苑》爲"息名香"）。圖一所體現的是楊香跨坐虎背、抓住虎耳撕扯的場景。

圖一　山西稷山馬村金墓 M4 陶塑（二十四孝圖·楊香）

17 曹娥

　　筆者未曾見過作爲孝子傳圖的曹娥圖。圖一是二十四孝圖裏的曹娥圖。《孝行錄》3《曹娥抱屍》記有曹娥"遂投江而死。抱父屍而出"（南葵本）。圖左部爲曹娥，其以袖掩面而泣的形象是二十四孝圖中曹娥的固定形象。右下的波浪間浮起的是曹娥父親的屍骨（頭蓋骨和兩根骨頭）。

圖一　曲沃東韓村金墓磚雕（二十四孝圖）

26 孟仁

　　筆者未曾見過作爲孝子傳圖的孟仁圖。圖一是二十四孝圖之一。圖一描繪的是孟仁"往竹中，泣而告天，須臾出笋數莖"（南葵本《孝行録》7）的場景。能看到竹子的根部生出了三根笋。

圖一　山西稷山馬村金墓 M4 陶塑（二十四孝圖）

27　王祥

　　筆者未曾見過作爲孝子傳圖的王祥圖。圖一是二十四孝圖之一。圖一描繪的是"祥解衣卧冰以求之。冰自解，雙魚（鯉）躍出"（南葵本《孝行録》9《王祥冰魚》）的場景，左下有兩條鯉魚，正要從融化的水面躍出。

圖一　山西稷山馬村金墓 M4 陶塑（二十四孝圖）

28 姜詩

筆者未曾見過作爲孝子傳圖的姜詩圖。圖一是二十四孝圖裏的姜詩圖。左邊是姜詩，右邊是姜詩的母親。在其他作爲二十四孝圖的姜詩圖中，有的還添加了汲水的器皿和姜詩的妻子。

圖一　山西沁縣金代磚雕墓（二十四孝圖）

33 閔子騫

圖一車上右側爲"子騫後母弟",左爲"子騫父",在車的左側跪著的是閔子騫。圖二、圖三構圖基本相同,從右邊起爲子騫後母、閔子騫、子騫父(圖三爲子騫父、閔子騫),車上的人物是"後母子"(圖三榜題),這些相似的構圖表明似乎曾存在過漢代孝子傳圖的底本。特別值得注意的是,圖一至圖三都描繪了車上的後母之子,而記錄這一點的只有師覺授《孝子傳》(《太平御覽》卷四一三)和陽明本《孝子傳》兩種版本:

父使損御,冬寒失轡。後母子御,則不然。父怒詰之。(師覺授《孝子傳》)

時子騫爲父御,失轡。父乃怪之,仍使後母子御車,父罵之。(陽明本)

《韓詩外傳》(《類說》卷三八)記"父歸,呼其後母兒,持其衣,甚厚",《説苑》(《藝文類聚》卷二〇)記"父則歸,呼其後母兒,持其手,衣甚厚溫"等,而與其稍有不同,船橋本没有這些記載。閔子騫故事雖見於逸名《孝子傳》(《太平御覽》卷三四、卷八一九)、徐廣《孝子傳》等各種文獻,但是據筆者所見,這些文獻均未記載與此有關的内容。另外,圖三左數第二個榜題"後母子御"非常重要。此榜題如上所述,應該來源於師覺授《孝子傳》或者陽明本《孝子傳》,但由於劉宋時期師覺授《孝子傳》晚於圖一至圖三的圖像出現,所以,唯一可能的來源只有陽明本《孝子傳》。如果上述陽明本文本帶有漢代孝子傳的痕迹,那麽,也可以推測師覺授《孝子傳》是取材於繼承了漢代孝子傳的文本。相同的情況在"36曾參"的圖像資料中表現得更爲清楚。圖四的左側應爲繼母。圖五左乳釘上部跪著的孩子似乎是閔子騫。關於圖五及"36 曾參"的圖三,請參考山川誠治《曾參與閔損——關於村上英二氏藏漢代孝子傳圖畫像鏡》(《佛教大學大學院紀要》31,2003 年)。

圖一　1 東漢武氏祠畫像石

圖二　1 東漢武氏祠畫像石　前石室第七石

圖三　2 開封白沙鎮出土東漢畫像石

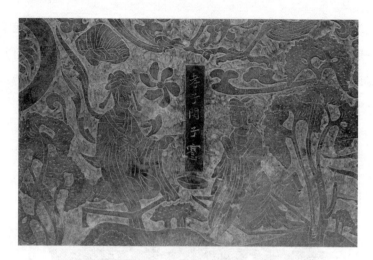

圖四　6 明尼阿波利斯藝術博物館藏北魏石棺

圖五　21 村上英二氏藏東漢孝子傳圖畫像鏡

35 伯奇

漢景帝之子魯恭王劉餘所建的靈光殿裏畫有孝子傳圖。此事，因《文選》卷一一收錄的東漢王延壽《魯靈光殿賦（並序）》中的句子"下及三后，淫妃亂主，忠臣孝子，烈士貞女，賢愚成敗，靡不載敘"而廣爲人知。晋張載注"孝子"云："孝子，申生伯奇之等。"（據李善注所引）所以，可以確定早在晋代之前，就有了收錄申生、伯奇故事的孝子傳。然而，後來在中國本土，孝子傳俱已失傳，特別是關於申生、伯奇，目前《類林》中可見的逸文是個特例，但也無法知道其所引孝子傳傳自何本。在這種情況下，就更凸顯了申生、伯奇故事兼備的陽明本（及船橋本）的文學史價值。在這種意義上，圖一到圖三的伯奇圖，均爲可以從中窺見孝子傳圖和孝子傳之間密切的關聯，以及陽明本成立過程的重要的圖像資料。

圖一、圖二是 6 明尼阿波利斯藝術博物館藏北魏石棺上兩幅相連的伯奇圖（圖一榜題"耶父"，即父耶［父爺］，指父親）。值得注意的是，在榜題爲"孝子伯奇母赫兒"的圖二中，位於中央的瓶中有一條蛇將頭伸出來，據此我們可以判定本圖描繪的應是陽明本伯奇故事中言及蛇的以下段落："伯奇者，周丞相尹（伊尹）吉甫之子也。爲人慈孝。而後母生一男，仍憎嫉伯奇。乃取毒蛇，納瓶中。呼伯奇將殺，小兒戲。小兒畏蛇，便大驚叫。母語吉甫曰：'伯奇常欲殺我小兒。君若不信，試往其所看之。'果見之，伯奇在瓶蛇焉。"（同樣的内容也見於 22 洛陽北魏石棺床）然而，提到蛇的伯奇故事非常罕見，目前僅見於《類林雜説》卷一 4 所引的逸名《孝子傳》（也可見於西夏本《類林》卷二 9，但缺少開頭部分）。關於蛇的内容，現在一般認爲是孝子

傳的固有内容，本圖應是基於陽明本體系的《孝子傳》創作的。圖一的左部是父親尹吉甫，右部是伯奇；圖二的左部是伯奇的繼母，右部是伯奇的弟弟。圖三描繪的是化鳥故事，伯奇化作鳥停於坐在馬上的尹吉甫的肩頭。在本圖的右邊，還保留了一部分亦見於圖四的尹吉甫射殺伯奇繼母的場景。記載化鳥故事（曹植的《令禽惡鳥論》十分有名）的《孝子傳》只有兩《孝子傳》，因爲圖一、圖二的製作年代被認爲是北魏正光五年（524），圖三大概是太和年間（477—499），所以陽明本所載伯奇故事的成立時間大概可以追溯到五世紀之前。此外，"1 舜"的圖二右部所描繪的似乎也是繼母射殺化鳥的場景（《太平御覽》卷九二三所引的《令禽惡鳥論》中有"吉甫命後妻載弩射之"）。同樣的内容亦可見於 14 嘉祥南武山東漢畫像石及嘉祥宋山一號墓第四石、第八石（及南武陽功曹闕東闕西面一層［松永美術館藏東漢畫像石]）等。這些圖或許是模仿魯恭王靈光殿中的伯奇圖。另外，有關曹植的《令禽惡鳥論》、武氏祠畫像石所依據的是否與陽明本的伯奇故事有同一源流等問題，可參考黑田彰《伯奇贅語——孝子傳圖和孝子傳》（説話與説話文學會《説話論集》12，清文堂，2003 年）。

圖一　6 明尼阿波利斯藝術博物館藏北魏石棺（一）

圖二　6 明尼阿波利斯藝術博物館藏北魏石棺（二）

圖三　19 寧夏固原北魏墓漆棺畫 右側上欄

圖四　19 寧夏固原北魏墓漆棺畫（拓圖）

36　曾參

陽明本"36 曾參"投杼故事內容如下：

　　孔子使參往齊，過期不至。有人妄言，語其母曰："曾參殺人。"須臾又有人云："曾參殺人。"如是至三，母猶不信。便曰："我子之至孝，踐地恐痛，言恐傷人。豈有如此耶？"猶織（識）如故。須臾參還至，了無此事。所謂讒（䜛）言至此，慈母不投杼，此之謂也。

將此故事圖像化的東漢時代的孝子傳圖現存兩幅，即圖一、圖三。兩圖的構圖極爲相似，且左邊皆連接閔子騫圖（"33 閔子騫"的圖一、圖五[12 和林格爾東漢壁畫墓亦如此]。另參見圖二、圖三），可以推測，二者曾有相似的底本，這一點值得關注。另外還需要注意的是記載有投杼故事的《孝子傳》唯有陽明本（船橋本中缺少投杼故事部分。投杼故事源自《戰國策·秦策》、敦煌本《春秋後語》、《史記·甘茂傳》等）。同時，圖一下方的榜題"讒言三至，慈母投杼"與陽明本的"讒言至此，慈母不投杼"極爲相似（"慈母"一詞，可見於《戰國策》"而三人疑之，則慈母不能信也"），這些都有力地顯示了陽明本所記載的曾參故事源自漢代孝子傳。關於圖二，長廣敏雄認爲是董永圖（《六朝時代美術研究》，第 197 頁），但筆者認爲是曾參圖。最左邊的應該是聽聞三次讒言而向外跑的曾參母親（《史記》記載，"其母投杼下機，逾牆而走"。與中間部分織布的曾參母重複）。右側可能是嚙指故事中搬運柴火的曾參（參見圖六）。圖四爲彈琴故事（左爲彈琴的曾參，右爲曾參父親），圖五爲感泉故事（左爲曾參，右爲曾參母），這兩幅圖連在一起。圖六屬於二十四孝圖,以嚙指故事爲基礎。右爲曾參母,左爲曾參,兩捆柴火是該故事的定型化表達。

圖一　1東漢武氏祠畫像石

圖二　21村上英二氏藏東漢孝子傳圖畫像鏡

圖三　9 納爾遜-阿特金斯藝術博物館藏北齊石床

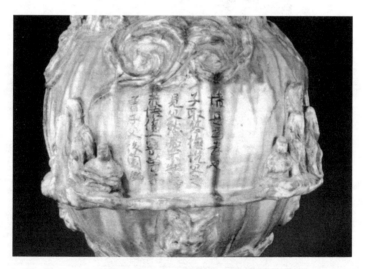

圖四　陝西歷史博物館藏唐代三彩四孝塔式罐

圖五　陝西歷史博物館藏唐代三彩四孝塔式罐

圖六　山西稷山馬村金墓 M4 陶塑（二十四孝圖）

37　董黯

記載董黯故事的《孝子傳》只有兩《孝子傳》。需要關注的是，船橋本中省略和修改較多。從這一點來説，西野貞治氏是最早基於陽明本對圖一的内容進行解釋的，其貢獻很大(《關於陽明本孝子傳的特徵及其與清家本的關係》)。圖一的榜題"董晏母供王寄母語時"，指的是陽明本董黯故事的開頭黯母和奇母兩人對話的場景(晏是黯的白字)。圖一右部站在屋外的是董黯，坐在屋内的是董黯母親。圖的左部，屋内站著的是王奇，坐在其左側的是王奇母親，兩人之間放著三牲。右部是董黯的家，左部是王奇的家。最左端站在屋外的應該是侍女(西野氏認爲站在兩端的兩個人是董黯母親，筆者認爲她們的髮型不同，右邊的人物是梳著雙髻的少年，應視作他人。另外，西野氏認爲兩間屋内坐著的兩個人都是王奇的母親)。在中國，有的研究者認爲本圖描繪的是《漢書・東方朔傳》等記載的董偃與館陶公主的故事(《中國畫像石全集》8《石刻綫畫》[《中國美術分類全集》，河南美術出版社、山東美術出版社，2000年]等)，此説有誤。圖三、圖四、圖五是三連圖，原石自左起爲圖三、圖四、圖五。圖三在圖一的右側，圖四在圖一的左側，圖三和四恰好調換了位置。圖三左端屋内坐著的是董黯母親，跪在其右下方的是董黯。圖四左端起第二人、坐在帳前的是王奇的母親，佩戴長劍站在其右下方的是王奇。圖四左下方畫有表示三牲的牛、羊、猪。圖一中王奇母親拿著的團扇，在圖四中由最左部的侍女拿著，這表明兩圖應該是有關係的。長廣敏雄氏用船橋本解讀圖四(《六朝時代美術研究》，第203頁)，但如前所述，船橋本中有省略和修改,依據其文本解釋圖四並不合適。長廣氏認爲圖三、圖五"不明",而暫定爲"面向墳冢禮拜的圖",筆者認爲,圖三相當於圖一董黯圖的右半部分,圖五應當是董黯舉辦母親葬禮的畫面(陽明本"黯母……亡,葬送禮畢")。同樣把一個故事做成三連圖的例子還有和泉市久保惣紀念美術館藏北魏石床的右側石(繪有郭巨故事的三連圖。個人收藏)等。關於圖二,榜題"董憸"可以認爲是董黯的白字(黯字除了"㬎"[圖一]字以外,也被寫作"黝"[《法苑珠林》卷四九]、"厴"[敦煌本《事森》]、"壓"[丁蘭本《父母恩重經》]等),"孝子董憸與父犢(獨)居"這一榜題本身,與8盧芹齋舊藏北魏石床上關於"2董永"的榜題"孝子董永與父獨居"等非常相似(圖不同)。如果將其視爲董永圖,右邊床上的人物則是董永的父親,但是觀其髮型又像是母親(參考"13老萊之"的圖三中右邊父母的髮型)。榜題右側的筤樣容器或表示盛放三牲的容器,有待考證。關於董黯圖,可參考黑田彰《董黯贅語——孝子傳圖與孝子傳》(《日本文學》51-7,2002年)。

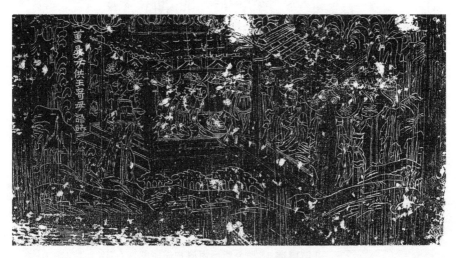

圖一　5波士頓美術館藏北魏石室

圖二　6 明尼阿波利斯藝術博物館藏北魏石棺

圖三　9 納爾遜-阿特金斯藝術博物館藏北齊石床

圖四　9 納爾遜-阿特金斯藝術博物館藏北齊石床

圖五　9 納爾遜-阿特金斯藝術博物館藏北齊石床

38 申生

　　圖一至圖五所描繪的均爲申生故事中驪姬陰謀的一幕,即驪姬對申生向父親晉獻公所奉食物驗毒的場景。作爲故事來源之一,《史記·晉世家》云:"獻公欲饗之。驪姬從旁止之曰:'胙所從來遠,宜試之。'祭地,地墳。與犬,犬死。與小臣,小臣死。"《春秋穀梁傳》僖公十年云:"君將食。麗姬跪曰:'食自外來者,不可不試也。'覆酒於地,而地賁。以脯與犬,犬死。"(圖一和圖二中無犬。)

　　過去人們一直不知道圖一至圖五都是申生圖,而最早明確指出這些是申生圖的,是王恩田的《泰安大汶口漢畫像石歷史故事考》。王恩田氏通過解讀圖二的榜題"此淺(獻)公前婦子""此晉淺(獻)公見離(麗)算""此後母離居(麗姬)",首次證明這些圖只能是申生圖(關於圖三、圖四,王氏介紹,劉敦願早在1984年已經指出是申生圖)。

　　圖三至圖五所描繪的是上述《史記》所載將下了毒的胙(申生奉上的肉)放到地上,地面即隆起,喂犬犬即死,給侍者吃,侍者身亡這段情節中以胙喂犬的場景。可是,兩《孝子傳》中並不存在這段描述(陽明本作"父欲食之。麗姬恐藥毒中獻公,即投之曰:'此物從外來,焉得輒食之?'乃命青衣嘗之,入口即死"。船橋本作"毒酒")。圖三至圖五所依據的到底是不是孝子傳呢?事實上,包含著與這些圖相對應文本的孝子傳逸文是存在的。即《類林雜説》卷一1所引逸名《孝子傳》。原文如下:

　　　　獻公先娶齊女爲后,生太子申生,齊女卒。乃立驪姬
　　爲后,生子奚齊及卓子。驪姬欲立奚齊爲太子,讒申生於

公曰:"妾昨夜夢申生之母從妾乞食。"公信之。即令申生往其母墓祭之。申生祭還。驪姬潛以毒藥安肉中。申生欲上公祭肉,姬謂公曰:"蓋聞食從外來,可令人嘗試之。"公以肉與犬,犬死。與婢,婢死。姬曰:"爲人之子者,乃如此乎?公以垂老之年,不得終天之年。而欲毒藥殺,而早圖其位。此時非但殺公,亦當及於諸子。請將二子自殞於狐狢之地。無爲被太子見其魚肉也。"公大怒,賜申生死。大夫里克謂申生曰:"何不自治?"申生曰:"吾父老矣。臥不得姬則不安,食不得姬則不飽。吾若自治,公則殺姬。爲人之子者,殺父所安,非孝也。"遂自縊而死。出《孝子傳》。

在逸名《孝子傳》中,有"公以肉與犬,犬死",而圖三到圖五存在與之對應的畫面(但是《類林雜說》所引的逸名《孝子傳》中,申生是"自縊而死"[《春秋左氏傳》"縊於新城"],這與圖二至圖四中申生拿短劍作刺喉狀不符[陽明本爲"即欲自殺",《穀梁傳》爲"吾寧自殺……刎脛而死",等等])。此外,上述逸名《孝子傳》的記載酷似陽明本,這一點也很有意思。還有,根據文獻記載可以證明,"以肉與犬,犬死"等内容雖然不見於兩《孝子傳》,但是確實在日本曾存在過包含這樣内容的《孝子傳》。東京大學文學部國語研究室藏的《和漢朗詠集見聞》上《春‧躑躅》"寒食家應"注引文曰:"獻公大喜,欲食之,時后曰:'食從外來,不知何物,可先與犬。'公以肉與犬,因后放入了毒藥,犬死。與小臣,小臣死。"出處即所謂的"載有七十餘人的《孝子傳》"。那麼,就出現了與"1 舜"同樣的情況,圖八19 寧夏固原北魏墓漆棺畫所描繪的"金錢一枚"不見於兩《孝子傳》,但是可見於《三教指歸》成安注上末("舜帶銀錢五百文")及明顯使用陽明本系文獻的《普通唱導集》下末("帶銀錢五百文")等引用的逸名《孝子傳》。這個例子表明了兩《孝子傳》，特別是陽明本年代久遠，其文本的形成過程是十分複雜的。或許，與上面相關的內容陽明本在很早的時候就已經遺失了。

圖一是《石索》中的拓圖。中間偏右側是獻公，他右側是奚齊，中間偏左側是申生，他左側是麗姬。左右兩端站著的應該是侍者。圖二從右起應該是里克（《類林雜說》所引逸名《孝子傳》）、申生、獻公、麗姬。圖三從右起應該是麗姬、奚齊、獻公、申生、里克、侍者（兩人），圖四從右起應該是里克、申生、獻公、奚齊、麗姬，圖五從右邊起應該是麗姬、奚齊、里克、申生、獻公（中央）、侍者（三人）。總之，包括1東漢武氏祠畫像石等在內的多種圖像資料證明了申生圖的存在，這在文學史、美術史上都具有十分重大的意義。通觀圖一到圖五，構圖大體一致，可以推測他們可能基於共同的底本。漢魯恭王靈光殿中的申生圖，很有可能也是同樣的圖案（參考"35伯奇"圖）。

圖一　1東漢武氏祠畫像石

圖二　14 泰安大汶口東漢畫像石墓

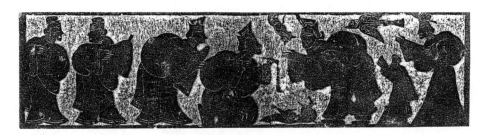

圖三　14 嘉祥宋山一號墓

圖四　14 嘉祥宋山二號墓

圖五 14 山東肥城東漢畫像石墓

41 李善

　　收録有李善故事的《孝子傳》現存有兩種,即兩《孝子傳》41及《琱玉集》卷一二所引逸名《孝子傳》(來源於《東觀漢記》卷一七等)。圖一中,右邊的人物難以確認是何人,據"蓋奴婢欲取其孤去,故善乃長跪哀求之意耳"(瞿中溶《漢武梁祠畫像考》六)推測,應該是欲將主人家孩子帶走的奴婢。左爲李善。圖二中,右爲李善,左爲主人家的孩子。"大家"是奴婢李善對家主的稱呼(吉川幸次郎《樂浪出土漢篋圖像考證》,第383頁)。另外,雖然12和林格爾東漢壁畫墓中也有漢代的李善圖(榜題"李□""□君"),但破損極爲嚴重。圖三中,右爲抱著孩子的李善,左側的應該是長大成人的主人家的孩子。圖三榜題寫有"詔拜河內太守",值得關注,這樣的記載僅見於兩《孝子傳》(兩《孝子傳》有"拜爲河內太守")。圖三的墓主司馬金龍於太和八年(484)去世(墓誌),由此可以認爲兩《孝子傳》所傳內容確實可以追溯到五世紀以前。同時,還應特別注意兩《孝子傳》,特別是陽明本與北魏孝子傳圖的密切關係。

圖一　1 東漢武氏祠畫像石

圖二　3 東漢樂浪彩篋

圖三　17 北魏司馬金龍墓出土木板漆畫屏風 一、二塊裏面第一圖

42 羊公

　　圖一是現存唯一的羊公圖,極其珍貴。圖中有榜題"義漿羊公""乞漿者"。右爲羊公,左爲乞漿者,中間是盛漿的瓶子,上面放著舀漿的勺子。左邊的人物(天神變成的書生)正要遞給羊公什麼東西,據兩《孝子傳》,遞的是菜籽。關於"羊公",各種文獻寫法不同,但孝子傳類文獻中寫作"羊公"的僅見於兩《孝子傳》。榜題中的"義漿"一詞,可見於《太平御覽》卷八六一所引的逸名《孝子傳》。另外,雖然東晉干寶的《搜神記》卷一一中的羊公故事也提到"義漿"一詞,但是,從東漢時期的本圖中已經出現"義漿"一詞來看,《搜神記》中的羊公故事應該來源於某一孝子傳。關於羊公圖及其與《孝子傳》的關係,可參看本書解題《孝子傳圖與孝子傳——羊公贅語》。

圖一　1東漢武氏祠畫像石

43 東歸節女

圖一見於武氏祠畫像石列女傳圖。在 12 和林格爾東漢壁畫墓中,也存有榜題爲"□師□女"的圖像。不過,列女傳與孝子傳淵源頗深,其間的差別十分微妙。孝子傳中只有兩《孝子傳》記錄了東歸節女故事。"東歸節女"應爲"京師節女","京師"古體寫作"亰歸""京師",訛爲"東歸"。圖一的榜題"京師節女"的字形與"東歸節女"相似,這一點很有意思(參見西野貞治《關於陽明本孝子傳的特徵及其與清家本的關係》,第 48 頁注 2)。屋內躺在床上的是節女,左邊榜題標爲"怨家攻者"的人物(節女丈夫的仇人)正要襲擊躺在丈夫位置上的節女。

圖一　1 東漢武氏祠畫像石

44 眉間尺

圖一是唯一一幅在榜題中注明傳主的眉間尺圖。榜題中"眉間赤"的文字表述與《太平御覽》卷三四三所引逸名《孝子傳》"眉間赤,名赤鼻"一致。圖一右側爲眉間尺,左側是他的妻子,中間大概是父親干將的墳塚。坐在右側的眉間尺的帽子特徵顯著。未見有眉間尺妻子出場的眉間尺故事,她應該是描繪孝子傳圖時添加上去的(參見"5 郭巨"的圖一,並參考黑田彰《鍍金孝子傳石棺續貂——關於明尼阿波利斯藝術博物館藏北魏石棺》[《京都語文》9,2002年])。

圖一　6明尼阿波利斯藝術博物館藏北魏石棺

45 慈烏

烏因其反哺孝行廣爲人知,但孝子傳中把"慈烏"單獨列爲一條的,只有兩《孝子傳》。圖一有榜題"孝烏",描繪的是棲於樹上的慈烏。《漢代畫像研究》第86頁寫道:"畫面整體結構較差,只能當做獨立情景看待。"該書作者認爲船橋本第30條顔烏内容與此畫像相關則缺乏考證,船橋本的"慈烏"條是接著"43東歸節女"書寫的,二者難以分辨,并且船橋本"慈烏"條以"雁烏"二字開頭,《漢代畫像研究》的观点大概也受此影响。慈烏圖亦見於12和林格爾東漢壁畫墓(榜題"孝烏"),這恰好表明陽明本保留了漢代孝子傳的痕跡。在圖一中,慈烏沿續左側"趙苟哺父"的主題,而在14泰安大汶口東漢石墓中,趙苟圖的右側也畫著兩只合著嘴的鳥(參考"38申生"的圖二)。在12和林格爾東漢壁畫墓中它的左側是"3邢渠"的圖像,這一點值得品味。

圖一　1東漢武氏祠畫像石

圖像資料　孝子傳圖集成稿　圖版來源一覽

1　舜

圖一　容庚《漢武梁祠畫像錄》，考古學社專集 13，北平燕京大學考古學社，1936 年。

圖二　劉興珍、岳鳳霞編，邱茂譯《中國漢代畫像石——山東武氏祠》，外文出版社，1991 年，圖 176。

圖三《中國美術全集》繪畫編 19《石刻綫畫》，上海人民美術出版社，1988 年，圖 7。

圖四　照片。

圖五《瓜茄》4，1937 年。

圖六《中國美術全集》繪畫編 1《原始社會至南北朝繪畫》，人民美術出版社，1986 年，圖 100 之一。

圖七至圖十四　寧夏固原博物館《固原北魏墓漆棺畫》，寧夏人民出版社，1988 年。

圖十五　山西省考古研究所《平陽金墓磚雕》，山西人民出版社，1999 年，圖 245。

2　董永

圖一　容庚《漢武梁祠畫像錄》，考古學社專集 13，北平燕京大學考古學社，1936 年。

圖二《中國美術全集》繪畫編 19《石刻綫畫》，上海人民美術出版社，1988 年，圖 6。

圖三《瓜茄》4，1937 年。

图四 長廣敏雄《六朝時代美術的研究》,美術出版社,1969年,圖52。

圖五、圖六 山東石刻藝術博物館《山東石刻藝術選粹》漢畫像石故事卷,浙江文藝出版社,1996年。

圖七 陝西歷史博物館提供的照片。

圖八 山西省考古研究所《平陽金墓磚雕》,山西人民出版社,1999年,圖256。

3 邢渠

圖一 容庚《漢武梁祠畫像錄》,考古學社專集13,北平燕京大學考古學社,1936年。

圖二、圖三 劉興珍、岳鳳霞編,邱茂譯《中國漢代畫像石——山東武氏祠》,外文出版社,1991年,圖124、圖179。

圖四 Emmanuel-èdouard Chavannes, *Mission archéologique dans la Chine septentrionale*, Tome Ⅰ, Premièle partie, La sculpture a l'époque des Han, Paris,1913,圖1271。

圖五 朝鮮古迹研究會《樂浪彩篋冢》,便利堂,1934年,圖48。

4 韓伯瑜

圖一 容庚《漢武梁祠畫像錄》,考古學社專集13,北平燕京大學考古學社,1936年。

圖二 劉興珍、岳鳳霞編,邱茂譯《中國漢代畫像石——山東武氏祠》,外文出版社,1991年,圖113。

圖三 Emmanuel-èdouard Chavannes, *Mission archéologique dans la Chine septentrionale*, Tome Ⅰ, Premièle partie, La sculpture a l'époque des Han, Paris,1913,圖1271。

圖四 照片。

5 郭巨

圖一 照片。

圖二 《瓜茄》4,1937年。

圖三 長廣敏雄《六朝時代美術的研究》,美術出版社,1969年,圖45。

圖四 照片。

圖五、圖六 寧夏固原博物館《固原北魏墓漆棺畫》,寧夏人民出版社,1988年。

圖七 陝西歷史博物館提供的照片。

6 原谷

圖一 容庚《漢武梁祠畫像錄》,考古學社專集13,北平燕京大學考古學社,1936年。

圖二 Emmanuel-èdouard Chavannes, *Mission archéologique dans la Chine septentrionale*, Tome Ⅰ, Premièle partie, La sculpture a l'époque des Han, Paris,1913,圖1271。

圖三 朝鮮古迹研究會《樂浪彩篋塚》,便利堂,1934年,圖48。

圖四 照片。

圖五 《瓜茄》4,1937年。

圖六 長廣敏雄《六朝時代美術的研究》,美術出版社,1969年,圖46。

圖七、圖八 《中國畫像石全集》8《石刻線畫》,《中國美術分類全集》,河南美術出版社、山東美術出版社,2000年,圖62、圖76。

7 魏陽

圖一 容庚《漢武梁祠畫像錄》，考古學社專集 13，北平燕京大學考古學社，1936 年。

圖二 朝鮮古迹研究會《樂浪彩篋塚》，便利堂，1934 年，圖 48。

8 三州義士

圖一 容庚《漢武梁祠畫像錄》，考古學社專集 13，北平燕京大學考古學社，1936 年。

9 丁蘭

圖一 容庚《漢武梁祠畫像錄》，考古學社專集 13，北平燕京大學考古學社，1936 年。

圖二 劉興珍、岳鳳霞編，邱茂譯《中國漢代畫像石——山東武氏祠》，外文出版社，1991 年，圖 123。

圖三《漢代畫象全集》二編，巴黎大學北京漢學研究所，1951 年，圖 162。

圖四 Emmanuel-èdouard Chavannes, *Mission archéologique dans la Chine septentrionale*, Tome Ⅰ, Premièle partie, La sculpture a l'époque des Han, Paris, 1913, 圖 1271。

圖五 朝鮮古迹研究會《樂浪彩篋塚》，便利堂，1934 年，圖 48。

圖六《中國美術全集》繪畫編 19《石刻綫畫》，上海人民美術出版社，1988 年，圖 7。

圖七 照片。

圖八 山東石刻藝術博物館《山東石刻藝術選粹》漢畫像石故事卷，浙江文藝出版社，1996 年。

10　朱明

圖一　容庚《漢武梁祠畫像錄》,考古學社專集 13,北平燕京大學考古學社,1936 年。

11　蔡順

圖一《瓜茄》4,1937 年。

圖二　C. T. Loo & Co, An Exhibition of Chinese Stone Sculptures, New York, 1940.

圖三　長廣敏雄《六朝時代美術的研究》,美術出版社,1969 年,圖 48。

圖四　山西省考古研究所《平陽金墓磚雕》,山西人民出版社,1999 年,圖 270。

12　王巨尉

圖一《瓜茄》4,1937 年。

圖二　長廣敏雄《六朝時代美術的研究》,美術出版社,1969 年,圖 49。

圖三　山西省考古研究所《平陽金墓磚雕》,山西人民出版社,1999 年,圖 269。

13　老萊子

圖一　容庚《漢武梁祠畫像錄》,考古學社專集 13,北平燕京大學考古學社,1936 年。

圖二　山東石刻藝術博物館《山東石刻藝術選粹》漢畫像石故事卷,浙江文藝出版社,1996 年。

圖三 照片。

圖四 長廣敏雄《六朝時代美術的研究》,美術出版社,1969年,圖47。

圖五 河南省文化局文物工作隊《鄧縣彩色畫象磚墓》,文物出版社,1958年,圖18。

16　陽威

圖一 山西省考古研究所《平陽金墓磚雕》,山西人民出版社,1999年,圖252。

17　曹娥

圖一 山西省考古研究所《平陽金墓磚雕》,山西人民出版社,1999年,圖301。

26　孟仁

圖一 山西省考古研究所《平陽金墓磚雕》,山西人民出版社,1999年,圖260。

27　王祥

圖一 山西省考古研究所《平陽金墓磚雕》,山西人民出版社,1999年,圖250。

28　姜詩

圖一《文物》2000－6,第64頁,圖9。

33　閔子騫

圖一　容庚《漢武梁祠畫像錄》，考古學社專集13，北平燕京大學考古學社，1936年。

圖二　劉興珍、岳鳳霞編，邱茂譯《中國漢代畫像石——山東武氏祠》，外文出版社，1991年，圖111。

圖三　Emmanuel-èdouard Chavannes, *Mission archéologique dans la Chine septentrionale*, Tome Ⅰ, Premièle partie, La sculpture a l'époque des Han, Paris, 1913, 圖1271。

圖四　照片。

圖五　照片。

35　伯奇

圖一、圖二　照片。

圖三、圖四　寧夏固原博物館《固原北魏墓漆棺畫》，寧夏人民出版社，1988年。

36　曾參

圖一　容庚《漢武梁祠畫像錄》，考古學社專集13，北平燕京大學考古學社，1936年。

圖二　長廣敏雄《六朝時代美術的研究》，美術出版社，1969年，圖53。

圖三　照片。

圖四、圖五　陝西歷史博物館提供的照片。

圖六　山西省考古研究所《平陽金墓磚雕》，山西人民出版社，1999年，圖266。

37　董黯

圖一《中國美術全集》繪畫編19《石刻綫畫》,上海人民美術出版社,1988年,圖6。

圖二 照片。

圖三、圖四、圖五 長廣敏雄《六朝時代美術的研究》,美術出版社,1969年,圖56、55、54。

38　申生

圖一《石索》三。

圖二 山東石刻藝術博物館《山東石刻藝術選粹》漢畫像石故事卷,浙江文藝出版社,1996年。

圖三 拓本。

圖四《文物》92－12,第76頁,圖3。

圖五《文物參考資料》58－4,第36頁,圖2。

41　李善

圖一《石索》三。

圖二 朝鮮古迹研究會《樂浪彩篋冢》,便利堂,1934年,圖48。

圖三《中國美術全集》繪畫編1《原始社會至南北朝繪畫》,人民美術出版社,1986年,圖100之二。

42　羊公

圖一 容庚《漢武梁祠畫像錄》,考古學社專集13,北平燕京大學考古學社,1936年。

43　東歸節女

　　圖一　容庚《漢武梁祠畫像録》,考古學社專集 13,北平燕京大學考古學社,1936 年。

44　眉間尺

　　圖一　照片。

45　慈烏

　　圖一　容庚《漢武梁祠畫像録》,考古學社專集 13,北平燕京大學考古學社,1936 年。

解題　孝子傳圖與孝子傳——羊公贅語

黑田彰

一

　　《童子教》這部幼學書的問世早於十一世紀前後的《仲文章》,該書自第121句[1]起有如下一系列句子[2],可看作"此等人者皆,父母致孝養,佛神垂憐憫,所望悉成就"(131、132句)的例子:
　　121 郭巨爲養母,堀穴得金釜。
　　122 薑詩去婦自,汲水得庭泉。
　　123 孟宗哭竹中,深雪中攞笋。
　　124 王祥嘆叩冰,堅凍上踊魚。
　　125 舜子養盲父,涕泣開兩眼。
　　126 刑渠養老母,齧食成齡若。
　　127 董永賣一身,備孝養御器。
　　128 楊威念獨母,虎前啼免害。
　　129 顔烏墓負土,烏鳥來運埋。
　　130 許牧自作墓,松柏生作墓。
　　131 此等人者皆,父母致孝養,
　　132 佛神垂憐憫,所望悉成就。
　　這些句子明顯來源於僅傳存於日本的兩種古《孝子傳》,即陽明本(天平五年以前傳入日本[3])、船橋本(應是在700年前傳入日本[4])的"5 郭巨"以下諸條[5]。下面所列舉的是其具體對應關係(左邊是《童子教》的句數,右邊是兩《孝子傳》的條目和孝子名)。
　　121——兩《孝子傳》,5 郭巨
　　122——同上,28 姜詩
　　123——同上,26 孟仁
　　124——同上,27 王祥

125——同上,1 舜

126——同上,3 邢渠

127——同上,2 董永

128——同上,16 陽威

129——同上,30 顔烏

130——同上,31 許孜(牧)

今野達氏注意到,包括上面 10 條,"《童子教》所引的共 26 條(勸學 14 條,孝養 12 條)中國故事中,有 18 條被收録在《注好選》中",他指出:

  童蒙通過《童子教》學習故事,但並不一定接觸其所據的原文。《注好選》的編者大概是根據這一實際情況,出於彌補欠缺的目的,從《童子教》中選出要點,注記其所據典籍[6]。

在今野達氏研究的基礎上繼續考察,我們可以看到,兩《孝子傳》被收録進《注好選》上卷"舜父瞽明"第四十六以下、《今昔物語集卷》九震旦(附)孝養"郭巨孝老母得黄金釜語"第一以下[7](均爲船橋本系)、《日本靈異記》[8]、《東大寺諷誦文稿》(85 行以下)、《安居院流表白》[9]、《言泉集·亡父帖》"董永賣身"以下、《普通唱導集》下末孝父篇"重花稟位"以下(基本是陽明本系)、《内外因緣集》"高柴泣血事"以下、《私聚百因緣集》卷六和卷七"董永事父孝也"以下以及《宇津保物語·俊蔭卷》[10]、《寶物集》卷一、《沙石集》卷三 6 等文獻中[11],兩《孝子傳》的影響貫穿於幼學(注釋)、唱導、説話集這些不同的領域。

古代幼學書著名的有四部書和三注[12]。四部書指《千字文》(或者《新樂府》)、《百詠》、《蒙求》、《和漢朗詠集》,三注指《千字文》《蒙求》和《胡曾詠史詩》的注釋。四部書、三注與童子教具備相同的特徵:(一)爲了學習背誦故事、成語等;(二)采取詩的形式,每句固定字數、押韻,適合背誦;(三)以正文爲引子,詳細內容用注的形式說明。四部書之一的《和漢朗詠集》雜部"懷舊"中收錄了以下兩句(出自源相規《安樂寺序》):

> 王子晋之升仙,後人立祠於緱嶺之月;
> 羊太傅之早世,行客墜淚於峴山之雲。

關於这兩句的內容,《和漢朗詠集》古注釋代表之一、被認爲成立於鎌倉初期的永濟注有如下解释[13]:

> 此序作於築紫安樂寺菅丞相御廟,序文出自肥後守源相規之手。見文粹第十一。上句王子晋之事前有記載。此人得仙而去,之後往返於緱氏山,吹笙,故後人爲其建造祠堂。所謂祠,即宗廟。下句的羊太傅即羊祜,字雍伯,洛陽安里人。此人孝養之心深厚,且有才。其名揚,遂位至太傅。雙親既逝,將其葬於無終山,云:父母在世時我爲其珍惜生命,現在我還爲何而活著?於是墜崖而死。其德被刻於碑文,並將碑立於峴山腳下,過往之人皆能看到碑文,讀之潸然淚下。因而,此碑又被稱之爲墮淚碑,即使人爲之落淚之碑。乃彰顯其心也。皆云:如今,菅丞相之廟亦彼子晋、羊祜之迹,所在之世雖異,旨趣相同。或云,有人曾在安樂寺之月明之夜吟詠故人此句,正想看看站在那裏的是誰,那人却一下子消失了。時人皆云是天神有感此句而現身吟詠。(永青文庫本)

但是,關於第一句,尚無不同觀點,至於有下畫綫的部分對第二句的解釋,現代人的看法與永濟注有所不同。比如,大曾根章介氏認爲該句是"類比太宰府廟祭祀菅公以示傾慕其德行",解釋爲:

> 過去,王子晋成爲仙人升天後,曾經來過一次緱氏山

並逗留,因此後人在此立祠以祭奠其靈,晋朝的太傅羊祜生前喜愛峴山的風景,在其早逝後,當地的人們爲其立碑,遊人看到後也流下了眼淚。(新潮日本古典集成《和漢朗詠集》)

關於有爭議的源相規《安樂寺序》下句中的"羊太傅",大曾根章介氏又加注云:

晋朝的羊祜死後被追贈爲侍中太傅,生前酷愛峴山風光而終日飲酒賦詩。死後,襄陽的百姓在他生前遊憩之處立碑祭祀,看到碑的人都流下眼淚,因此取名爲墜淚碑。(《晋書·羊祜傳》)

也就是説,永濟注將下句中的羊太傅誤認爲是羊雍伯(羊太傅,即羊祜,字叔子[《晋書》])。总之,永濟注對該句的誤解影響很大,比如書陵部本系統的東洋文庫本朗詠注、《日詮抄》以及京大菊亭本《郢曲》注[14]均沿襲了這一誤解。更重要的是,由於寬文十一年(1671)北村季吟刊行的《和漢朗詠集注》使用了永濟注,由此,將羊祜當作羊雍伯的説法通行於近世,一直廣爲流傳。而且,繼承了該説法的享和三年(1803)刊行的高井蘭山《和漢朗詠國字抄》,天保十四年(1843)刊行的山崎美成《頭書講釋和漢朗詠集》等更進一步擴大了這種誤解。關於永濟注畫線部分將兩《孝子傳》"42 羊公"誤解爲羊祜這一點,參照一下陽明本下面的正文也會清楚。

羊公者洛陽安里人也……公少好學,修於善行。孝義聞於遠近。父母終没,葬送禮畢,哀慕無及……人多諫公曰:"公年既衰老,家業粗足,何故自苦?一旦損命,誰爲慰情?"公曰:"欲善行損,豈惜餘年?"

書陵部本系統的書陵部本朗詠注雜部"將軍"有"雄劍在腰"一句,其注末有"見孝子傳",據此可知朗詠注參看了《孝子傳》[15],而永濟注畫線部分所依據的似乎是陽明本系《孝子傳》。不過,永濟注把羊祜誤解爲羊雍伯,首先是因爲雍伯究竟爲何人是個難題,再加上羊祜也被稱爲羊公等原因,因此,也不必苛責這一錯誤。比如,《抱朴子内篇·微旨》有"羊公積德布施,詣乎皓首,乃受天墜之金"之句,這裏所説的羊公反而就是指雍伯,但是,現代的王明氏《抱朴子内篇校釋》注(34)則釋爲"羊公,晋羊祜"[16],犯了和永濟注同樣的錯誤,説明對羊公的誤解是很嚴重的。那麽,所謂的羊公(雍伯),到底是一個什麽樣的人物呢?拙論就以羊公爲中心,探討與孝子傳圖和孝子傳有關的幾個問題。

二

東漢武氏祠畫像石第二石三層有以"義漿羊公""乞漿者"爲榜題的圖像。吉田光邦氏對該圖有如下説明[17](參考圖一):

圖一　1東漢武氏祠畫像石　羊公圖

右側的人物上面有"義漿羊公"的榜題,因此毫無疑問就是本故事的主題人物羊公,左側的人有標記"乞漿者",應當是希望得到漿水的人。兩人之間有一個壺,是盛漿的容器,其上有大勺子,是舀漿用的。

西野貞治氏早就指出,該圖與兩《孝子傳》"42 羊公"有著密切的關係[18]。兩《孝子傳》"42 羊公"內容如下(加注了標點):

陽明本

羊公者,洛陽安里人也。兄弟六人,家以屠完爲業。公少好學,修於善行。孝義聞於遠近。父母終沒,葬送禮畢,哀慕無及。北方大道,路絕水漿,人往來恒苦渴之。公乃於道中造舍,提水設漿,布施行士。如此積有年載。人多諫公曰:"公年既衰老,家業粗足,何故自苦?一旦損命,誰爲慰情?"公曰:"欲善行損,豈惜餘年?"如此累載,遂感天神化作一書生。謂公曰:"何不種菜?"答曰:"無菜種。"書生即以菜種與之。公掘地,便得白璧一雙,金錢一萬。書生後又見公曰:"何不求妻?"公遂其言,乃訪覓妻名家子女。即欲求問,皆咲（嘆）之曰:"汝能得白璧一雙,金錢一萬者,與公爲妻。"公果有之,遂成夫婦,生男女育,皆有令德,悉爲卿相。故書曰,積善餘慶,此之謂也。今北平（比）諸羊姓（羊斂）,並承公後也。

船橋本

羊公者,洛陽安里人也。兄弟六人,（屠害爲業弟六人屠完爲業）屠完爲業。六少郎,名羊公。殊有道心,不似諸兄。爰以北大路絕水之處,往還之徒,苦渴殊難。羊公見之,於其中路,建布施（施識）舍。汲水設漿,施於諸人。夏冬不緩,自荷忍苦。有人謀曰:"一生不幾,何弊身命?"公曰:"我老年無親,爲誰愛力。"累歲彌懃。夜有人聲曰:"何不種菜?"公曰:"無種子。"即與種子。公得種耕地,在地中白璧二枚,金錢一萬。又曰:"何不求妻?"公求要(來)之間,縣家女子送書。其書云:"妾爲公婦。"公許諾之。女即來之,爲夫婦。羊公有信,不惜(借)身力。忽蒙天感,自然富貴。積善餘慶,豈不謂之哉!

此故事應當是孝子傳中以"孝與天的關係"爲主題的古老故事,主要是説父母去世後孝子因盡孝而遇天感。而且,特別是對於羊公一度離開原籍,漂泊異鄉,因爲天感而在另一個地方成爲新的宗族始祖的記載,與"8 三州義士"有共通之處,值得關注。那麽,東漢武氏祠畫像石的羊公圖與兩《孝子傳》"42 羊公"的關係究竟如何?爲了明確兩者之間的具體關係,下面將嘗試追溯一下兩《孝子傳》羊公故事的源流。

管見所及,記載了羊公故事的文獻主要有以下書籍:

・《史記・貨殖列傳》

・《漢書・貨殖傳》(包括《文選・西京賦》及注、《白氏六帖》卷七 9、卷二四 2 等)

・二十卷本《搜神記》卷一一 285

・《抱朴子内篇・微旨》《抱朴子外篇・廣譬》

・《范通燕書》(《元和姓纂》卷五所引)

・《陽氏譜敘》(《水經注》卷一四所引)

・《水經注》卷一四鮑丘水注(《太平御覽》卷四五所引爲異文)

・漢無終山陽雍伯天祚玉田之碑(《東漢文紀》卷三二所引)

・《庾信集》卷二《道士步虚詞》十首之七

・《神異記》(敦煌本不知名類書甲所引)

- 梁元帝《孝德傳》(《太平廣記》卷二九二所引)
- 梁元帝《全德志序》(《藝文類聚》卷二一、《金樓子》卷五等所引)
- 陽瑾墓誌(仁壽元年[601]十一月二十九日。參見趙萬里《漢魏南北朝墓誌集釋·隋》,圖版407)
- 釋彥琮《通極論》(《廣弘明集》卷四所引)
- 《晋書·孝友傳序》
- 《白氏六帖》卷二 57、卷五 5
- 《玄怪記》(宛委山堂本《説郛》卷一一七所引)
- 《祥異記》(宛委山堂本《説郛》卷一一八所引)
- 《仙傳拾遺》(《太平廣記》卷四所引)
- 《續仙傳》(《玉芝堂談薈》卷一七所引)
- 《古今合璧事類備要續集》卷五六
- 《氏族大全》卷二、卷八
- 《韻府群玉》卷一、卷二、卷六、卷一九
- 兩《孝子傳》42
- 逸名《孝子傳》(《北堂書鈔》卷一四四,《藝文類聚》卷八二,敦煌本《新集文詞》卷九《經鈔》,《太平御覽》卷八六一、卷九七六,《廣博物志》卷三七,《編珠》卷四,《淵鑒類函》卷三九八等所引)
- 徐廣《孝子傳》10

最早提及羊公的文獻大概是《史記》及《漢書》。《史記·貨殖列傳》云：

販脂,辱處也,而雍伯千金。賣漿,小業也,而張氏千萬。(販賣油脂是低賤的行當,而雍伯靠它掙到了千金。賣水漿本是小本生意,而張氏靠它賺了一千萬錢[19]。)

《漢書·貨殖傳》云：

> 翁伯以販脂而傾縣邑，張氏以賣醬而踰侈。（翁伯以賣脂而成爲縣邑的首戶，張氏靠賣醬而變得生活奢侈[20]。）

這裏的雍伯（《史記》）、翁伯（《漢書》），被認爲就是羊公（瞿中溶《漢武梁祠畫像考》卷四）。但是，值得關注的是兩書均絲毫沒有提到羊公（武氏祠畫像石，兩《孝子傳》）。

被認爲與兩《孝子傳》羊公故事的記述有密切關係的應該是晋時干寶的《搜神記》了。那麼，讓我們看一下二十卷本《搜神記》卷一一285 的原文：

> 楊公伯雍，雒陽縣人也。本以僧賣爲業。性篤孝。父母亡，葬無終山，遂家焉。山高八十里，上無水，公汲水，作義漿於阪頭，行者皆飲之。三年，有一人就飲，以一斗石子與之，使至高平好地有石處種之，云："玉當生其中。"楊公未娶，又語云："汝後當得好婦。"語畢不見。乃種其石。數歲，時時往視，見玉子生石上，人莫知也。有徐氏者，右北平著姓，女甚有行，時人求，多不許。公乃試求徐氏。徐氏笑以爲狂，因戲云："得白璧一雙來，當聽爲婚。"公至所種玉田中，得白璧五雙以聘。徐氏大驚，遂以女妻公。天子聞而異之，拜爲大夫。乃於種玉處四角作大石柱，各一丈，中央一頃地，名曰玉田。

毫無疑問，上述《搜神記》與兩《孝子傳》有密切關係。不過，包括把武氏祠畫像石、兩《孝子傳》的羊公當作楊公伯雍這點在內，兩《孝子傳》和二十卷本《搜神記》之間還有不少微妙的不同。比如，陽明本所記載的羊公出生於"安里"、有"兄弟六人"，以及"天神"化作"一書生"出現在羊公面前，還有羊公不僅得到了璧，而且還得到"金錢一萬"，再有公的子孫都很有出息等內容，在《搜神記》中都沒有。相反，《搜神記》所描述的楊公將父母葬於"無終山"並移居於此、楊公所求婚的女子是"徐氏"的女兒、楊公被天子所召當了"大夫"以及"玉田"等情節，是陽明本（船橋本）中没有的。此外，還有羊公的業"屠完"（兩《孝子傳》）作"儈賣"（《搜神記》。儈，仲介），羊公的"菜種"（陽明本）作"一斗小石子"（《搜神記》）等，差異也很明顯。其中，《搜神記》提到了兩《孝子傳》所没有的"義漿"（義漿指無償供給人們的飲品）一詞，顯示了其與武氏祠畫像石榜題的關係，值得關注。不過，正如西野氏指出的那樣，"現存二十卷本《搜神記》很可能是由諸書所引殘文拼凑並加入了其它内容而成。不過，恐怕《搜神記》也不是完全亡佚，可能還殘存了一部分。於是，在殘存部分的基礎上，從類書等文獻中將有可能來源於《搜神記》的文章抽出編輯，並爲彌補不足而加入了其他書中的故事，還爲了使之與《晋書》本傳相符而編輯成二十卷，卷次看起來基本是模仿了《太平廣記》的篇目……編輯的時期不詳，應爲南宋以後……這應該是二十卷本《搜神記》的編輯過程。作爲其主要内容的故事……既然是出自唐宋類書，那麼通過二十卷本《搜神記》還能夠充分看出唐代《搜神記》通行本的面貌"[22]，那麼，關於二十卷本《搜神記》，就不能直接認定是晋時干寶所作。這一點也可以由二十卷本《搜神記》把羊公（兩《孝子傳》）作楊公伯雍，與後文將提到的各書所引《搜神記》存在顯著不同（其中，有和兩《孝子傳》一樣作羊公的[《太平御覽》卷八〇五所引等]）這一事例得到證明。引用了《搜神記》的文獻不勝枚舉，兹將其中主要的數種列舉如下：

- 《水經注》卷一四鮑丘水注
- 《藝文類聚》卷八三
- 敦煌本《類林》DX.6116
- 《初學記》卷八
- 《蒙求》503古注（《蒙求和歌》卷五）、準古注、新注

- 敦煌本《語對》卷二〇8
- 《太平御覽》卷四五、卷四七九、卷五一九、卷八〇五、卷八二八
- 《太平寰宇記》卷七〇
- 《事類賦》卷九
- 《類説》卷七
- 《紺珠集》卷七
- 《錦繡萬花谷前集》卷一八
- 《古今事文類聚續集》卷二六
- 《古今合璧事類備要前集》卷六一
- 《古今合璧事類備要外集》卷六二
- 《海録碎事》卷一五
- 《書言故事》卷一
- 《施注蘇詩》卷二一（徐鉉《搜神記》）
- 《山谷内集詩注》卷一
- 《山谷外集詩注》卷一
- 《韻府群玉》卷一九
- 《唐音》卷四
- 《山堂肆考》卷一六
- 《編珠》卷三
- 《淵鑒類函》卷二四六、卷三一一、卷三三五、卷三六三
- 《幼學指南鈔》卷二三

與《搜神記》同樣成書於晉代的葛洪《抱朴子》中也有兩處關於羊公的記載。《抱朴子内篇・微旨》云：

> 羊公積德布施，詣乎皓首，乃受天墜之金。

《抱朴子外篇・廣譬》云：

> 羊公積行，黄髪不倦，而乃墜金雨集。（膺）

以上兩則材料都以羊公爲主人公，講了羊公直到老年（皓首、黄髪都是年老的意思）都在積累善行、天賜予"金"而非璧的故事。另外，《抱朴子内篇·微旨》用"布施"一詞來描述羊公的行爲，值得關注。

《元和姓纂》卷五所引的《范通燕書》的記述很有意思（《范通燕書》，不詳，或是"范享燕書"）。内容如下：

> 周末陽翁伯適北燕，遂家無終。秦置右北平，因爲郡人。漢有陽雍，於無終山立義漿，有人遺白石，令種之，生玉，因號玉田陽氏。見《范通燕書》。

根據上述記載，陽翁伯是周末人，陽雍是漢時人，都移居到了無終山（在河北玉田），但二者不是同一個人。並且，所謂的種玉故事講的是漢代陽雍的事情。與《范通燕書》記載相同的有《水經注》卷一四鮑丘水注所引的《陽氏譜敍》（鮑丘水指白河，發源於原察哈爾省赤城縣[今屬河北]）。内容如下：

> 《陽氏譜敍》言：翁伯，是周景王之孫，食采陽樊。春秋之末，爰宅無終。因陽樊而易氏焉。愛人博施，天祚玉田。其碑文云：居於縣北六十里翁同之山，後潞徙於西山之下，陽公又遷居焉。而受玉田之賜，情不好寶，玉田自去。今猶謂之爲玉田陽。

根據《陽氏譜敍》，翁伯是周景王（治，前544—前521）的孫子，春秋末（公元前五世紀末前後）移住無終山，知陽樊（今河北玉田），因此改姓爲陽。此外，根據其碑文，翁伯（陽翁伯）住在翁同山（即無終山。《太平寰宇記》卷七〇："無終山，一名翁同山。"），後來陽公也移居於此，此陽公應是《范通燕書》所説的漢時的陽雍。所以，

《水經注》所説的陽翁伯與陽公應當是不同的人[23]。《水經注》云：

> 無終山……山有陽翁伯玉田，在縣西北有陽公壇社，即陽公之故居也。

只是，在《陽氏譜敍》中，把種玉故事歸屬於翁伯，這與《范通燕書》相反。並且記載陽公"情不好寶，玉田自去"。另外，《太平御覽》卷四五所載《水經注》提到的翁伯故事（今本不見）與《范通燕書》非常相似，而種玉故事則變成罕見的傳説，與後來的《仙傳拾遺》有相通的一面。《太平御覽》卷四五所載《水經注》云：

> 又水經云：翁伯，周末避亂，適無終山。山前有泉，水甚清。夏嘗澡浴，得玉藻架一雙於泉側。

之後的《庾信集》卷二《道士步虛詞十首》之七云：

> 龍山種玉榮。

《庾開府集箋注》卷三等注文多引用《搜神記》中的這個種玉故事來解釋此句。

將視綫轉向南朝，現存有《神異記》（或是《玉孚神異記》）、梁元帝《孝德傳》等與兩《孝子傳》、特別是與陽明本有密切關係的資料，不過，關於梁元帝《孝德傳》等文獻，後文再討論，這裏先接著梳理以隋唐時期爲中心的羊公故事的脈絡。《廣弘明集》卷四所引釋彦琮《通曲論》：

> 羊公白玉。

同樣，《晉書·孝友傳序》：

> 陽雍標蒔玉之祉。

以上兩句有很大可能性是依據了某種孝子傳。此外，《白氏六帖》卷二 57：

> 種（陽雍伯種石生玉）。

同書卷五 5：

義漿得玉（雍伯）。

唐徐鉉《玄怪記》（宛委山堂本《説郛》卷一一七所收）記載有羊公故事，内容如下：

陽雍伯嘗設義漿，以給行旅。一日有行人，飲訖，懷中出石子一升，與之曰："種此，可生美玉並得好婦。"如其言，種之。有徐氏女，極美。試求之，徐公曰："得白璧一雙，即可。"乃於所種處得璧。遂妻之。

闕名《祥異記》（不詳。宛委山堂本《説郛》卷一一八所收）中也載有如下羊公故事：

陽雍伯嘗設義漿，以給行旅。一日有人飲訖，懷中取石子一升，與之曰："種此，可生美玉並得好婦。"

以上兩種都可視爲《搜神記》譜系的文本。

《太平廣記》卷四所引《仙傳拾遺》（或是前蜀杜光庭所作）的逸文，同樣屬於《搜神記》譜系，但是神仙色彩就更濃了。其内容如下：

陽翁伯者，盧龍人也。事親以孝。葬父母於無終山。山高八十里，其上無水。翁伯廬於墓側，晝夜號慟。神明感之，出泉於其墓側。因引水就官道，以濟行人。嘗有飲馬者，以白石一升與之。令翁伯種之，當生美玉。果生白璧，長二尺者數雙。一日，忽有青童乘虛而至。引翁伯至海上仙山，謁群仙。曰："此種玉陽翁伯也。"一仙人曰："汝以孝於親，神真所感。昔以玉種與之，汝果能種之。汝當夫婦俱仙，今此宮即汝他日所居也。天帝將巡省於此，開禮玉十班，汝可致之。"言訖，使仙童與俱還。翁伯以禮玉十班，以授仙童。北平徐氏有女，翁伯欲求婚。徐氏謂媒者曰："得白璧一雙可矣。"翁伯以白璧五雙，遂婿徐氏。數年,雲龍下迎,夫婦俱升天。今謂其所居爲玉田坊。翁伯仙去後,子孫立大石柱於田中,以紀其事。出《仙傳拾遺》。

引人關注的是,在上文《太平廣記》所引《仙傳拾遺》中陽翁伯爲盧龍(今河北盧龍)人,前文已提到,《仙傳拾遺》的種玉故事與《太平御覽》卷四五所引《水經注》有相通之處(也有將陽翁伯作楊雍伯[《錦繡萬花谷前集》卷一八所引],只是出處是《太平廣記》)。假如陽翁伯不是出生在洛陽(《搜神記》等),而是出生在盧龍的話,那麼這個陽翁伯與《搜神記》的楊公伯雍就不是同一個人(如王世貞《弇州四部稿》卷一六二、《宛委餘編》卷七等有"種玉得妻之陽,前有洛陽雍伯,後有盧龍翁伯")。

與《仙傳拾遺》相似的有《玉芝堂談薈》卷一七所引的《續仙傳》。其内容如下:

《續仙傳》,盧龍陽翁伯引水,以濟行人。有人遺以白石一升。種之,生美玉。後以白璧五雙,婚於北平徐氏。數年,雲車下迎,夫婦俱升天。

《續仙傳》被認爲是南唐沈汾所撰,但是《道藏》所收(三卷本)及《舊小說》所收的(一卷本)《續仙傳》中均未見上述内容[24]。

三

《太平廣記》卷二九二所引梁元帝《孝德傳》逸文,是思考兩《孝子傳》、特別是陽明本《孝子傳》的羊公故事如何形成時不容忽視的重要資料之一。下面,討論一下陽明本《孝子傳》與梁元帝《孝德傳》的關係。梁元帝《孝德傳》原文如下:

魏陽雍,河南洛陽人。兄弟六人,以傭賣爲業。公少修孝敬,繞於遐邇。父母殁,葬禮畢,長慕追思。不勝心目,乃賣田宅。北徙絶水漿處,大道峻阪下爲居。晨夜輦水,將給行旅。兼補履屩,不受其直。如是累年不懈。天神化爲書生,問曰:"何故不種菜以給?"答曰:"無種。"乃與之數升。公大喜,種之。其本化爲白璧,餘爲錢。書生復曰:"何不求婦?"答曰:"年老,無肯者。"書生曰:"求名家女,必得之。"有徐氏,右北平著姓。女有名行,多求不許。乃試求之。徐氏笑之,以爲狂僻。然聞其好善,戲答媒曰:"得白璧一雙錢百萬者,與婚。"公即俱送。徐氏大愕,遂以妻之。生十男。皆令德俊異,位至卿相。今右北平諸陽,其後也。出《孝德傳》。

在梁元帝另一文章,即《全德志序》(《藝文類聚》卷二一、《金樓子》卷五等所引)中也有涉及本故事的如下文字:

陽雍雙璧,理歸玄(元)感。

關於陽明本《孝子傳》與梁元帝《孝德傳》的關係,西野貞治氏曾有過如下論述([一]至[四]序號爲本文筆者所添加):

(一)在此《孝子傳》和《孝德傳》中,同樣有關於兄弟六人、天神化作書生、孩子都當上了卿相、現今的北平仍有爲官的家系存續等描述,而且在表達方式上,《孝子傳》與《孝德傳》有諸多非常相似之處,如《孝子傳》有"公少好學,修於善行,孝義聞於遠近",《孝德傳》則爲"公修孝敬,達於遐邇",讓人懷疑或許《孝子傳》就是將《孝德傳》改寫成了更加平實易懂的讀物。(二)那麽,爲什麽在《孝子傳》中是羊公,而在《孝德傳》中是陽雍呢?自古以來,羊字除了與"陽"字相通之外,通"楊"的用例也很多……在這個故事中"羊公"正確的寫法確實應當是"陽公"。而且從史傳中可以清楚地知道,北平的陽氏是幾代輔佐北朝的漢族名門,對南朝的元帝來講毫無疑問就是敵人。因此,可以推測應當是把對陽氏始祖陽公雍伯的尊稱"公""伯"等字詞刪除了,最終成爲"陽雍"這一稱謂。(三)但是,如果仔細對比《孝子傳》和《孝德傳》,可以發現有許多不同之處。比如,《孝德傳》載其家業爲營賣,多少繼承了《搜神記》的儈賣,而《孝子傳》則作以屠肉爲業。(四)還有,《孝德傳》中是將水漿給行人,《孝子傳》則是用了"布施"一詞。以及,此《孝子傳》添加了一段人們勸諫羊公布施是沒有意義的行爲這樣的對話。布施是表示施予他人財物意思的佛教用語,那麼就很容易理解這一改變帶有佛教方面的意義。……基於此《孝子傳》承襲了成立於六朝末期的北朝《孝子傳》的形態、此羊公故事是作爲北朝頗具名望的始祖傳說而在北朝廣泛流傳、受福田思想影響的社會事業在北魏非常盛行……羊公之名變成翁伯是始於北朝等因素,可以斷定此故事應當是在《孝德傳》乃至《孝德傳》所傳承的文獻的基礎上,吸收了佛教福田思想的影響,或者是吸納了《漢書》翁伯的因素改編而成的。

下面,擬就西野氏關於陽明本的論述從以下四個方面作進一步分析:(一)陽明本《孝子傳》與梁元帝《孝德傳》的關聯;(二)"羊公"的書寫;(三)羊公的家業;(四)關於"布施"一詞。

按照(一)至(四)的順序,依次進行討論。

(一)關於陽明本《孝子傳》與梁元帝《孝德傳》的關係,西野氏的觀點非常重要,特別是他認爲"此《孝子傳》和《孝德傳》中,同樣有關於兄弟六人"等描述,以及"在表達方式上……有諸多非常相似之處"的觀點不容忽視,有必要加以慎重的考察和分析。正如西野氏指出的那樣，陽明本《孝子傳》與梁元帝《孝德傳》從開頭到結尾基本逐句對應，如開頭：

- 羊公者洛陽安里人也。兄弟六人，家以屠沽爲業。公少好學，修於善行，孝義聞於遠近。父母終没，葬送禮畢，哀慕無及。

（陽明本）

- 魏陽雍，河南洛陽人。兄弟六人，以傭賣爲業。公少修孝敬，繞於返邇。父母殁，葬禮畢，長慕追思。

（梁元帝《孝德傳》）

結尾：

- 遂成夫婦，生男女育。皆有令德，悉爲卿相……今北平（比）諸羊姓，並承公後也。（羊歟）

（陽明本）

- 遂以妻之。生十男。皆令德俊異，位至卿相。今右北平諸陽，其後也。

（梁元帝《孝德傳》）

　　除了西野氏所指出的部分，兩書中還有天神化身書生兩次造訪於公（"書生。謂公曰……書生後又見公曰"[陽明本]、"書生，問曰……書生復曰"[梁元帝《孝德傳》]）等在兩書之外見不到的情節，如果要説陽明本《孝子傳》與梁元帝《孝德傳》没有關係，那是完全不可能的。甚至可以説，兩書間存在直接關聯的可能性很高。那麽，關於兩書的關聯，雖然西野氏提出"或許《孝子傳》就是將《孝德傳》改寫成了更加平實易懂的讀物"，並且陽明本的"此故事應當是在《孝德傳》乃至《孝德傳》所傳承的文獻的基礎上，……改編而成的"，但是，無論如何也很難推斷出陽明本中"羊公"的名字是出自梁元帝《孝德傳》的"魏陽雍"（《全德志序》作"陽雍"）。此外，如下面將要提到的那樣,東漢武氏祠畫像石榜題中也有"羊公"一詞,陽明本的羊公似乎更多保留了本故事的原型,所以與西野氏的結論相反,説梁元帝《孝德傳》取材自陽明本或者陽明本一脉的文獻更爲合理。

（二）關於"羊公"的書寫,首先需要確認的是自《史記》作雍伯、《漢書》作翁伯起,就存在多樣性。如下所示,各種不同的表述大概有近二十種（括號内爲主要出處）：

- 雍伯（《史記·貨殖列傳》）
- 翁伯（《漢書·貨殖傳》）

- 陽公雍伯（《搜神記》[《太平御覽》卷五一九、《書言故事》卷一、《唐音》卷四等所引]）
- 楊公雍伯（《搜神記》[敦煌本《類林》DX.6116、《古今合璧事類備要前集》卷六一、《淵鑒類函》卷三一一等所引]）
- 楊公伯雍（二十卷本《搜神記》卷一一）
- 羊公雍伯（《搜神記》[《藝文類聚》卷八三,《太平御覽》卷四七九、卷八〇五等所引]）、《古今合璧事類備要續集》卷五六）

- 陽雍伯（漢無終山陽雍伯天祚玉田之碑,《搜神記》[《太平寰宇記》卷七〇、《類説》卷七、《紺珠集》卷七等所引]）,《白氏六帖》卷二等）
- 陽翁伯（《范通燕書》[《元和姓纂》卷五所引]、《水經注》卷一四鮑丘水注、《仙傳拾遺》[《太平廣記》卷四等所引]）等）

- 楊雍伯(《搜神記》[《錦繡萬花谷前集》卷一八、《淵鑒類函》二四六所引])
- 楊伯雍(《搜神記》[《初學記》卷八、《編珠》卷三、《淵鑒類函》卷三三五所引])
- 羊雍伯(《神仙傳》[《唐詩鼓吹》卷六所引]、《韻府群玉》卷一九)
- 洛陽公(逸名《孝子傳》[《北堂書鈔》卷一四四、《藝文類聚》卷八二、《廣博物志》卷三七等所引])

- 陽雍(《范通燕書》[《元和姓纂》卷五所引]、梁元帝《孝德傳》[《太平廣記》卷二九二所引]、梁元帝《全德志序》[《藝文類聚》卷二一等所引]等)
- 楊雍(《神異記》[敦煌本不知名類書甲所引]、逸名《孝子傳》[敦煌本《新集文詞》卷九經鈔所引])
- 陽翁(《搜神記》[《太平御覽》卷四五所引])
- 伯雍(《搜神記》[《初學記》卷八、《淵鑒類函》卷三三五所引])
- 陽公(《搜神記》[《太平御覽》卷五一九、《蒙求》503 古注、敦煌本《語對》卷二〇8之 P.2524 等所引]、《陽氏譜敘》[《水經注》卷一四鮑丘水注所引]、逸名《孝子傳》[《太平御覽》卷八六一等所引])等)
- 楊公(二十卷本《搜神記》卷一一,《搜神記》[敦煌本《類林》DX.6116、敦煌本《語對》卷二〇8之 S.78、《古今合璧事類備要前集》卷六一等所引]、《漢書》[《類林雜說》卷七等所引])等)
- 羊公(《搜神記》[《太平御覽》卷八〇五、《事類賦》卷九、

《幼學指南鈔》卷二三等所引］,《抱朴子內篇·微旨》,《抱朴子外篇·廣譬》,兩《孝子傳》等)

關於陽明本中"羊公"的寫法,西野氏的結論——"這個故事中'羊公'正確的寫法確實應當是'陽公'"[26]——究竟是不是正確的呢？這並不是一個簡單的問題。比如,關於可以認爲是羊公故事最早記載的《史記》中的雍伯、《漢書》中的翁伯,與羊公到底是不是同一個人這個問題,較早有清瞿中溶在《漢武梁祠畫像考》卷四中指出：

今雍伯之姓,石刻、《藝文類聚》(所引《搜神記》)皆作"羊",《搜神記》作"楊",而《水經注》又作"陽"。可知羊楊陽三姓實同出一原……《史記》作雍伯,《漢書》作翁伯,正與此楊雍伯同。

但是,關於雍伯(《史記》)、翁伯(《漢書》)等姓氏事實上還不是很清楚(也有雍、翁等姓氏［《元和姓纂》卷一等］)。羊公的姓變爲陽(楊)被認爲是六朝以後的事,但是前面講過,出現較早的二十卷本《搜神記》的文本是有疑問的。因此,"楊公伯雍"(二十卷本《搜神記》)的表述也很難説是《搜神記》本來的表述,事實上現在各書所引用的《搜神記》中,其表述有"羊公雍伯"(《藝文類聚》卷八三等所引)、"羊公"(《太平御覽》卷八〇五等所引)等異文的存在。到了六朝時期,出現了把《史記》《漢書》的雍伯、翁伯與陽氏聯繫起來的各種説法,有的把陽翁伯與陽雍(陽公)視爲不同的人(《范通燕書》《陽氏譜敘》《水經注》),有的把種玉故事安在陽翁伯(《陽氏譜敘》《水經注》)或陽雍(《范通燕書》)身上,另外如前文所述,出現了關於種玉故事的奇異傳説(《太平御覽》卷四五所引《水經注》),並發展爲後來的《仙傳拾遺》。那麼,追溯到六朝以前,管見所及,沒有發現將陽氏與本故事聯繫起來的文獻。但是,"羊公"這一表述,可見於與《搜神記》同時代的晉時葛洪《抱朴子》內篇、外篇,而且也見於東漢武氏祠畫像石,即能追溯到漢代。因此,筆者不贊成西野氏所說的"這個故事中'羊公'正確的寫法確實應當是'陽公'",筆者認爲毋寧說"羊公"這一表述反而更加可能保留了原本的形態(似乎很早就有"羊氏家傳"[《姓解》卷一所引],可惜的是沒有傳下來)。此外,西野氏講到"而且從史傳中可以清楚地知道,北平的陽氏是幾代輔佐北朝的漢族名門,對南朝的元帝來講毫無疑問就是敵人。因此,可以推測應當是把對陽氏始祖陽公雍伯的尊稱'公''伯'等字詞删除了,最終成爲'陽雍'這一稱謂"。關於梁元帝《孝德傳》"魏陽雍"這一表述(《全德志序》中有"陽雍",所以認爲梁元帝把本故事視爲陽雍故事是沒有錯誤的。梁元帝或是把陽雍當作三國時代魏國的人物了),應當如西野氏指出的那樣,是對陽明本的羊公、或者後文將要提到的逸名《孝子傳》中的"洛(北平)陽公"(《藝文類聚》卷八二所引,《太平御覽》卷九七六作"洛北平陽公")、"洛陽陽公"(《太平御覽》卷八四一所引)等進行修改而形成的。

　　西野氏通過"仔細對比《孝子傳》和《孝德傳》",從兩書中"發現"了"許多不同之處",所列舉的有(三)羊公的家業和(四)"布施"一詞。西野氏指出,"《孝德傳》載其家業爲營賣,多少繼承了《搜神記》的儈賣,而《孝子傳》則作以屠肉爲業",這裏先分析(三)羊公家業問題。針對關於羊公的家業有多種記載,西野氏在關於羊公的討論接近尾聲時又指出,陽明本是用"以屠宰爲業"替換了《孝德傳》的"營賣",是對《孝子傳》"添加"的"改編":

　　　　《類林雜説》(《報恩篇》四十二)載有稱爲漢書的通俗
　　　讀物,其中的羊公故事和本《孝子傳》中作屠肉不同,其作
　　　賣繪。這或許是因爲《搜神記》(《太平御覽》卷四七九)中

"儈賣"的"儈"與"鱠"同音而引起的誤用,但是"鱠"是"膾"的通用字(《干祿字書》),指細切的肉,所以賣鱠與屠肉並不是差別很大的職業,也可以考慮此《孝子傳》中的描述是由此而來。關於職業變化爲屠肉,作爲更加接近的路徑,值得關注的有《史記·貨殖列傳》"販脂辱處也,而雍伯千金,賣漿小業也,而張氏千萬",《漢書》"翁伯以販脂而傾縣邑,張氏以賣醬而踰侈"。也就是説,《史記》《漢書》和此羊公故事的共同之處是雍伯變成了翁伯,此外《史記》《漢書》將賣漿之事安在了另一個叫張氏的人身上。瞿中溶也著眼於此,認爲《史記》《漢書》所記載的就是羊公,其不同之處是由於基於不同的傳説內容(上引瞿中溶書卷四)。這雖然只是一種推論,但是對於我們思考故事的發展仍有啓發意义。

這裏暫且不談把陽明本看作是由《孝德傳》改編而來一事,西野氏關於羊公家業的觀點,總體上是應當接受的。經過梳理,將文獻中可見的羊公家業情況匯總如下:(甲)販脂(賣油。《史記》《漢書》);(乙)儈賣(仲買。《搜神記》);(丙)傭賣(賣身。梁元帝《孝德傳》);(丁)屠肉(屠宰。兩《孝子傳》);(戊)賣鱠(賣肉。《類林雜説》所引"漢書")。也有不少文章没有寫明羊公家業。

先對(戊)做簡單的説明。金代王朋壽《類林雜説》被認爲是重新編纂了唐代于立政《類林》(已散逸)而成,其卷七《報恩篇》四十二中有前述羊公故事並注有"出漢書"[27]。現録其原文如下(據嘉業堂叢書本,參考了陸氏十萬卷樓本影金寫本):

楊公(字雍伯,洛陽人。少時賣鱠爲業。父母亡,葬於[無]終山。山高八十里,伯於坡頭,致義漿。經三年,忽有人就伯飲。飲訖,出懷中石子,與之。謂伯曰:"種此石,當得玉。君必富,又得好婦。"語訖而去。伯如其言,經二年。伯往所種地,看地中有玉子生。北平徐氏有好(致)女,未嫁。伯試求之。徐氏笑曰:"但得玉一雙,與子爲婚。"伯於是於田中得美玉一雙,與徐氏。徐氏大驚,遂以女妻之。出漢書)

關於這段文字末尾的"漢書",西野氏的說法是"稱爲漢書的通俗讀物"[28],其實,這裏的"漢書"似乎指的就是《搜神記》。敦煌本《類林》DX.6116中有與上述"漢書"非常相似的記述,注有"出《搜神記》"。敦煌本《類林》原文如下:

楊公,字雍伯,洛陽人。父母終,葬於無終山。高□(八)十里,公於阪頭置義漿,以給行人。經三年,有一人就公飲。飲訖,出懷中石子一升,與之。謂公曰:"種此石,當(出出)生玉。又富貴,並得好婦。"語訖即去。公種之一年,往看地有玉狀。北平徐公大富。有女未嫁。陽公故往求之。徐氏笑曰:"卿得璧玉一□(雙),可與爲婚。"陽公於是至田,取得白璧一雙,以遺之。徐公大驚,遂以女妻陽公。北平陽,即其□□。□漢人。出《搜神記》。(後也)(後)

可以認爲《類林雜説》的"楊公"條目是以如敦煌本《類林》等爲出處的,因此其所謂的"漢書"應當指的就是《搜神記》的某一版本。也就是說《搜神記》中除了作(乙)"儈賣"(二十卷本等),還存在作(戊)"賣鱠"的(只是敦煌本《類林》中未見。另外,西夏本《類林》卷七《報恩篇》三十五"楊公"["此事漢書中説"]條作"賣魚鱠"[29]。敦煌本《語對》卷二〇8之乙卷S.78所引《搜神記》作"鱠賣")。

關於兩《孝子傳》中羊公的家業爲(丁)屠肉,如西野氏指出那樣,很可能與繼承了《搜神記》某一版本的《類林雜説》中的(戊)賣鱠比較接近（鱠即膾，指細切的生肉。都是肉鋪的意思。但是，西夏本《類林》中的"賣魚鱠"則是魚鋪）。這一點當然也與《史記》《漢書》中的（甲）販脂（賣油）是相通的（脂指獸的油）。而梁元帝《孝德傳》中的（丙）傭賣（傭賣即賣傭，應當是出賣勞動力的意思。也可將"傭賣"看作"儈賣"的誤寫）、《搜神記》中的（甲）儈賣（中介。敦煌本《語對》S.78中的"繪賣"或是其訛傳）與"屠肉"等之間的差別就比較大了。其中，西野氏在羊公論的結尾處，基於"羊公之名變成翁伯是始於北朝"（參考上引《陽氏譜敘》等），提出陽明本"吸納了《漢書》翁伯的因素"，把"傭賣"（梁元帝《孝德傳》）改寫爲"屠肉"，這與西野氏認爲陽明本"承襲了成立於六朝末期的北朝《孝子傳》的形態"這一重要觀點相關，但是，考慮到陽明本有可能是南朝時形成的（梁元帝《孝德傳》等），筆者無法同意這一觀點。關於羊公的家業，從漢代直到六朝，形成了"販脂——屠肉——賣鱠（賣魚鱠）"的變遷脉絡，也衍生出儈賣、傭賣等多種說法。

四

作爲陽明本《孝子傳》與梁元帝《孝德傳》的第二個"不同之處"，西野氏指出陽明本中的（四）布施一詞，認爲"《孝德傳》中是將水漿給行人，《孝子傳》則是用了'布施'……布施是表示施予他人財物意思的佛教用語，那麼就很容易理解這一改變帶有佛教方面的意義"。西野氏還援引了在佛教史上首次闡明了福田意義的常盤大定氏之不朽論考《佛教的福田思想》[30]，繼續談道：

> 那麼，把羊公的慈善之行看作是布施時，說他以屠宰爲業的原因也就不言自明。隨著六朝末期佛教的盛行，南朝和北朝都有極其嚴格的戒律，從事需要殺生的屠宰、

狩獵等行業被看作是一種罪惡,這一點從見於《廣弘明集·慈濟篇》的沈約《究竟慈悲論》、周顒《與何胤論止殺書》、梁武帝《斷殺絶宗廟犧牲詔》《斷酒肉文》、顔之推《誡殺家訓》等篇中都可以觀察到。而且,在這一時期用屠宰業來代替營賣業,更像是要藉此説明即使是從事像屠宰那樣罪業深重的行業,一旦發心布施,積累善行,所施之物也會在不久的將來成爲福田,布施者會得到無上之福。所謂福田,就是以種田的收穫來比喻供養能使自己在未來得到福分。佛教中所謂的福田原本是在脱離俗世的、值得被施予的聖賢身上才會出現的,之後範圍逐漸變廣,直接將所施之物稱爲福田(常盤大定《佛教的福田思想》,收入《續支那佛教研究》12,春秋社,1941年)。關於什麽是福田,東晋佛陀跋陀羅譯《摩訶僧祇律》卷四列舉了能夠"功德日夜增,常生天人中"的四條人法,其中第一條是曠路作好井,第二條是種植園果施,而羊公的施義漿行爲符合第一條,種菜符合第二條,因此羊公擁有了生於天人中的福德,這一點通過被賜予玉田、娶到好妻子而得到通俗化的解釋……至於屠宰業者,則有劉胡兄弟的故事,佛教教義將其作爲從事惡業的人爲了贖罪而行布施的例子,故事講的是準備殺猪時,猪忽然哀求饒命,聽到聲音的鄰居等以爲是兄弟打架,前來一看發現是猪,因爲這樣的奇迹,他們發心將房屋改成寺院,從而全家入道(《洛陽伽藍記》卷二)。因布施而得到大福報的例子則有慧達的故事,即慧達年輕時喜歡狩獵,一次假死時見到地獄的苦報,從而發心出家勤於福業,結果從皇帝所建的三層塔下面發現了阿育王塔(《高僧傳》卷一三)。由這些例子可見，羊公的故事在這樣的時代很容易被改編成孝子傳那樣的內容。

又，西野氏認爲陽明本中的布施是"受到佛教福田思想的影響"，並因此得出了陽明本是由梁元帝《孝德傳》"改編"而來的結論。最後，讓我們分析一下西野氏圍繞布施的討論。西野氏講到，將陽明本中的"北方大道，路絶水漿，人往來恒苦渴之。公乃於道中造舍，提水設漿，布施行士。如此積有年載"與梁元帝《孝德傳》的"不勝心目，乃賣田宅。北徙絶水漿處，大道峻阪下爲居。晨夜輦水，將給行旅。兼補履屩，不受其直。如是累年不懈"相比較，可以認爲陽明本把梁元帝《孝德傳》的"將給行旅"改成了"布施行士"。雖然陽明本沒有梁元帝《孝德傳》中羊公賣掉了土地和家宅（陽明本在後文有"家業粗足"一說，可以推斷羊公應是一位財產富足的人，這點值得關注）以及無償修補履屩（草鞋）（《太平御覽》卷九七六等所引逸名《孝子傳》中有"補履屩，不取其直"，《太平御覽》卷五一九所引《搜神記》中有"常爲人補履，終不取價"）的情節，二者存在一些不同之處，但是，總體上可以説記載了基本相同的內容。那麼，陽明本特地使用佛教用語"布施"，到底是不是對梁元帝《孝德傳》"將給行旅"的改編呢？有明顯的證據讓我們否定這種看法，那就是前文提到過的晉葛洪所撰《抱朴子》。如前所述，《抱朴子》中有兩處提到了羊公，一是《抱朴子內篇・微旨》：

羊公積德布施，詣乎皓首，乃受天墜之金。

一是《抱朴子外篇・廣譬》：

羊公積行，黃髮不倦，而乃墜金雨集。
（翕）

説的都是由於羊公一直到老年都在積善，上天降金以報，特別是《抱朴子內篇・微旨》的"羊公積德布施"，説明在羊公故事中使用布施一詞可以追溯到晉代以前，這一點值得重視。布施原本是漢語（給人物品的意思。《墨子》卷九、《莊子雜篇·外物》、《荀子》卷二〇、《韓非子》卷一九等均有用例），後來作爲佛教用語而廣爲使用。就像下面將要講到的那樣，佛教布施的福田思想的普及是在六朝末期，從《抱朴子》及其原始依據的關係來看，《抱朴子》中"布施"一詞，不能視爲佛教用語[31]。而且，把陽明本的"布施行士"看作與《抱朴子》的"積德布施"是同一流傳，或者比其更晚且由改編梁元帝《孝德傳》而來，是很牽強的。下面，我們來具體分析一下。

關於陽明本中羊公的家業作"屠肉（完）"，西野氏寫道，"隨著六朝末期佛教的盛行……用屠宰業來代替營賣業，更像是要藉此說明即使是從事像屠宰那樣罪業深重的行業，一旦發心布施，積累善行，所施之物也會在不久的將來成爲福田，布施者會得到無上之福"，把以布施爲代表的福田思想視爲陽明本將傭賣（梁元帝《孝德傳》）改爲屠肉的依據。關於福田思想與陽明本的具體關係，西野氏還提到：

> 關於什麼是福田，東晉佛陀跋陀羅譯《摩訶僧祇律》卷四列舉了能夠"功德日夜增，常生天人中"的四條人法，其中第一條是曠路作好井，第二條是種植園果施，而羊公的施義漿行爲符合第一條，種菜符合第二條，因此羊公擁有了生於天人中的福德，這一點通過被賜予玉田、娶到好妻子而得到通俗化的解釋。

但是，首先，並不能說《摩訶僧祇律》的"曠路作好井"就"符合""羊公的施義漿行爲"。比如，陽明本的"提水設漿"、梁元帝《孝德傳》的"輦水、漿給"、《搜神記》的"汲水、作義漿"等，描述的都是同樣的事情，也就是羊公運來水、施予人，這與所謂的曠路好井，即挖義井是不同的（如果一定要舉意思相近的內容，常盤氏指出的"施食與漿"[宋《高僧傳》卷二九]或屬於此）。特別是，《搜神記》中的

"義漿"是一個比較罕見的詞,應當是晉代的用語,另外,義漿一詞在東漢武氏祠畫像石榜題中也有出現,因此其含義可以追溯到漢代,那麼不得不承認羊公故事中的義漿是與晉代在譯經活動影响下成立的福田思想(由常盤氏論文可知,最早的義井的例子是天監十五年[516]的梁天監井)以及佛教無關的行爲。常盤氏指出,"但是,盛行於中國的儒教把仁義視爲人生經綸之根本意義,即使不基於佛教的福田思想,也應該有各種基於義的設施,義穀、義倉、義田、義莊等即是",舉例來說,"關於義穀……這就很難認爲是受佛教的影響而產生的","關於義倉……也沒有必要非說這是福田思想","義田、義莊……也不一定非要安到佛教的福田思想上"[32],可見義漿是此中一例。其次,關於"羊公種菜"符合《摩訶僧祇律》第二條"種植園果施"這個問題,一個說的是種水果,一個說的是種蔬菜,嚴格來說是不一樣的(《搜神記》說的是種石頭)。梁元帝《孝德傳》中,書生說的是"何故不種菜以給",似乎還向行人提供了蔬菜,但是根據西夏本《類林》的"菜漿飲水(菜汁水)"[33],這裏的菜似乎是做湯的材料。再次,關於西野氏講到的"因此羊公擁有了生於天人中的福德,這一點通過被賜予玉田、娶到好妻子而得到通俗化的解釋",在陽明本、梁元帝《孝德傳》、《搜神記》等文中基本一樣,因而,把《搜神記》的"被賜予玉田、娶到好妻子"的故事視爲福田思想影響的結果,也是比較牽強的。常盤氏指出,"福田思想……在中國得以實現,或許是從佛教流傳初期開始的事情,但是,確實有文獻記載的則始於齊梁時代的義井、義橋、施藥、福德舍、無盡藏等"[34],這一觀點值得關注。因此,可以得出結論,陽明本以及梁元帝《孝德傳》的羊公故事並沒有受到福田思想的影響。

那麼,讓我們來看西野氏指出的陽明本與梁元帝《孝德傳》的第三個"不同之處",即:

以及，此《孝子傳》添加了一段人們勸諫羊公，說布施行爲沒有意義和羊公與之對答的內容。

也就是只見於陽明本的：

人多諫公曰："公年既衰老，家業粗足，何故自苦？一旦損命，誰爲慰情？"公曰："欲善行損，豈惜餘年？"如此累載。

對此，西野氏認爲：

如此，作爲受佛教影響很深的故事來看，前面提到的只見於《孝子傳》的添加內容也可以看作是受佛典的影響。"公年既衰老，家業粗足，何故自苦，一旦損命，誰爲慰情"一段，應是從慈父長者懷念離家出走孩子的"自念老朽多有財物，金銀珍寶倉庫盈溢，無有子息，一旦終没，財物散失，無所委付"（《妙法蓮華經·信解品第四》）處得到了啓發，而羊公回答的"豈惜餘年"恐怕也是化用了《法華經》中的"不惜身命"，即爲了佛法而不惜自己的身命這一佛教經典的詞語。假如其前一句的"欲善行損"的善是基於佛典中的修善業的概念，那就意味著死後會得到重生於天上的果報，所以從這一回答中也可窺見福田思想。

關於這部分內容，雖然不清楚到底是陽明本添加的，還是梁元帝《孝德傳》省略了，但是沒有必要非得看作是《法華經》的影響。而關於成書更晚的船橋本[35]，筆者則贊成西野氏的觀點。西野氏指出：

而且，關於羊公這一條，前面已經指出陽明本中有布施一詞，故其是深受佛典影響，那麽到了清家本，這一傾向就更加明顯了。陽明本中有"公少好學修於善行"，清家本則作"六少郎名羊公，殊有道心"，道心是佛教用語，表示欲修佛道之心。稍後的"公曰,無種子,即與種子"的"種子"陽明本作"種",這裏表達的是色身諸法轉換産生無限自果的功能,"種"是簡稱。另外,已經講過"羊公有信,不borrow身力"在陽明本中作"公曰,欲善行捐,豈惜餘年",陽明本中的句子也有不惜身命的意思,清家本把"命"換作"力",恐怕是爲了和上一句羊公有信的"信"配對,想要表達佛教用語"五力"之一的"信力"。作爲其不是身命的誤筆的旁證,可以舉曹娥條目中"女人悲父,不惜身命"句爲例,這一表述是正確的。

（惜）字在"不借身力"之借上方

如果説福田思想影響了孝子傳,那應當是影響了確實在隋以後經過改編並受到佛教影響的船橋本,因而,我們也確實有必要重新認識船橋本中的福田思想[36]。那麼,基於以上分析,與其説如西野氏所論,陽明本《孝子傳》"承襲了成立於六朝末期的北朝《孝子傳》的形態、此羊公故事是作爲北朝頗具名望的始祖傳説而在北朝廣泛流傳、受福田思想影響的社會事業在北魏非常盛行……羊公之名變成翁伯是始於北朝等因素,可以斷定此故事在《孝德傳》乃至《孝德傳》所傳承的文獻的基礎上,吸收了佛教福田思想的影響,或者是吸納了《漢書》翁伯的因素改編而成的",不如説梁元帝《孝德傳》是基於陽明本或者與陽明本有同一來源的文獻更爲正確。

東漢武氏祠畫像石中有"義漿羊公""乞漿者"榜題的圖是孝子傳圖,而作"羊公"的《孝子傳》只有陽明本(或船橋本),所以武氏祠畫像石的羊公圖應當是基於陽明本系的文本。但是,雖然陽明本與武氏祠畫像石榜題均作"羊公",可是武氏祠畫像石中被冠於羊公之上的"義漿"二字在陽明本中並不存在(亦不見於船橋本及梁元帝《孝德傳》)。而"義漿"之説見於二十卷本《搜神記》,對此,我們應當如何理解呢？下面，簡要分析一下包括兩《孝子傳》在內的逸名《孝子傳》問題。

如前所述，管見所及，記載了羊公故事的孝子傳逸文共有九種（逸名《孝子傳》八種與徐廣《孝子傳》），大體可分爲以下三類（徐廣《孝子傳》與《太平御覽》卷九七六所引基本相同）：

（一）《藝文類聚》卷八二、《太平御覽》卷九七六所引以下

（二）《太平御覽》卷八六一所引

（三）敦煌本《新集文詞》卷九經鈔所引

現將這三類文本羅列如下（（一）是《藝文類聚》卷八二所引，並標出與《太平御覽》卷九七六所引對校的結果）：

（一）《孝子傳》曰：洛（北平）陽公輂水作漿，兼以給過者。公補（履）屩，不取其直。天神化爲書生問，公（云）何不種菜。曰，無（菜）種。即遣（與）數升。公種之，化爲白璧，餘皆爲錢。公得以娶婦。（《藝文類聚》卷八二所引，括號內爲《太平御覽》卷九七六所引）

（二）《孝子傳》曰：洛陽陽公輂義漿，以給過客。（《太平御覽》卷八六一所引）

（三）《孝子傳》云……楊雍感通，田收白璧（璧）。（敦煌本《新集文詞》卷九經鈔所引）

可以看出，這几種文獻中主人公沒有作羊公的。重要的是（二）《太平御覽》卷八六一所引的逸文文本基本與（一）《藝文類聚》卷八二等所引相同，但又將（一）中的"輂水作漿"作"輂義漿"。也就是説，（二）《太平御覽》卷八六一所引的部分證明了早期逸名《孝子傳》中就有"義漿"一詞，引申來看，陽明本"提水設漿"、梁元帝《孝德傳》"晨夜輂水"等，也很可能包含有義漿之義。從以下例子可以看出，兩書與逸名《孝子傳》，特別是梁元帝《孝德傳》與逸名

《孝子傳》之間有著密切的關聯。

- 兼補履屩（梁元帝《孝德傳》）
  兼……補（履）屩（逸名《孝子傳》[一]）
- 乃與之數升（梁元帝《孝德傳》）
  即遣（與）數升（逸名《孝子傳》[一]）

（以上語句均不見於陽明本）

那麽，陽明本《孝子傳》文本形成的時代到底能夠追溯到何時呢？陽明本在上卷末、下卷初收錄了幾名劉宋的孝子（21劉敬宣、22謝弘微、25張敷），因而，無疑是在六朝時期有過改編，但是，就"羊公"一條來説，從其與梁元帝《孝德傳》的關係來看，陽明本或者其所來源的文本應當是六朝梁以前成立的。另外，天神化作的書生登場（《搜神記》作"有一人"），送羊公菜種（《搜神記》是石頭）等都被看作是《孝子傳》的特徵（《書言故事》卷一所引《搜神記》等作"菜子一升"，很罕見）。但是有一份很有意思的資料，那就是敦煌本不知名類書甲所引的《神異記》。其內容如下：

《神異記》云，楊雍父母俱喪。葬訖，天神化書生，問雍曰："孝子何不種菜？"雍答曰："無子。"天神遂與種子。雍乃種之，悉生璧玉。中最上者曰璧玉，夜放神光。以玉不同也。

這裏暫且不論故事的結尾如何，其中書生的問話"孝子何不種菜"與陽明本、梁元帝《孝德傳》極其相似，應當是基於《孝子傳》的記述。《神異記》的作者是誰尚不清楚，假如上文是"玉孚神異記"的逸文（未見於魯迅《古小説鈎沉》中的《玉孚神異記》），其成立時間就可以上溯至劉宋以前。

在分析陽明本羊公故事正文的成立時，有一個問題需要討論，就是其結尾部分的文字：

　　　　(比)　　　　　(羊歟)
　　今北平諸羊姓,並承公後也。

同樣,梁元帝《孝德傳》的結尾也有:

　　今右北平諸陽,其後也。

正如西野氏指出的那樣,陽氏是北平的望族,梁元帝《孝德傳》似乎是正確的,但是,前面已經說過,與羊公故事有關的問題很複雜。事實上,同樣的結尾雖然未見於二十卷本《搜神記》,但仍可見於其他版本的《搜神記》。下面列舉一二:

- 北平陽,即其□□。(敦煌本《類林》所引)
　　　　　　(後也)
- 北平楊氏,即其後也。(敦煌本《語對》P.2524 所引)
- 今北平陽氏,是其後也。(古注《蒙求》所引)

西野氏指出:

　　前出羅氏之書的類書二引用了出自《搜神記》的這個
　　故事,在文章末尾有小字注"北平陽氏即其後也",應是後
　　人添加的[37]。

此處指的是羅振玉《鳴沙石室古籍叢殘》所收的敦煌本《語對》P.2524(王三慶《敦煌本古籍書語對研究》所說的原卷。"陽",應爲"楊"),看起來確實像是"文尾有小字注",但其實只是因爲行末空間不多導致的,比如 S.78(乙卷。甲卷 P.2588 闕損)就寫作:

　　　　　　　(也也)
　　北平陽氏,即其後也。

因而,這並不是"後人添加"的。值得關注的是,在《蒙求》注所引《搜神記》中,以"陽公,字雍伯"爲主人公的古注其引文的末尾確實如上文所示,但是以"羊公雍伯"爲主人公的徐子光注所引的《搜神記》却作:

　　今北平王氏,即其後也。(箋注本亦同。準古注所引
　　《搜神記》闕此文。)

其中的"王氏"或許本爲"羊氏",可能與陽明本的"今北平諸羊姓,(比)並承公後也"類同。這點說明,從徐注所引的《搜神記》,到《太平御(羊歟)覽》卷八〇五等所引的《搜神記》,主人公都是羊公,這意味著陽明本與《搜神記》在某些地方是有聯繫的[38]。武氏祠畫像石的羊公圖右側,描繪的是兩《孝子傳》"8 三州義士"。陽明本"8 三州義士"的末尾與羊公故事相同,有"今三州之氏是也。後以三州爲姓也"之句(船橋本作"以三州爲姓也"。同一故事亦見於蕭廣濟《孝子傳》[《太平御覽》卷六一所引]、逸名《孝子傳》[《太平廣記》卷一六一所引]等,但只有兩《孝子傳》有這句話)。此三州氏,《元和姓纂》卷五"三州"條有"三州孝子之後,亦單姓州",同書"三邱"條有"孝子傳有三邱氏",《通志》卷二七有"三州氏,孝子傳有三州昏"等,出處都是"孝子傳",是謎一樣的一族,其中的"今"也與羊公故事中的"今"一樣,具體指的哪一個朝代,目前尚不清楚。而且在唐代荊溪湛然(711—782)時期似乎就已經模糊不清(《止觀輔行傳·弘決》四之三中,有《摩訶止觀》卷四下"更結三州,還敦五郡"的"三州"注,引了"孝[子]傳""蕭廣濟《孝子傳》"),還有待於後人的考證。那麼,如前所述,陽明本(逸名《孝子傳》)與《搜神記》有密切關係,通過對比可發現,兩書中有關係的不只羊公故事一篇。下面是陽明本及船橋本《孝子傳》與二十卷本《搜神記》相關篇目的一覽表(表一)。

表一 《搜神記》與兩《孝子傳》相關篇目一覽表

《搜神記》	兩《孝子傳》
卷一 28 董永	2 董永
卷八 227 舜	1 舜
卷一一 266 三王墓	44 眉間尺
276 曾子	36 曾參

續表

《搜神記》	兩《孝子傳》
278 王祥	27 王祥
283 郭巨	5 郭巨
285 楊伯雍	42 羊公
291 犍爲孝女	29 叔先雄
（逸文）丁蘭（《太平御覽》卷四八二所引）	9 丁蘭

在兩《孝子傳》以外，見於逸名《孝子傳》的名字有 279 王延、284 劉殷、287 羅威、288 王裒等。另外，敦煌本句道興《搜神記》也收録有元覺（也作"元穀"，有"史記曰"。兩《孝子傳》中的"6 原谷"）、郭巨、丁蘭、董永（"劉向《孝子圖》曰"）等故事。那麽，《搜神記》到底是根據什麽資料而形成了這些孝子故事呢[39]？當然，這需要進行逐條研究，不過筆者認爲可以假設《搜神記》的文獻依據就是《孝子傳》。

能夠支持這一假說的是《抱朴子》。再次將《抱朴子内篇·微旨》的原文抄録如下：

夫天高而聽卑，物無不鑒。行善不怠，必得吉報。羊公積德布施，詣乎皓首，乃受天墜之金。蔡順至孝，感神應之。郭巨殺子爲親，而獲鐵券之重賜。

這裏也連續出現了羊公（兩《孝子傳》42）、蔡順（同 11）、郭巨（同 5），這些也應當是基於《孝子傳》[40]。那麽，《抱朴子》的"布施"一詞與"行善不怠，必得吉報"的句子（陽明本"積善餘慶"[基於《易·坤卦》]），都是來自陽明本《孝子傳》的可能性就很大了。羊公直到老年一直堅持供義漿（《外篇·廣譬》中也有"黄髮不倦"），這只在兩《孝子傳》、梁元帝《孝德傳》中有記載（前述曾被西野氏視爲問題的、陽明本中人們勸戒羊公其布施毫無意義的問答中有"公年既衰老"),另外,天降金錢一事只見於兩《孝子傳》("金錢一萬。"梁元帝《孝德傳》作"錢")。基於這些事實,就羊公故事而言,陽明本《孝子傳》的文本或者其來源的成立時間,應當可以追溯到西晉以前。

著名的東漢武氏祠畫像石因其收錄了許多孝子傳圖而廣爲人知。現將此武氏祠第一石至第三石的二、三層所描繪的內容,自第一石右邊起與兩《孝子傳》進行對比,列表如下(表二。帝舜、京師節女在帝皇圖、列女傳圖之列,申生在第三石四層):

表二　武氏祠畫像石與兩《孝子傳》相關篇目對照表

武氏祠畫像石	兩《孝子傳》
○帝舜(第一石二層) 　　　帝皇圖之中 　第一石三層	1 舜
○曾子	36 曾參
○閔子騫	33 閔子騫
老萊子	13 老萊之
丁蘭 (第三石二層)	9 丁蘭
○柏榆	4 韓伯瑜
○刑渠	3 邢渠
董永	2 董永
章孝母	
○朱明	10 朱明
李善	41 李善
金日磾 (第二石三層)	

續表

武氏祠畫像石	兩《孝子傳》
三州孝人	8 三州義士
○羊公	42 羊公
魏湯	7 魏陽
○孝烏	45 慈烏
・趙苟	
・孝孫	6 原谷
○京師節女（第二石二層）	43 東歸節女
○申生（第三石四層）	38 申生

　　通覽上表所示系統且整齊排列的武氏祠孝子傳圖，我們很難認爲這些故事是從不同的典籍中分別搜尋出來的，而應該在漢代已經存在能夠作爲其底本的某種"孝子傳"（其中，章孝母未詳。管見所及，雖未見記載有金日磾故事的孝子傳，但在梁武帝《孝思賦》序中有"每讀孝子傳，未嘗不終軸輟書悲恨，拊心嗚咽"，《孝思賦》中有"休屠之日磾"，因此應當有收録了金日磾的孝子傳。趙苟可見於師覺授《孝子傳》[《初學記》卷一七、《太平御覽》卷四一四所引]、逸名《孝子傳》[《錦繡萬花谷後集》卷一五所引]）。而且，仔細對照武氏祠畫像石中的孝子傳圖和兩《孝子傳》，可以發現，武氏祠所描繪的 20 幅孝子傳圖中，有 17 幅圖（約占 90％）與兩《孝子傳》存在對應關係。在中國，六朝以前曾經存在過十種以上的孝子傳[41]，後來全部都散逸了，現在傳下來的全本就只有存於日本的陽明本和船橋本《孝子傳》。那麼，如果不使用這兩種《孝子傳》的話，除了間接地論證，則無法直接根據孝子傳對武氏祠孝子傳圖進行解説。考察六朝以前的孝子傳，包括晉蕭廣濟《孝子傳》在內，現存有近 160 種逸文[42]（劉向《孝子傳》4、蕭廣濟《孝子傳》31、王歆《孝子

傳》1、王韶之《孝子傳》3、周景式《孝子傳》3、師覺授《孝子傳》9、宋躬《孝子傳》19、虞盤佑《孝子傳》2、鄭緝之《孝子傳》5、梁元帝《孝德傳》6、逸名《孝子傳》72）。只是，當涉及東漢武氏祠畫像石，比如要利用孝子傳來研究武氏祠孝子傳圖的話，不能忽視的是，如果說前面提到的劉向《孝子傳》逸文是六朝人的假託[43]，那麼嚴格來說，晉蕭廣濟《孝子傳》之後的有著者名的《孝子傳》全部都是後世產物，至多只能作為參考資料。那麼，如果要想研究清楚武氏祠的孝子傳圖，其關鍵的鑰匙最有可能隱藏在蕭廣濟《孝子傳》以前的、可以追溯到漢代的逸名《孝子傳》之中。恰好，兩《孝子傳》正是這樣的逸名《孝子傳》，即便也經過六朝時人的改編，但是二者，特別是陽明本文本的意義與價值，應當被重新認知並重視。

　　在上文表中，武氏祠畫像石一欄中有○標記的表示目前與其對應的逸名《孝子傳》文本僅見於兩《孝子傳》。十七幅圖中就有十幅，數量之多令人吃驚。關於其中的朱明圖，不要說與之對應的孝子傳逸文了，連故事都已經散失了，現在只有通過兩《孝子傳》才能對其圖像進行解析[44]。關於伯瑜、孝烏和京師節女（列女傳圖），也僅有兩《孝子傳》保留了其在孝子傳中的文本。關於近期發現並已判明的申生圖，除了《類林雜說》卷一這一例外，只有兩《孝子傳》中保存了與之相應的孝子傳文本[45]。關於羊公，前文已提到，現存的逸名《孝子傳》文本很不完整。關於曾參，雖然有《太平御覽》卷三七〇等數種逸名《孝子傳》文本存世（此外，亦見於蕭廣濟《孝子傳》、虞磐佑《孝子傳》），但僅有陽明本中的投杼故事對應武氏祠中的投杼圖[46]（船橋本缺）。關於閔子騫，也與曾參情形相同，而且能夠與武氏祠的閔子騫圖（還有前石室第七石的同圖）中的繼子御車構圖（開封白沙鎮出土東漢畫像石上有"後母子御"的榜題）對應的文本"（父）仍使後母子御車"僅見於陽明本（船橋本缺）。雖然師覺授《孝子傳》(《太平御覽》卷四一三所引)中也有相同的語句("後母子御"),但武氏祠畫像石不可能是基於劉宋的師覺授《孝子傳》。

對於最早發現於南宋,歷經各朝代考證的武氏祠畫像石中的孝子傳圖,兩《孝子傳》特別是陽明本中有近九成的文本與之對應,其價值不可估量。不容置疑,陽明本經過六朝時人的改編,但是仍然保留了漢代孝子傳的古態,這一點與經過改編是不同的問題[47]。同樣的情況,也適用於六朝時期製作的孝子傳圖[48]。目前陽明本尚未公開刊行,尚無使用該書深入研究武氏祠畫像石孝子傳圖的成果[49]。值此兩《孝子傳》注解刊行之際,衷心期待本書能夠推動東漢武氏祠畫像石等孝子傳圖的研究。

【注】

1.《仲文章》被大谷大學藏《三教指歸》成安注(寬治二年序,長承二年[1133]、三年[1134]寫)引用,另外,因其引用了永延二年(988)問世的尾張國解文,因此應當是完成於十一世紀。請參考拙著《中世說話文學史的環境續》(和泉書院,1995年)第三卷第三章第一、二節。關於《仲文章》受到了《童子教》的影響,參考山崎誠氏《中世學問史的基礎和發展》(和泉書院,1993年)I "《仲文章》瞥見" 五,後藤昭雄氏《仲文章·注好選》(《說話的講座》4,《說話集的世界》I,勉誠社,1992年)中都有詳細分析。另外,由於《仲文章》被《實語教》、圖書寮本《類聚名義抄》引用,酒井憲二氏指出其成立時間或可追溯至十一世紀之前(酒井憲二《我國〈實語教〉的盛行與終焉》[《圖書館情報大學研究報告》1-1,1982年])。

2.《童子教》文本依據酒井憲二氏《關於實語教、童子教的古本》(山田忠雄氏編《為了國語史學》第一部 "往來物" [笠間叢書198,笠間書院,1986年]所收)。

3. 參考拙著《孝子傳的研究》I四。

4. 參考東野治之氏《那須國造碑與律令制——關於孝子故事的受

容》(池田温氏編《日本律令制諸相》[東方書店,2002年]第二部所收)。

5. 關於兩《孝子傳》,參考注3拙著Ⅰ—2。此外,關於前文提到的《童子教》中的句子與《三教指歸》的關係,參考三木雅博氏《〈童子教〉的成立與〈三教指歸〉》(《梅花女子大學文學部紀要》31,比較文化編1,1997年)。

6. 今野達氏《〈童子教〉的成立與〈注好選集〉——從古教訓到說話集的一種模式》(《說話文學研究》15,1980年)。此外,關於《仲文章》《童子教》《實語教》《注好選》,注1後藤氏論文、三木雅博氏《教訓書〈仲文章〉的世界(上、下)——平安朝漢學的底流》(《國語國文》63—5、6,1994年5月、6月)的論述較爲詳實。

7. 參考今野達氏《陽明文庫藏〈孝子傳〉與日本說話文學的交涉 附今昔物語出典考》(《國語國文》22—5,1953年)、《關於兩種參與了古代・中世紀文學形成的古孝子傳——〈今昔物語集〉以下諸書所收中國孝養說話典據考》(《國語國文》27—7,1958年)。

8. 嘗試討論《日本靈異記》對《孝子傳》受容的有,矢作武氏《〈日本靈異記〉雜考——結合與中國故事的關聯》(《宇治拾遺物語——說話文學的世界——二集》[笠間叢書120,笠間書院,1979年]所收),《〈日本靈異記〉與陽明文庫本〈孝子傳〉——朱明・帝舜・三州義士》(《相模國文》14,1987年),《《日本靈異記〉與漢文學——以〈孝子傳〉爲中心・再考》(《記紀與漢文學》[和漢比較文學叢書10,汲古書院,1993年]所收)等。

9. 參考高橋伸幸氏《宗教與說話——關於安居院流表白》(《說話・傳承學》92,櫻楓社,1992年)。

10. 笹淵友一氏《從仲忠的人物描寫看〈宇津保物語〉作者的思想》(《國語・國文》6—4,1936年)、林實氏《〈宇津保物語〉的超自然》(《國文學考》3—1,1937年)、笹淵友一氏《〈宇津保物語・俊蔭卷〉與佛教》(《比較文化》4,1958年)、阿部惠子氏《關於仲忠孝養故事——其出典及其在〈俊蔭卷〉構想上的位置》(《實踐國文學》3,1973年)、山本登朗氏《父母與子女——〈宇津保物語〉的方法》(《森重先生喜壽紀念：語言與言語》[和泉書院,1999 年]所收)等有詳細分析。

11. 注 7 今野氏論文。

12. 參考太田晶二郎氏《"四部之讀書"考》(《歷史教育》7-7,1959 年)。

13. 關於永濟注,請參考拙著《中世説話的文學史背景》(和泉書院,1987 年)Ⅳ之三。關於朗詠注諸本系統和所在,參考同著Ⅳ之四。

14. 作爲參考,將東洋文庫本朗詠注同注的相應部分抄録如下：

注云：羊太傅,洛陽安里人也。孝行之人。有才智,至太傅。然父母死,葬無終山。後居峴山,施寳於貧人,後,惜命,爲父母也,今無用也,餓死。万人哀之,彰於碑文。見之人皆落淚。云云。

這個故事也見於後來的惟高妙安(1480—1567)的《玉塵》(《玉塵抄》)。《玉塵》是下面將提到的元代陰時夫編、陰中夫注《韻府群玉》二十卷之前六卷的注釋書,作爲被稱之爲抄物的書籍十分有名。作爲參考,將見於《玉塵》卷五、卷八、卷一四、卷五五中的相關部分附在下面(據叡山文庫本,參考了國會圖書館本)。該書應是參閱了《搜神記》(《玉塵》卷五、卷一四)、《漢書》(卷八)等,這一點值得關注。

○雙,陽雍伯,得璧五雙聘女,詳璧。入聲陌韻璧字。雍伯父母皆死,葬於無終山。此山八十里間無水,雍伯汲水置於山坡入口,供人飲用。漿,讀作コンツ(kontsu)。狀如白水,取其汁放入水中,水稍稍變濁,可用来佐餐。大概就是把這個叫作義漿。抑或另有稱之爲義漿者。入山者皆飲此漿。此善舉經三年。有人過此處,喝了義漿,然後從懷中取出一升石頭,給了雍伯,説："把這個埋入土中可得佳玉。"又説："可得佳人爲妻。"忽不見。其後,有徐氏之女,人皆欲得之,均不嫁。雍伯求之,徐氏之女説：我願去雍伯處。此女之父徐氏説,若能帶一雙璧來便可將女兒嫁給你。伯雍想到之前的人告訴他如果把石頭種在地裏會得到佳玉，於是就到種下石頭的地方去看，果然有玉，得璧五雙。他帶著璧去見徐氏，並將璧交給徐氏。徐氏原本戲言，伯雍真的攜玉而來，他非常吃驚。於是，伯雍與徐氏女成爲夫婦。此事也是由於伯雍將義漿置於山坡路口三年，供往來之人飲水之德。其所在之地叫作玉田。此事見《搜神記》，該書有第二、第三册，已閱原文。（卷五）

販脂，辱處也，而雍伯千金。《殖貨》。查《前漢書・殖貨志》無此記載，不詳。此處指從事販油這種卑微的職業。辱處，指因身份卑微而感到羞恥。雍伯，大概是人名。雍伯雖然經營油的買賣，但是，蓄積財富千金，生活得很快樂。（卷八）

雍伯氏，雍伯種玉，得徐氏美女，詳璧。韻府入聲陌韻之璧字。在雙璧之題下有詳細的記載。雍伯之父母死，葬於無終山，其山前後八十里無水，雍取義漿置於山坡入口處，供來往山裏的人飲用。漿，讀作コンツ（kontsu）。狀如白水，微濁。佐食之汁，由米做成。義漿之"義"的意義不明。也許是因爲雍伯父母葬於山中，他以義理孝行之義給入山者準備飲用之漿的緣故。如此三年。一日，有人來此，喝了義漿，送給雍伯一升小石頭，說："將這些石頭種下去，能長成無瑕美玉，可得徐氏美女。"言畢忽然不見。其後，有徐氏美女，人多欲娶之爲妻，女均未動心。至雍伯欲娶之，女心有所動，戲言："若攜無瑕美玉一雙來，便如你所願。"雍伯回到家裏，挖開種下石頭的地方，發現一雙潔白的璧玉。雍伯攜玉返回徐氏家，徐氏大吃一驚，遂成夫婦。得玉之處叫做玉田，引自《搜神記》。我本讀過此《搜神記》，但已不記得這件事。《搜神記》或多有叙述。雍伯有孝行，施漿三年，上天感此，使石頭成爲美玉，並將徐女嫁給他。（卷一四）

陽雍伯○在藍田種璧。詳璧。排韻下平。陽韻陽字。漢陽雍伯,送義漿給路過的人,讓他們解渴。義漿,有仁義慈悲之心,將白水置於路邊,供往來之人飲用。堅持此舉三年。一日,有一人來,懷揣著石頭,並將石頭給雍伯,説:"把這個種下去,會得到美玉和美妻。"北平有徐氏,家有一女,甚美。雍伯欲娶之爲妻,向徐氏提出,徐氏説:"你若持白璧一雙來,則將女兒許給你。"陽伯到他種玉的地方去看,果然得到一雙白玉。於是婚姻之禮成。該地名爲玉田。入聲陌韻有璧字。與排韻同。(卷五五)

另外,一韓智翃《山谷抄》卷一中也可見到以下叙述(《山谷内集詩注》卷一《送劉季展從軍雁門》第二首的注釋。據兩足院本,參考丁亥版癸卯本《抄物小系 14》)。

石趺谷,有玉之處。《搜神記》記載:無終山處有玉,羊雍伯者,洛陽人。孝行者。葬父母於無終山,於塚之旁造屋而居。其山八十里,山上無水。雍伯下山取水,給來往的路人飲用。有一次,有人喝完此水拿出一升石子説:"把它種下去吧,會生出好玉來。"數年後,果然長出玉來。

15. 指兩《孝子傳》"44 眉間尺"。參考注 13 拙著 II 二 2。

16. 王明《抱朴子内篇校釋》(中華書局,1980 年)。另,楊明照《抱朴子外篇校箋》下(中華書局,1997 年)第 384 頁注(4)有"王明微旨篇釋'羊公'爲羊祜,杜撰埋責,無乃自欺欺人乎"。

17. 長廣敏雄編《漢代畫像研究》(中央公論美術出版,1965 年)二部 30,吉田光邦氏解説。圖版據容庚《漢武梁祠畫像錄》。

18. 西野貞治氏《關於陽明本孝子傳的特徵及其與清家本的關係》。

19. 現代日本翻譯據野口定男氏譯《史記》下(《中國古典文學大系》12,平凡社,1971 年)。

20. 據小竹武夫譯《漢書》下卷列傳二(筑摩書房,1979 年)。

21. 據竹田晃氏譯《搜神記》(東洋文庫 10,平凡社,1964 年)。

22. 西野貞治氏《搜神記考》(《人文研究》4—8,1953 年)。此外,西野氏還著有《關於敦煌本〈搜神記〉的説話》(《人文研究》8-4,1957年)、《關於敦煌本〈搜神記〉》(收録於《神田博士還曆紀念書志學論集》,平凡社,1957年)等論考。

23. 文獻中陽公的名字有的作雍伯。如《東漢文紀》卷三二所收漢無秋山陽雍伯天祚玉田之碑。録其碑文如下,以供參考:

　　玉田縣西北有陽公壇社,即陽公之故居也。陽公名雍伯,雒陽人。是周景王之孫,食采陽樊。春秋之末,爰宅無終。至性篤孝。父母終没,葬之於無終山。山高八十里,而上無水。雍伯置飲焉。有人就飲,與石一斗,令種之,玉生其田。北平徐氏有女,雍伯求之。要以白璧一雙,媒氏致命。雍伯至玉田求五雙。徐氏妻之,遂嫁焉。性不好寶,玉田自去。今尤謂之爲玉田。

上文應是基於《水經注》。

24. 亦見於金元好問撰、元郝天挺注《唐詩鼓吹》卷六所引《神仙傳》(晋葛洪《神仙傳》中未見)。録其原文,以供參考:

　　《神仙傳》,羊雍伯,有人與石子一斗,使種之,後種其石。時有徐氏,北平著姓。有女子,求不許。雍伯試求之。徐曰:"得白璧一雙,當聽之爲婚。"雍伯乃至種所,得白璧五雙。徐氏遂妻之。

此外,吉田光邦氏於長廣敏雄編《漢代畫像研究》的解説中指出,"《太平御覽》卷八〇五所引的《神仙傳》中有同樣的故事,作羊公雍伯",是把《太平御覽》引文的出處《搜神記》誤作了前行的《神仙傳》,因而,上面引文中的《神仙傳》並非正確。

25. 見注18西野氏論文。

26. 西野氏在此前還寫道(見注18西野氏論文):

　　羊字古來有許多與陽或楊通用的用例,在《搜神記》中,因所引用書不同,甚至位置不同,有羊公雍伯(《藝文》卷八三,《御覽》卷四七九、卷八〇五)、陽雍伯(《御覽》卷四五)、楊公雍伯(《御覽》卷五一九)、楊伯鏞(《初學記》卷八)等。然而,顧炎武已經指出羊、陽、楊作爲姓不應混用(《日知錄》卷二三"姓")。而且,《孝子傳》和《孝德傳》都提到北平存有其後裔。在史傳中檢索羊、陽、楊三姓可以發現,羊氏原籍太山、楊氏原籍弘農,只有陽氏原籍北平。而且,《水經注》鮑丘水注也引用了這一《搜神記》中的故事,只是作"陽翁伯",並且引用《陽氏譜敍》言及陽公之事,説明陽公是陽氏的始祖。《陽氏譜敍》這一家譜只在《水經注》此條中可見,《隋志》中未見,從其態度看,恐怕酈道元對於陽氏一族有一定直觀印象。而且,出身北平無終、北魏孝文帝時因博學而聞名、後成爲國子祭酒的陽尼,當上大學博士的其從孫陽承慶,以及官至前軍將軍的承慶表兄弟陽固等,都在該族的家譜之中。證明陽氏與這一故事關係的另一個有力證據是范陽郡《正故陽君墓誌銘》(趙萬里《漢魏南北朝墓誌集釋》,圖版407)。該墓誌銘所記人物爲屬於上述陽氏家族的陽瑾關於其家系的描寫已有磨消,但能判讀爲"若夫才異挺生,琳琅間出金,天有命,玉田斯啓",值得注意。這與《搜神記》《水經注》把玉的産地稱爲玉田是一致的。此墓誌銘上所記時間是隋仁壽元年十一月二十九日,因此可以判斷在北朝末期陽氏仍然相信此故事是其始祖傳説。

關於西野氏指出的"《孝子傳》和《孝德傳》都提到北平存有其後裔",容後再述。

27. 關於《類林》,參考注3拙著Ⅰ二3以及注59。

28. 西野氏針對《類林雜説》引用的"漢書",有以下看法(《〈瑚玉集〉與敦煌石室的類書——圍繞斯坦因收集漢文文書中的〈瑚玉集〉殘卷》,《人文研究》8-7,1957年):

《類林雜説·報恩篇》中,把楊公雍伯因做慈善事業而得到上天賜予的玉田的故事,當作《漢書》中的故事來引用。其實,楊公雍伯的故事被作爲《漢書》的内容引用也是有原因的。《漢書·貨殖傳》中有叫翁伯的人，積累了巨額財富，在《史記》中記載爲雍伯的故事。敦煌石室的俗文學資料中，將其出處標爲《史記》。我們常常會看到司馬遷的《史記》中已不存在的內容，而這裏的《漢書》應該也是同樣的情形。

另外，《淵鑒類函》卷三五七有一段記作"《後漢書》曰"的羊公故事：

《後漢書》曰，羊公字雍伯，性孝。本以儈賣爲業。

29. 據史金波、黃振華、聶鴻音氏《類林研究》（寧夏人民出版社，1993年）漢文翻譯。

30. 常盤大定《佛教的福田思想》（收入《續中國佛教研究》12［春秋社，1941年］）。

31. 佛教用語的布施是梵語 dāna 的意譯，指"以無貪之心將衣食等施與佛、僧及貧窮之人"（《望月佛教大詞典》）。原本就是漢語，如《岩波佛教詞典》"布施"條目所説，"此外，漢語'布施'也是給人以物的意思，在先秦諸子的書中有很多用例"。比如《荀子》卷二〇哀公篇第三十一中有：

富有天下而無怨罪，布施天下而不病貧。如此則可謂賢人矣。（財富冠天下卻没有私藏之財富，普施天下人卻不在意自己貧窮。像這樣，就可以稱之爲賢人了。譯文據《全譯漢文大系》8《荀子》下［集英社，1974年］。）

這與《抱朴子》、陽明本的用法相近。關於《抱朴子》所引羊公故事，有本田濟氏曾對葛洪"地仙的概念"作如下論述：

如果按照《抱朴子》所説不傷身體髮膚是孝的開始，那麽不老不死就是了不得的孝行了。地仙即使有妻子也無所謂，所以也不必擔心中斷對先祖的祭奠。不忠也是莫須有的非難，黃帝是仙人的同時，也是一個優秀的爲政者。老子、琴高也曾作爲臣子服侍於他。（《對俗》《釋滯》）

另外，關於仙道，本田濟氏指出：

但是……是不是只靠方術就能成爲仙人呢？《抱朴子》説，

光靠方術是不夠的，必須積累日常的善行。人的腹中有三屍蟲，監視著人的行爲，庚申之夜，在人睡著時升天向司命神報告。灶神在晦日之夜報告。司命神對於小惡之人使其縮短壽命三天，大惡之人使其縮短三百天。所以人必須要通過積累善行來來延長壽命。《玉鈴經》所講的"沒有德行，只靠方術是不能不老不死的。要以忠孝、和順、仁信爲本"就是這個意思（《微旨》）。（《中國古典文學大系》8《抱朴子・列仙傳・神仙傳・山海經》[平凡社，1969年]解説）

總體上，《抱朴子》是在非佛教的脈絡上講故事，這一點值得關注。那麼，關於《抱朴子》與佛教的關係，妻木直良氏很早就指出：

> 在《抱朴子外篇・疾謬篇》中，斥責當時的婦女到佛寺參拜，競相奢侈。《佛祖統記》以及《靈隱寺志》中，記載了葛洪爲僧惠理靈隱寺書額一事，由此看來，當時在吳越之地，寺院已經非常興盛。並且，《抱朴子》使用的凡夫、衆生或信心不篤、施用之亦不行（遐覽）等語言來看，多少是受到了佛教的影響。也可以説《抱朴子》包含了三教合一的性質。特別是六朝時期通過古密教傳來的天地山川之鬼神，雖然與《抱朴子》中所説的諸神諸鬼其源流並不相同，但具有同樣的性質，因此可以説密教徒與《抱朴子》在思想上非常的接近。（《道教之研究（承前）》[《東洋學報》1-2,1911年]第二章第五節）

福井康順氏的《葛氏道與佛教》（《印度學佛教學研究》2-2,1954年）等也對此基本認同，不過，關於《抱朴子》的壽命論等，認爲"代表的是還没有怎麼受到三世輪回的佛教思想影響的初期道教的壽命論"（宮澤正順《道教的壽命論——以〈抱朴子〉内篇爲中心》,《那須政隆博士米壽記念佛教思想論集》,成天山新勝寺,1984年）。從佛教學方面看，自藤野立然氏《曇鸞大師管見》（《支那佛教史學》1-2,1937年）起，直到今日，曇鸞（476—542）浄土論註中攝取《抱朴子》的問題一直備受關注。另外，廬山慧遠(334—416)的禮、戒律繼承《抱朴子》逸民思想的問題也很早就被指出(板野長八氏《慧遠的禮與戒律》,《支那佛教史學》4－2,1940年)。只是,如後文所述,本文認爲《抱朴子》中羊公故事的原始出處是漢代的孝子傳,假定"布施"一詞也是由此而來,則可以暫且將"布施"一詞理解爲漢語詞彙。並且,即便它是佛教用語,認爲其背景是福田思想也是相當牽強的。

32. 注30常盤氏論文。

33. 據注29所出書中漢文翻譯(對譯)。

34. 注30常盤氏論文。

35. 關於船橋本《孝子傳》成書於隋朝以後的觀點可參考注3拙著Ⅰ四。

36. 注18西野氏論文。常盤氏指出,"到初唐爲止,義井、義橋等都是相當新鮮的……事實上也有資料能夠證明義井的存在……比如,《佩文韻府》卷五三之一引用張説撰寫的《唐玉泉大通禪師碑》,其中寫道'負土成墳,結廬其域,置義井取施求報,鑄洪鐘,取聞而悟道'"(注30常盤氏論文),此例也涉及福田思想滲透進孝子傳的問題,值得關注(參考兩《孝子傳》"30顔烏""31許孜""34蔣詡")。但是,正如常盤氏針對《唐文萃》卷七五收崔祐甫《汾河義橋記》所指出的,"汾河義橋記是某孝子所爲,並非特別因爲佛教而成",如何甄別福田思想的影響是非常困難的。另外,船橋本中的"羊公……於其中路,建布施舍"(陽明本"公乃於道中造舍……布施行士")所稱"布施舍",與常盤氏也曾於山崎的架橋提到的日本行基建立的"布施屋九所"(《行基年譜》"七十四歲"條)非常相似。這一點還需進一步考證。

37. 注18西野氏論文,第43頁注2。

38. 開頭所介紹的《和漢朗詠集》永濟注記載羊公爲"洛陽安里人",因此永濟注基於兩《孝子傳》這一點是毋庸置疑的(兩《孝子傳》中的"洛陽安里人也"他書未見)。但是,永濟注中的"字雍伯""葬於無終山"等内容,兩《孝子傳》中未見,有可能永濟注受到了《搜神記》(《太平御覽》卷八二八所引等)的影響。另外也可能是永濟注依據的孝子傳原本有這些内容,而陽明本或許脱落了這些部分,關於這一點,請參考注3拙著Ⅲ二。

39. 論述《搜神記》中孝子故事的有大橋由治氏《關於〈搜神記〉與孝子故事》(《大東文化大學漢學會志》36,1997年)。

40.《抱朴子》郭巨故事中的"鐵券"一詞,兩《孝子傳》未見(只有"釜上題云")。"鐵券"可見於劉向《孝子圖》(《太平御覽》卷四一一等所引)、宋躬《孝子傳》(《初學記》卷二七等所引)、逸名《孝子傳》(敦煌本《事森》等所引),此外,《三教指歸》成安注上末等所引《孝子傳》中有"上有鐵銘云"。

41. 參考注18西野氏論文和注3拙著Ⅰ一1。

42. 參考注3拙著Ⅰ一。

43. 西野貞治氏認爲,劉向《孝子圖(傳)》"不管是《漢志》還是《隋唐志》都没有著録,可能是六朝假託之作"(注18論文)。

44. 注18西野氏論文。

45. 參考注3拙著Ⅱ一以及注13拙著Ⅱ二1。

46. 參考山川誠治《曾參與閔損——關於村上英二氏藏漢代孝子傳圖畫像鏡》(《佛教大學大學院紀要》31,2003年)。

47. 比如,關於魏陽圖,東漢樂浪彩篋繪有榜題爲"令君"的人物,令君就是縣令,出現令君的只有兩《孝子傳》。參考東野治之氏《律令與孝子傳——漢籍的直接引用和間接引用》(《萬葉集研究》24,塙書房,2000年)以及注3拙著Ⅰ四。

48. 參考注3拙著Ⅲ二、Ⅱ一,以及拙著《董黯贅語——孝子傳圖與孝子傳》(《日本文學》51-7,2002年)、《伯奇贅語——孝子傳圖與孝子傳》(説話與説話文學會《説話論集》12,清文堂,2003年)、《鍍金孝子傳石棺續貂——關於明尼阿波利斯藝術博物館藏北魏石棺》(《京都語文》9,

2002年）。

49. 注17長廣氏書二部《武梁石室畫像的圖像學解説》，是非常優秀的開創性研究。只是，其解説主要依據劉向《孝子圖》、蕭廣濟《孝子傳》、師覺授《孝子傳》以及船橋本以後的諸書，没有使用陽明本。

後　記

　　迄今爲止，我們幼學會研讀了《仲文章》和《口游》兩部作品，並先後有《諸本集成 仲文章注解》和《口游注解》（勉誠出版，1993 年、1997 年）兩部成果問世。在山崎誠氏加入進來並開始使用幼學會的名稱前，黑田、後藤、東野、三木四人一起輪讀當時的朝日新聞社社長上野淳一氏收藏的《注千字文》，於 1989 年出版了《上野本 注千字文注解》（和泉書院）。我們是 1985 年 6 月開始輪讀《注千字文》的，從那時算起逝去的時光已 17 年有餘。之所以一直關注幼學書這類漢學的入門文本，是因爲對日中雙方來講，不僅幼學這一領域是構建文學以及所有修養、文化基礎的重要存在，同時也由於其容易入門和消費的特點，文獻資料留存不易，研究成果也比較少。

　　雖然如此，我們幼學會的步伐還是比較緩慢。大家在工作和各自進行研究的間隙，以位於大阪梅田的大阪市立大學文化交流中心的談話室爲主要活動場所，基本以一個月一次的頻率聚會。一般都是先喝著咖啡天南海北地熱聊，其間有人會說"那我們開始吧"，然後大家才進入正題。這次出版的《〈孝子傳〉注解》是我們的第四本作品，想想我們一個月只聚會一次，而且每本書通篇輪讀一次後還要二次、三次地完善書稿，我們自己對能夠把四本書奉獻給大家都感到不可思議。過去，某出版社的應試廣播講座中，有一位講師總是反復強調"堅持就是力量"，回顧我們幼學會的歷程，感覺他說的還真是有道理。但是，近些年來，隨著大學和研究機構的管理越來越不以研究爲主，我們所有成員越來越繁忙，一個月聚會一次也變得極爲困難，今後需要我們拿出更多的智慧使我們這個寶貴的幼學會能夠堅持下去。

和以往一樣，這次輪讀《孝子傳》也是因爲黑田彰氏一句"好像很有意思，讀讀看吧"而開始的。但是閱讀這本書的工作量之大，是過去我們讀過的三本書遠遠不能相比的。今天，如果讓我來歸納的話，主要原因應該是之前的三部書都是由一些零散的中國故事或者素材（《口游》是在此基礎上又加入了日本的素材），經過再次組合形成的"二次加工品"，而《孝子傳》是中國古代原生態的傳說被直接文字化形成的"原産物"——這一點隨著輪讀的進展而被黑田氏逐步闡明。也就是說，對於前面的三本書，只要搞清楚"這一句（這個注）源自這個故事或者資料"就算基本完成了注解的主要工作；而對於《孝子傳》，多數情況是或者無法指出一個一個孝子故事的典據，或者有些問題本身意義不大。另外，在做注解時，只從表面上對文意進行解讀是不夠的，還需要分析每一個孝子的傳記與其他資料中的記載有什麼樣的關係，以及思考其中所體現的中國古代的政治、祭祀、家族等制度及社會狀況。並且，我們還逐漸瞭解到存在著大量與《孝子傳》相關的漢魏六朝乃至隋、唐時期的圖像資料，必須慎重分析《孝子傳》與這些圖像之間的關係。關於前者，也就是中國古代的各種制度以及社會狀況，東野氏他對大家的諸多疑問都給予了很好的解答或者提供了資料。假如他沒有參加我們的幼學會，恐怕本書的工作也就無法完成了。關於圖像資料，我們幸運地得到了科學研究費的支持，黑田氏和我能夠多次到中國和美國實地調查，在現場對衆多圖像資料進行確認，有些資料還得到了以前從沒見過的清晰照片，可以說收穫非常大。特別是通過對明尼阿波利斯藝術博物館藏北魏石棺的調查，發現以往的中國、歐美、日本的研究，都是根據各自手頭的資料進行討論，由於缺乏相互之間的信息交流以及對文物本身足夠的了解,而導致各自的研究都發生了一些很大的錯誤,並且第一次正確地掌握了與這個石棺由來相關的事實(黑田彰《鍍金孝子傳石棺續貂——關於明尼阿波利斯藝術博物館藏北魏石棺》,《京都語文》9,2002年)。這些經歷讓我們重新認識到親眼確認文物資料的重要性。

就這樣,花費了近五年的時光,我們基本上完成了在日本和中國都屬於初次嘗試的對《孝子傳》的注解。在出版此書的過程中,汲古書院給予了大力支持,編輯部的飯塚美和子女士作爲責任編輯,非常迅速地完成了繁瑣的編輯以及取得影印許可等工作。但是,由於交稿后不斷發現新的資料,加上一些重要的事實得以判明,導致部分孝子故事的注釋等内容在校對階段近乎重寫,有的圖像替換爲更好的版本等等,總是不能定稿,黑田氏的解題爲了反映最新的結果,也直到最後一刻才交稿,總之在整個過程中給飯塚女士帶來了不少麻煩,我們深感不安。在此,我們衷心感謝飯塚女士和汲古書院的相關人士,能夠一直聽取我們特別是黑田氏的各種訴求,並且最終製作出了如此高質量的圖書。

《孝子傳》以"孝"爲縱向紐帶,交織父(母)子、兄弟、夫婦、君臣等人與人的關係,具備各種典型的戲劇性要素,雖然文體質朴稚拙,但敘述還是具備了相應的水平。此《孝子傳》以及現在已經失傳的同類古孝子傳,在中國、朝鮮、日本等東亞漢字文化圈被廣泛作爲幼學的教科書使用,滲透到了人們的生活之中,長期以來其中的各色各樣的孝子故事在東亞社會恐怕已經成爲把握和描述人與人關係的"典型"。比如,"義理與人情的糾葛"等作爲日本近世戲劇特徵的劇情,早在《孝子傳》的申明故事中就已經清晰地呈現出其表現樣式。讀者帶着不同的問題意識、研究方法,就能發現《孝子傳》中藴藏的無窮無盡的可能性。我們也盡了最大的努力,將目前可以説是最完善的基礎資料匯集於此書,奉獻給大家,今後我們還將繼續探索該書所藴含的更多的可能。在拙文的結尾,我們非常期待本書能夠在我們無法預想之處取得無法預料的成果。本書的校對已基本結束,幼學會正在考慮今後的輪讀書目。目前,覺明的《新樂府注》和《太公家教》被列入了候選。

三木雅博
2002 年 12 月 1 日

　　本書是 2001 年度、2002 年度科學研究費補助金交付研究(特定領域研究[A][2]"古典學的再構築"B02 班的"日中幼學書比較文化研究")成果的一部分。本書的出版得到了 2002 年度科學研究費補助金研究成果公開促進費的支持。

索　引

凡例

1. 本索引由專有名詞索引和一般語彙索引組成，專有名詞索引由人名、地名、書名各索引組成。

2. 詞語原則上根據漢字發音，以現代漢語拼音順序排列。

3. 詞語的出處，以孝子的序號表示，序中的詞語用"序"表示。另外，詞語出現在陽明本或船橋本中任意一本時，在孝子序號後面加上(陽)或(船)的簡寫。例如，1(陽)，表示該詞只見於陽明本的1(舜)；如果只有數字8，則表示該詞在陽明本、船橋本的8(三州義士)中都存在。

專有名詞索引

（人名索引）

B

白公	39
伯奇	35
伯瑜→韓伯瑜	

C

蔡順	11
蔡邕	15(陽)
曹娥	17
赤眉→一般語彙	
陳寔	15
鴟梟	35(陽),36
重耳	38
重華(重花)	序(船),1
→舜	
楚王	44
慈烏	45(陽)
→雁烏	

D

丁蘭	序(陽),9
東歸郎女	43(船)
東歸節女	43(陽)
董黯	37
董永	序(船),2

G

干將莫耶	44
→莫耶	
高柴	24
恭武	26(陽)
→孟仁	
瞽叟	1(船)
瞽瞍	1(陽)
郭巨	序(陽),5

H

韓伯瑜	4

J

吉甫	36
→伊尹吉甫,尹吉甫	
姜詩	28
蔣詡	序(陽),34(陽)
→券卿	
蔣章訓	34(船)
→元卿	

晋獻公→獻公

京師節女→東歸節女

K

孔顗	23(陽)
孔子	20,33(陽),36(陽),41(陽)

L

老萊之	13
麗姬(麗妃)	38
麗戎	38
李善	41
李孝	41(船)
劉敬宣	21
魯王	32(陽)

M

毛義	18
眉間尺	44
孟仁	序(陽),26
→恭武	
孟遊	40
閔子騫	序(陽)(子騫),33
莫耶	44
→干將莫耶	

O

區尚→歐尚	
歐尚	19

Q

齊姜	38
騏氏	38
羌胡	40(陽)
禽堅	40
禽訟信(禽堅父)→訟信	
禽信(禽堅父)→訟信	
券卿	34(陽)
→蔣詡	

R

戎夷	40(陽)

S

三州義士	序(陽),8
申明	39
申生	38
叔光雄	29(陽)
叔先雄	29(船)
舜	序(陽),1
→重華(重花)	
訟信	40(陽)
宋勝之	14

W

王巨尉	12
王莽	30
王奇	37
王祥	序(陽),27
魏湯→魏陽	
魏陽	7

X

西奇	35(陽)
奚齊	38
獻公(晋)	38
謝弘微	22
刑渠	3(陽)
邢渠	3(船)
盱	17
許牧	31
許孜→許牧	
薰黯→董黯	
薰永→董永	

Y

顏烏	30
雁烏	45(船)
→慈烏	
羊公	42
羊姓	42(陽)
陽威	16

堯	序(船)	**B**	
伊尹吉甫	35(陽)	北平	42(陽)
→吉甫		**C**	
夷吾	38	長安	43
尹夷吾	35(船)	成都	40(陽)
→吉甫		昌里	43(船)
原谷	6	楚	2,6,13,39,44
原穀→原谷			
元卿	34(船)	**D**	
→蔣章訓		大昌里	43(陽)
		東都	10
Z		東陽	30
曾參	36		
曾子	36(陽)	**F**	
張敷	25	芳狼	40(陽)
仲由	20		
→子路		**G**	
朱百年	23	廣漢	28
朱明	10		
卓子	38(陽)	**H**	
子路	20	河內	5,9,41
→仲由		淮南	11(陽)
子騫→閔子騫			
		J	
(地名索引)		江	17
		江夏	26
A		江陽	28(陽)
安里	42	晉	38(陽)

K		烏傷縣	30
會稽	16,17	烏孝縣	30
		吳	27
L		吳寧	31
歷山	1		
洛陽	42	**X**	
魯	24,32,33,36	孝順里	31
N		**Y**	
南陽	14,41	宜春	3,44
P		**Z**	
沛郡	7	周	35

（書名索引）

Q			
齊	36(陽)	**L**	
羌胡	40(陽)	禮	13(陽),24(陽)
秦	30(陽)	論語	4(陽),32(陽),
			33(陽),43(陽)
R			
汝南	11(船),12,44	**S**	
		詩	序(陽),35(陽)
S		書	42(陽)
蜀郡	40		
宋	4	**W**	
		五經	14(陽)
W		**X**	
衛	20(陽)	孝經	1(陽),2(陽),37

(陽),39(陽) | 孝子傳 | 序(船)

一般語彙索引

A

阿父	6(陽),7(陽)
阿母	4(陽),23(船),25(船),37(陽)
阿孃	9(船),37(船)

B

白虎	11
白馬	35(陽)
百姓	41
斑蘭	13
碑	15(船),17,29(船)
碑銘	序(船)
碑文	15(陽),29(陽)
本土	40(船)
表	41
鄙	1(陽)
冰	27
冰霜→履冰霜	
哺	3(陽),41
哺父	3(陽)
哺母	45(船)
不孝	6,8(船),9(陽),32(船),37,39(船)
不忠	39(船)
布施	42(陽)
布施舍	42(船)

C

菜蔬	21(船),22(船)
蒼天	3(船)
草舍	34
讒言	36(陽)
讒謀	35(船)
臣	40(船)
丞丞	3(船)
→烝烝,蒸蒸,蒸蒸	
丞相	35,39
承天	37(陽)
笞杖	4(陽)
鴟梟	35(陽),36
齒露	21(船)
赤眉賊	11,12
敕	8(陽)
仇	43
仇人	43
仇身	37(陽)
純素	13(陽)

純孝	5(陽)	二千石	8
純衣	33(陽)	二世	6(船)
祠	28(陽)		
慈母	36(陽)	**F**	
慈烏	45(陽)	凡聖	1(船)
慈孝	8(陽),35(陽)	反哺	45
麁衣	37(陽)	→返哺	
		返哺	序(陽)
D		→反哺	
丹誠	8(船)	方便	6(船),43
道心	42(船)	非法	35(陽)
敵人	43(船)	飛鳥	35,37(陽)
糴米	1	分財	10(船)
帝位	1(船)	墳	30(陽),31
定省	3(船),13(陽)	封邑	39
東家井	1(陽)	蜂	35
東西	8(船)	夫婦	2(船),28(船),42
毒	34(船)	夫妻	5(陽),28(陽)
毒風	40(陽)	扶祐	40(陽)
毒氣	40(船)	服	20,22
毒蛇	35(陽)	釜	5
毒藥	34(陽)	父命	8(船)
斷金	8	父母	序(陽),1(船),4(陽), 10,11(船),12,13,14, 15,24(陽),31,32(船), 36(陽),37(陽),40(船), 41(船),42(陽)
E			
恩命	41(船)		
恩義	45(船)		
二親	序(陽),13(陽)	父母之恩	42(船)

父子	8(陽),40	**H**	
富公	2(船)	海內	15
富貴	5,42(船)	昊天	序(陽)
		和顏	序(陽),4(陽)
G		呵嘖	6(船)
甘肥	4(陽)	黑白	38(陽)
甘泉	28(船)	後婦	1,36
感動	1(陽)	後母	1(船),32,33,34,35
感天	序(陽)	後母子	33(陽)
感應	8(船)	後生	序(陽)
官	7(陽),9(陽),32(陽)	虎	11,16,19
官使	32(船)	虎狼	40
官司	9(船),37(船)	花夏	40(船)
公車	18(陽)	畫扇	25
公家車	18(船)	荒薦	21(船)
恭憨	3(陽),4(陽)	婚家	11(陽)
供謹	13(陽)		
供養	序(陽),1(陽),2(陽),5,6(陽),9,14(船),18(陽),26(船),32(陽)	**J**	
		飢渴	7,11(船),36(陽),38
		積善	42
孤	14(陽),32(陽),41(船)	家嫡	38(陽)
孤露	14(船),32(船)	家口	8(陽)
骨肉	8(船),10,22(船),43(船)	家母	41(船)
故舊	1(船)	家奴	41
閨門	6(陽)	家業	42(陽)
桂蘭之心	8(船)	家長	41(船)
		嘉聲	序(船)
		監司	37(陽)

見齒	24(陽)
江	17,28(船)
江水	28
漿	13(船),36(船),42
漿水	13(陽),36(陽)
→水漿	
嚼哺	3(船)
教	8(船)
節	39(陽)
金	5,39
金一釜	5
津	35
津吏	35(陽)
津史	35(船)
精	41(陽)
精誠	3(陽),8(陽),26(船),28,30
精靈	26(陽)
精米	37(陽)
井	1(陽)
敬謝	37(陽)
具狀	37(船)
眷養	35(船)
郡	18(陽)
郡縣	29,41

K

開明	1
扣冰	序(陽),27(船)
→抈冰	
昆弟	33(陽)

L

里人	31(船)
禮	2(船),6(陽),12,,20,22,24(船),33(陽),37(陽),38,39,41(陽),42(陽)
禮敬	14(船)
禮儀	14(陽)
鯉魚	28
立身	序(陽)
吏	40(陽)
靈泉	36(陽)
靈聖	36(陽)
令	28(陽)(江陽令)
令德	42(陽)
流涕	1(船)
廬	19
鹿車	2
鹿羊	11(陽)
禄	39
禄位	7,9
露齒	24(船)
履冰霜	3(陽)

M

埋兒	5(船)

埋子	序(陽)	飄蕩	8(陽)
賣主	2(陽)	僕賃	2(船)
賣身	序(船),2(陽)		
廟	31	**Q**	
明察	1(陽)	凄愴	33(陽)
明神	3(陽),5(陽)	奇德	3(船)
命終	2(船),15(船),32(船),37(船)	奇類	序(陽)
		泣竹	序(陽)
母子	34	泣流血	24(陽)
木母	序(陽),9	泣血	12(船),24(船),25(船)
墓	7,9(船),30(船),31(陽),37,38(陽),44(船)	前母	32
		乾靈	1(陽)
		遣妻	10(陽)
墓邊	11,34(船)	親父	8(船)
墓所	34(陽),38(船)	親戚	29(船)
		親疎	40(船)
		禽鳥	序(陽),36(陽),37(陽),45
N		禽獸	11(陽),14(陽)
男女	42(陽)	懃懃	5(船),9(船),32(船)
年荒	5(陽)	懃仕	27(船)
牛蹄	12	懃作	5(陽)
奴	2,40(船),41(船)	青衣	38
奴役	序(船),2(船)	清盲(精盲)	1
奴禮	41(陽)	卿相	42(陽)
奴婢	2(船)	求親	10(陽的)
		駆使	41(船)
P		泉	28
朋友	40(船)		
漂流	8(船)		

索引

539

R

人倫	45(陽)
仁義	12(船),43(陽)
戎夷	40(陽)

S

塞外	40(陽)
三年禮	39
三牲	37
三賢	32
三義	32
桑椹	11(陽)
桑實	11(船)
喪	19,22,24(陽)
嫂	10(陽)
善行	42(陽)
膳	28(陽)
上表	7(陽),41
少選	2(船)
少郎	42(船)
→小郎	
蛇	35(船)
舍	42
神靈	26(陽)
神明	序,2(陽),8(船),9(船),27(陽)
生活	8(船)
生母	9
生魚	27(船),28(船)
聖德	1(船)
聖賢	1(陽)
聖子	1(船)
師子	40
食口	8(船)
事親	4(陽)
書生	42(陽)
蔬食	22(陽)
水漿	42(陽)
→漿水	
司空	27(船)
司空公	27(船)
死鹿	11(船),19
四海	8(船),10
松柏	31,34
送葬	41(陽)
夙夜	2(陽),3(陽)
素車	35(陽)
素衣	35(陽)
筍	26

T

他姓	10
太守	41
彈琴	36(陽)
天下	1,13(陽),28(船),41(船)
天感	42(船)

天子	1(陽),18,41(船)	賢人	6(船)
天女	序(船)	賢士	序(陽)
天神	2,8,42(陽)	顯名	序(陽)
天地	1(陽),27(陽),40(船)	縣	30
填井	1	縣家	42(船)
同心	5(陽)	縣吏	40(船)
童子	35	縣令	7,17,40(陽)
僡僡	33(船)	相	39
推鞠	32(船)	鄉里	34(船)
		鄉親	14(陽)
		鄉人	14,18,19,31(陽),34(陽)

W

		小兒	32(陽),35(陽)
完	11,14(陽),37(陽),42	小郎	10
頑父	6(陽)	→少郎	
頑愚	1(陽)		
晚子	33(陽)	孝慈	35(船)
萬世	9(陽)	孝道	5(船)
萬物	序(陽)	孝德	7
王	32,37(陽)	孝謹	3(陽)
巫婆	17(船)	孝敬	4(陽),8(船),
巫婆神	17(陽)		9(船),28(船),34
烏	序(陽),30	孝廉	18
無道	33(船),34(船)	孝烈	43(陽)
五經→書名		孝令	43(陽)
五內	35(船)	孝名	17(陽),37(陽)
五孝	36	孝女	17,29
		孝順	序(陽),31,32

X

		孝孫	6
銜餐	序(陽)	孝心	序(陽),4(船)

孝悌	序(陽),2(陽)	議郎	15(陽)
孝行	序(陽),41	因緣	8(船)
孝養	序(陽),1(船),4(陽),6(陽),7(陽),8(船),15(船)	陰凉	34(陽)
		嬰兒	13,41(船)
		夜叉	8(陽)
孝義	序(陽),42(陽)	傭賃	2(陽),3(陽)
孝子	序(船),5,6,36,37,38(陽),39,44(陽)	傭作	40
		猶子	34(陽)
心神	36(陽)	魚	27,37(陽)
凶人	37(陽)	魚膾	28
凶身	32(陽)	魚躍	序(陽)
凶物	6(陽)	愚頑	1(船)
兄弟	10,12,20,32,36,38,42	餘慶	42
		玉匣	25
		御車	33

Y

Z

顔色	2,9,33(陽),37	在堂	序(陽)
雁	序(陽),45(陽)	贊	2(陽),3(陽),5(陽),9(陽),13(陽)
揚名	序(陽)		
養親	序(陽)	贊	4(陽)
餚饌	2(船)	葬送	2,15(陽),30,34(陽),37(陽),42(陽)
一釜	5		
一門	32	葬禮	37(船)
一樹之下	8(船)	葬斂	2(船)
一室	32	瘴氣	40(陽)
夷	40(陽)	丈夫	8(船)
夷城	40(船)		
飴母	45(陽)		
義士	序(陽),8,32	杖	4

貞婦	43(船)	忠節	39(船)
眞親	序(陽),8	忠貞	39
烝烝	4(陽),34(船)	終身	36(船),39
	→丞丞,菸菸,蒸蒸	州郡	7(陽),18(陽),31(陽)
菸菸	7,11,15(船)	州縣	7(船),18(船),31(船)
	→丞丞,烝烝,蒸蒸		
蒸蒸	2(陽),4(船),5(陽),33(船),34(陽)	諸侯	41(船)
		竹園	26(船)
	→丞丞,烝烝,菸菸	竹馬	13
抧冰	27(陽)	饌	37(陽)
	→扣冰		
執竹	26	壯士	7(船)
至孝	序(船),1,2,3(陽),6(陽),7(陽),9,11(陽),13,15,18,19,23,26,27,28,29,31(船),36(陽),37,38(陽),39,40	狀	37(陽)
		子孫	8,41(船)
		自賣	2(陽)
		自贖	2(陽)
至眞	5(陽)	祖父	6
致孝	9(船),37(船)	罪苦	6(船)
忠臣	39(陽)	尊卑	序(陽)

譯者後記

黑田彰先生在《孝文化在東亞的傳承和發展》（雋雪艷、黑田彰主編，上海遠東出版社，2021年）一書的序言中談到了《〈孝子傳〉注解》的内容和原作者在中國出版該書的夙願，言簡意賅。兹引用如下：

> 前些年我們幼學會（成員包括我、後藤昭雄、東野治之、三木雅博、山崎誠）出版了《孝子傳注解》（汲古書院，2003年）。這本書收録了在中國早已散佚、僅在日本留傳下來的兩種完本孝子傳即陽明本和船橋本的影印本，以及據此過録的全文排印版，並加以注解，還附上了圖像資料（當時所能得到的存於美國、中國的孝子傳圖資料）。無論是幼學會還是我個人，都非常希望該書能在中國出版。因爲中國是兩孝子傳的母國，未能傳世的原文在中國出版是真正的國際交流。

這樣重要的一部書，幼學會的諸位先生委托我來翻譯，我感到萬分榮幸，同時也深感責任重大。翻譯這本書的過程既是我對孝文化深入瞭解、學習的過程，也是我向幼學會諸位先生在治學方法、治學精神等各方面再一次學習的過程。特別是他們對於學問嚴謹而真摯的態度給我留下深刻的印象。

例如，《〈孝子傳〉注解》日文版於每段孝子傳原文之下有相對應的日文訓讀。這是面嚮日本讀者的一種閱讀中國古典的傳統的方式，也可以看作是對中國古文的日文翻譯，反映了《〈孝子傳〉注解》作者對《孝子傳》的理解。可是，日文訓讀是一種以古日語體系對古漢語進行釋義的方式，在語義的表達上有一定的曖昧性，即便參考日文訓讀所標注的表音文字，在內容的理解上仍然有很大的彈性。我向幼學會先生們講出我的這些困惑之後，他們經過討論很快統一了意見，決定用現代日語重新翻譯《孝子傳》，以代替原作中的日文訓讀部分，以使他們對《孝子傳》原文的理解和釋義更加清晰明瞭。

因而，最終在中文版中出現的兩《孝子傳》原文之下的"譯文"就是我根據幼學會諸位先生重新執筆的現代日語部分而翻譯的。

黑田彰先生曾對我談到，《孝子傳》對日本文學的影響深遠，甚至可以寫一部關於孝的文學史。我想，《〈孝子傳〉注解》在每個孝子故事之後的"文獻資料"欄目對於我們繼續開拓這個事業有着重要的意義。在這個板塊，作者詳細列出了與每個孝子故事有關聯的中日古代文獻資料的清單，具體標注了文獻的名稱和卷第，爲後學繼續深入研究提供了寶貴的綫索。

排列在孝子傳原文及注解之後的孝子傳圖以及對於圖像的解說"孝子傳圖集成稿"亦是該著作的一大特色。這裏網羅了"當時所能得到的存於美國、中國的孝子傳圖資料"，爲研究者提供了極大的方便，對於將文獻研究與考古研究相結合、文學研究與藝術研究相結合等多種交叉學科研究具有重要的價值和意義。

這部書是一個寶藏，在翻譯的過程中我的眼前逐漸展開一個魅力無限的世界。這是一個由"孝"而連接起來的跨越思想史、社會史、文學史、藝術史等多個領域，同時亦跨越國界、跨越時代的寬闊而遼遠的世界。我相信，隨着中文版的刊行，會有更多的人被這個世界所吸引，產生更多令人喜悅和振奮的新的探索和研究。

自 2012 年與日本佛教大學的黑田彰先生、北京大學劉玉才教授、北京大學出版社典籍与文化事業部馬辛民主任一起策劃翻譯、出版《〈孝子傳〉注解》至今，竟然已經過了十年的歲月！這期間，我有幾年頸椎病較爲嚴重，甚至影響到日常的生活和工作，翻譯工作不得不幾度擱置，對於自己的拖延我深感慚愧。在此，我深深感謝幼學會諸位先生對我的信任和包容，感謝馬辛民主任在這漫長的時間裏耐心地等待我的譯稿完成，一直爲我們保留着出版這部書的機會，也感謝我的學生徐夢周、陸健歡等同學在錄入原文、校對、編輯索引等方面對我的幫助。

在《〈孝子傳〉注解》中文版刊行之際，謹向對該書的翻譯出版給予大力支持的汲古書院三井久人氏、許可孝子傳在中國影印出版的陽明文庫名和修氏、以及京都大學附屬圖書館致以由衷的感謝！

附記：《〈孝子傳〉注解》中文版是深圳市金石藝術博物館的北朝文化研究項目成果之一。

清華大學外文系　　雋雪艷
2022 年 9 月 2 日於學清苑